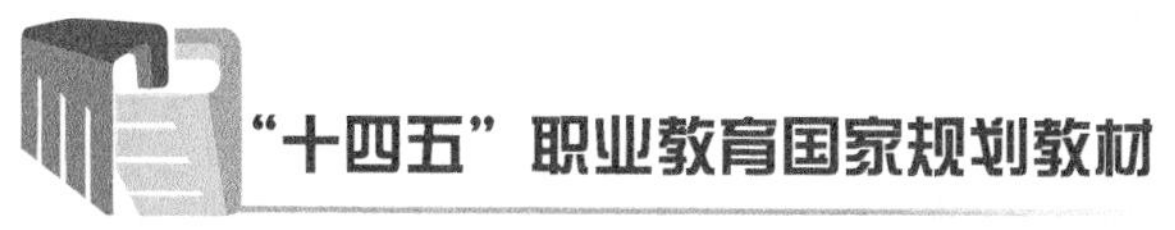

智能计算平台应用开发（中级）

华为技术有限公司 | 编著

Application Development of Intelligent Computing Platform (Medium Level)

人民邮电出版社
北京

图书在版编目（CIP）数据

智能计算平台应用开发 ： 中级 / 华为技术有限公司编著. -- 北京 : 人民邮电出版社, 2020.8
华为“1+X”职业技能等级证书配套系列教材
ISBN 978-7-115-53898-7

Ⅰ. ①智… Ⅱ. ①华… Ⅲ. ①人工智能－应用程序－程序设计－教材 Ⅳ. ①TP183

中国版本图书馆CIP数据核字(2020)第070919号

内 容 提 要

本书是智能计算平台应用开发中级教材，主要介绍了智能计算平台搭建、平台管理、数据管理、应用开发等相关知识。全书共分 9 章，内容包括智能计算平台应用开发概述、人工智能与平台搭建、平台管理、数据采集、数据存储、数据处理、数据备份与恢复、机器学习基础算法建模和人工智能模型开发测试。

本书可用于“1+X”证书制度试点工作中的智能计算平台应用开发职业技能等级证书教学和培训，也适合作为应用型本科、职业院校、技师院校的教材，同时也适合作为从事智能计算平台应用开发的技术人员的参考用书。

◆ 编　　著　华为技术有限公司
　责任编辑　左仲海
　责任印制　王　郁　马振武
◆ 人民邮电出版社出版发行　　北京市丰台区成寿寺路 11 号
　邮编　100164　　电子邮件　315@ptpress.com.cn
　网址　https://www.ptpress.com.cn
　北京九州迅驰传媒文化有限公司印刷
◆ 开本：787×1092　1/16
　印张：14.25　　　　2020 年 8 月第 1 版
　字数：333 千字　　　2025 年 8 月北京第 6 次印刷

定价：49.80 元

读者服务热线：(010)81055256　印装质量热线：(010)81055316
反盗版热线：(010)81055315

华为“1+X”职业技能等级证书配套系列教材

编写委员会

前言 PREFACE

党的“二十大”指出“必须坚持科技是第一生产力、人才是第一资源、创新是第一动力，深入实施科教兴国战略、人才强国战略、创新驱动发展战略，开辟发展新领域新赛道，不断塑造发展新动能新优势”，同时也指出了“健全终身职业技能培训制度，推动解决结构性就业矛盾”。“1+X”证书制度是《国家职业教育改革实施方案》确定的一项重要改革举措，是职业教育领域的一项重要制度设计创新。面向职业院校和应用型本科院校开展“1+X”证书制度试点工作是落实《国家职业教育改革实施方案》的重要内容之一，为了使智能计算平台应用开发职业技能等级标准顺利推进，帮助学生通过智能计算平台应用开发职业技能等级认证考试，华为技术有限公司组织编写了智能计算平台应用开发（初级、中级和高级）教材，整套教材的编写遵循智能计算平台开发与应用的专业人才职业素养养成和专业技能积累规律，将职业能力、职业素养和工匠精神融入教材设计思路。

作为全球领先的 ICT（信息与通信）基础设施和智能终端提供商，华为技术有限公司的产品已经涉及数通、安全、无线、存储、云计算、智能计算和人工智能等诸多方面。本书以教育部智能计算平台应用开发职业技能等级标准（中级）为编写依据，以华为智能计算设备（ARM 服务器、人工智能服务器）为平台，以智能计算平台应用开发实验项目为依托，从行业的实际需求出发组织全部内容。本书的特色如下。

（1）在编写思路上，遵循智能计算技能人才的成长规律，智能计算知识传授、智能计算技能积累和职业素养增强并重，通过从智能计算技术理论阐述到应用场景分析再到实验项目设计和实施的完整过程，使读者既能充分准备“1+X”证书考试，又能积累动手经验，最后达到学习知识和培养能力的目的，为适应未来的工作岗位奠定坚实的基础。

（2）在目标设计上，以“1+X”证书考试和企业智能计算实际需求为向导，以培养学生的硬件平台配置搭建能力、对智能计算软件的安装配置能力、分析和解决问题的能力以及创新能力为目标，讲求实用。

（3）在内容选取上，以智能计算平台应用开发职业技能等级标准为编写依据，坚持集先进性、科学性和实用性为一体，尽可能覆盖最新和最实用的智能计算技术。

（4）在内容编排上，充分融合课程思政理念，注重理论知识讲解的同时，结合真实工作场景和现场案例来助力学生形成积极的职业目标，培养良好的职业素养，树立正确的道德观和价值观，最终实现育人和育才并行的教学目标。

【微课视频】

（5）在内容表现形式上，首先用最简单和最精炼的描述讲解智能计算技术理论知识，然后通过详尽的实验手册，分层、分步骤地讲解智能计算技术，结合实际操作帮助读者巩固和深化所学的智能计算技术原理，并且对实验结果和现象加以汇总和注释。

本书若作为教学用书，参考学时为 48～64 学时，各章的参考学时如下。

章名	参考学时
第 1 章　智能计算平台应用开发概述	1～2
第 2 章　人工智能与平台搭建	4～6
第 3 章　平台管理	4～6
第 4 章　数据采集	8～10
第 5 章　数据存储	6～8
第 6 章　数据处理	6～7
第 7 章　数据备份与恢复	4～5
第 8 章　机器学习基础算法建模	8～10
第 9 章　人工智能模型开发测试	6～8
课程考评	1～2
学时总计	48～64

本书由华为技术有限公司组织编写，深圳职业技术学院张健撰写了本书的具体内容，华为技术有限公司税绍兰、朱盈颖、朱媛媛、马德良为本书的编写提供了技术支持，并审校全书。

由于编者水平和经验有限，书中难免有不妥及疏漏之处，敬请读者批评指正。读者可登录人邮教育社区（www.ryjiaoyu.com）下载本书相关资源。

编者

2022 年 11 月

目录 CONTENTS

第 6 章

第 7 章

第 8 章

第1章 智能计算平台应用开发概述

"二十大"报告指出"推动战略性新兴产业融合集群发展，构建新一代信息技术、人工智能、生物技术、新能源、新材料、高端装备、绿色环保等一批新的增长引擎"。智能计算平台应用开发职业技能认证中级部分的知识点涵盖了各企业人工智能相关部门岗位所需，包括智能计算平台搭建、平台管理、数据管理和应用开发等。本章主要介绍智能计算平台应用开发职业技能认证初级、中级、高级这 3 个级别对应的内容架构，以及中级所需掌握的技能点。

【学习目标】

① 了解智能计算平台应用开发初级、中级、高级这 3 个级别对应的知识水平。
② 了解智能计算平台应用开发初级、中级、高级这 3 个级别对应的工作岗位。
③ 熟悉智能计算平台应用开发职业技能中级部分所需掌握的技能点。

【素质目标】

① 培养学生良好的学习习惯。
② 培养学生认真的学习态度。
③ 促进学生职业素养的养成。

1.1 智能计算平台应用开发技能点简介

【微课视频】

智能计算平台应用开发职业技能分为 3 个等级，即初级、中级和高级，这 3 个级别依次递进，高级别涵盖低级别职业技能要求。

1.1.1 初级

智能计算平台应用开发（初级）所需的技能结构图如图 1-1 所示。

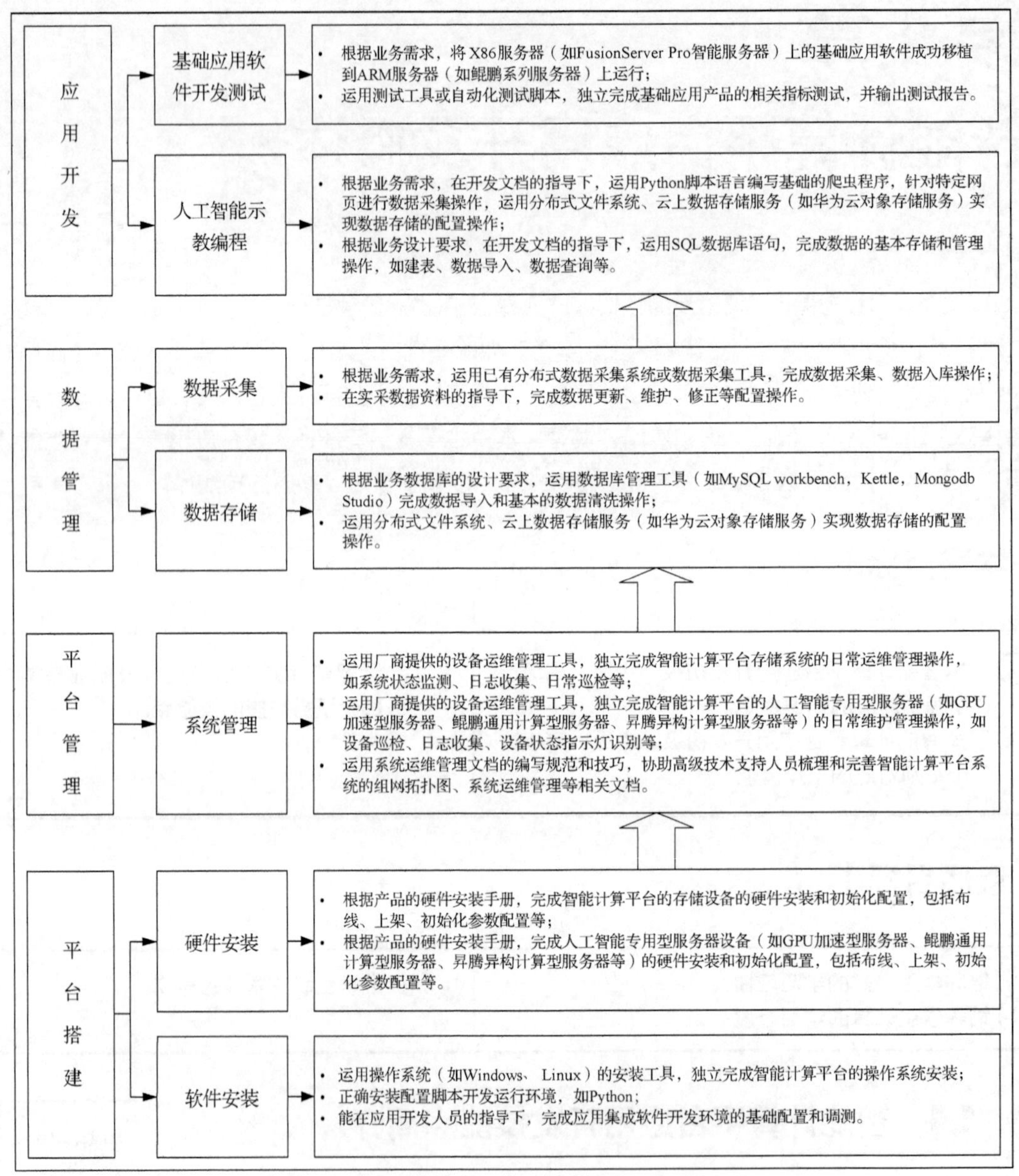

应用开发
基础应用软件开发测试
• 根据业务需求，将X86服务器（如FusionServer Pro智能服务器）上的基础应用软件成功移植到ARM服务器（如鲲鹏系列服务器）上运行；
• 运用测试工具或自动化测试脚本，独立完成基础应用产品的相关指标测试，并输出测试报告。
人工智能示教编程
• 根据业务需求，在开发文档的指导下，运用Python脚本语言编写基础的爬虫程序，针对特定网页进行数据采集操作，运用分布式文件系统、云上数据存储服务（如华为云对象存储服务）实现数据存储的配置操作；
• 根据业务设计要求，在开发文档的指导下，运用SQL数据库语句，完成数据的基本存储和管理操作，如建表、数据导入、数据查询等。
数据管理
数据采集
• 根据业务需求，运用已有分布式数据采集系统或数据采集工具，完成数据采集、数据入库操作；
• 在实采数据资料的指导下，完成数据更新、维护、修正等配置操作。
数据存储
• 根据业务数据库的设计要求，运用数据库管理工具（如MySQL workbench，Kettle，Mongodb Studio）完成数据导入和基本的数据清洗操作；
• 运用分布式文件系统、云上数据存储服务（如华为云对象存储服务）实现数据存储的配置操作。
平台管理
系统管理
• 运用厂商提供的设备运维管理工具，独立完成智能计算平台存储系统的日常运维管理操作，如系统状态监测、日志收集、日常巡检等；
• 运用厂商提供的设备运维管理工具，独立完成智能计算平台的人工智能专用型服务器（如GPU加速型服务器、鲲鹏通用计算型服务器、昇腾异构计算型服务器等）的日常维护管理操作，如设备巡检、日志收集、设备状态指示灯识别等；
• 运用系统运维管理文档的编写规范和技巧，协助高级技术支持人员梳理和完善智能计算平台系统的组网拓扑图、系统运维管理等相关文档。
平台搭建
硬件安装
• 根据产品的硬件安装手册，完成智能计算平台的存储设备的硬件安装和初始化配置，包括布线、上架、初始化参数配置等；
• 根据产品的硬件安装手册，完成人工智能专用型服务器设备（如GPU加速型服务器、鲲鹏通用计算型服务器、昇腾异构计算型服务器等）的硬件安装和初始化配置，包括布线、上架、初始化参数配置等。
软件安装
• 运用操作系统（如Windows、Linux）的安装工具，独立完成智能计算平台的操作系统安装；
• 正确安装配置脚本开发运行环境，如Python；
• 能在应用开发人员的指导下，完成应用集成软件开发环境的基础配置和调测。

图 1-1　智能计算平台应用开发（初级）技能结构图

通过图 1-1 可以发现，智能计算平台应用开发（初级）的主要职责是根据业务配置要求，完成智能计算软、硬件平台和开发环境的部署，以及开发平台的日常管理和基础应用功能开发测试等工作任务。

1.1.2 中级

智能计算平台应用开发（中级）所需的技能结构图如图 1-2 所示。

图 1-2　智能计算平台应用开发（中级）技能结构图

通过图 1-2 可以发现，智能计算平台应用开发（中级）的主要职责是根据业务管理的要求，完成线下集成开发环境的部署、管理，以及数据的基础处理、人工智能初级应用产品开发测试等工作任务。

1.1.3 高级

智能计算平台应用开发（高级）所需的技能结构图如图 1-3 所示。

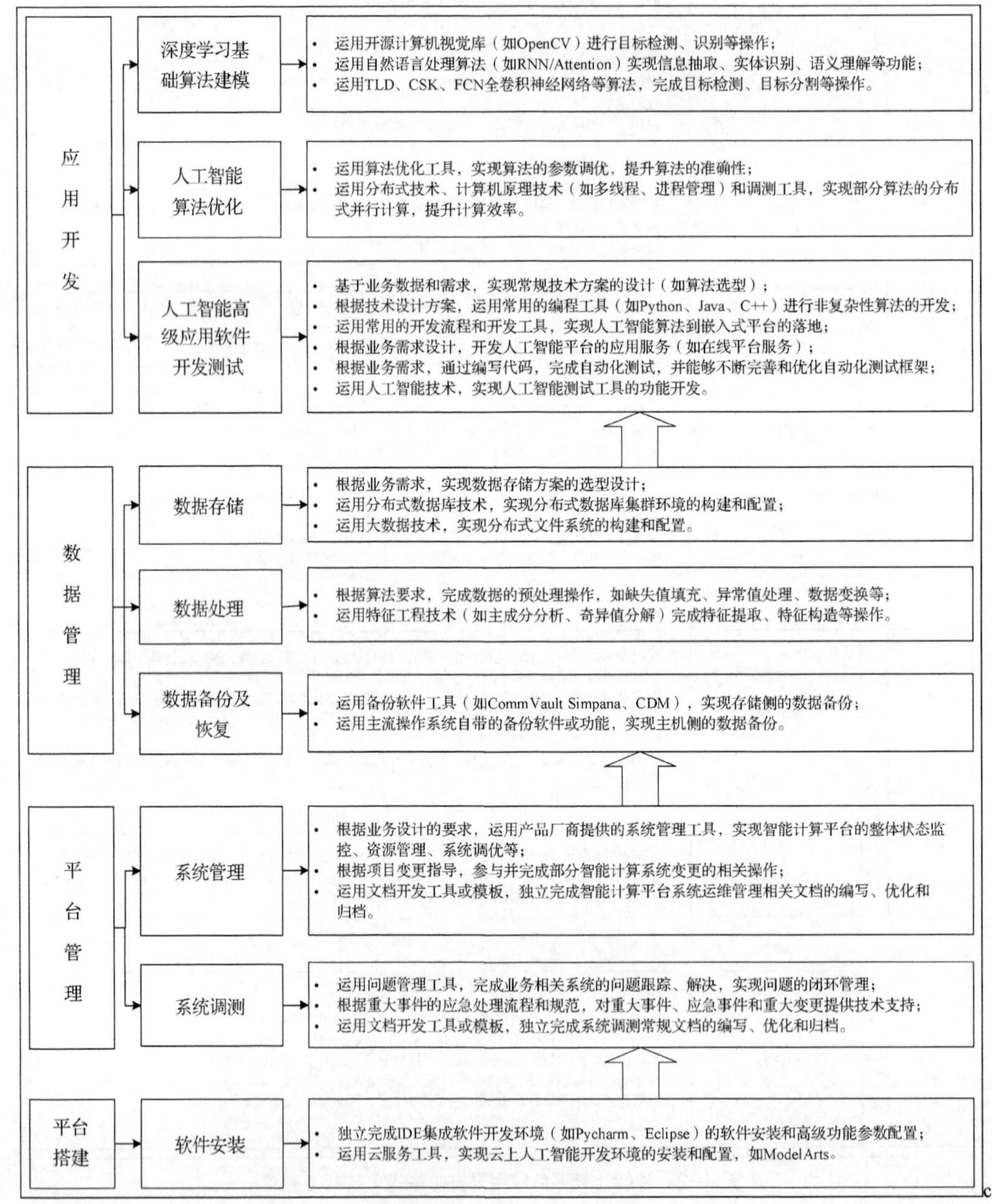

应用开发
深度学习基础算法建模
运用开源计算机视觉库（如OpenCV）进行目标检测、识别等操作；
运用自然语言处理算法（如RNN/Attention）实现信息抽取、实体识别、语义理解等功能；
运用TLD、CSK、FCN全卷积神经网络等算法，完成目标检测、目标分割等操作。
人工智能算法优化
运用算法优化工具，实现算法的参数调优，提升算法的准确性；
运用分布式技术、计算机原理技术（如多线程、进程管理）和调测工具，实现部分算法的分布式并行计算，提升计算效率。
人工智能高级应用软件开发测试
基于业务数据和需求，实现常规技术方案的设计（如算法选型）；
根据技术设计方案，运用常用的编程工具（如Python、Java、C++）进行非复杂性算法的开发；
运用常用的开发流程和开发工具，实现人工智能算法到嵌入式平台的落地；
根据业务需求设计，开发人工智能平台的应用服务（如在线平台服务）；
根据业务需求，通过编写代码，完成自动化测试，并能够不断完善和优化自动化测试框架；
运用人工智能技术，实现人工智能测试工具的功能开发。
数据管理
数据存储
根据业务需求，实现数据存储方案的选型设计；
运用分布式数据库技术，实现分布式数据库集群环境的构建和配置；
运用大数据技术，实现分布式文件系统的构建和配置。
数据处理
根据算法要求，完成数据的预处理操作，如缺失值填充、异常值处理、数据变换等；
运用特征工程技术（如主成分分析、奇异值分解）完成特征提取、特征构造等操作。
数据备份及恢复
运用备份软件工具（如CommVault Simpana、CDM），实现存储侧的数据备份；
运用主流操作系统自带的备份软件或功能，实现主机侧的数据备份。
平台管理
系统管理
根据业务设计的要求，运用产品厂商提供的系统管理工具，实现智能计算平台的整体状态监控、资源管理、系统调优等；
根据项目变更指导，参与并完成部分智能计算系统变更的相关操作；
运用文档开发工具或模板，独立完成智能计算平台系统运维管理相关文档的编写、优化和归档。
系统调测
运用问题管理工具，完成业务相关系统的问题跟踪、解决，实现问题的闭环管理；
根据重大事件的应急处理流程和规范，对重大事件、应急事件和重大变更提供技术支持；
运用文档开发工具或模板，独立完成系统调测常规文档的编写、优化和归档。
平台搭建
软件安装
独立完成IDE集成软件开发环境（如Pycharm、Eclipse）的软件安装和高级功能参数配置；
运用云服务工具，实现云上人工智能开发环境的安装和配置，如ModelArts。

图 1-3　智能计算平台应用开发（高级）技能结构图

通过图 1-3 可以发现，智能计算平台应用开发（高级）的技能是中级和初级的进阶，主要职责是根据业务的需求，完成云集成开发环境的部署、管理和系统调测，以及数据的高级处理、人工智能算法优化与高级应用产品的开发测试等工作任务。

1.2 智能计算平台应用开发的中级知识点概要

智能计算平台应用开发（中级）的知识点主要涉及平台搭建、平台管理、数据管理和应用开发。

【微课视频】

1.2.1 平台搭建

智能计算平台应用开发（中级）的平台搭建包括人工智能简介、集成开发环境和常用人工智能开发框架 3 部分内容，主要知识点如下。

（1）人工智能简介：人工智能发展，包括人工智能的概念、人工智能的第一次浪潮与低谷、人工智能的第二次浪潮与低谷，以及人工智能的第三次浪潮；大数据与人工智能，包括数据的范围、大数据的定义、大数据和人工智能的关系；机器学习与深度学习，包括机器学习、深度学习的概念，以及两者与人工智能的关系。

（2）集成开发环境：Anaconda，包括 Anaconda 的简介、特点、基础配置；PyCharm，包括 PyCharm 的简介、智能编码协助功能、Web 开发功能和基本配置等；Eclipse，包括 Eclipse 的简介、特点、窗口介绍、字符集修改、Python 库的安装、运行配置等。

（3）常用人工智能开发框架：TensorFlow、PyTorch、MXNet、Caffe、MindSpore 这 5 个人工智能开发框架的发展、功能、特点。

1.2.2 平台管理

智能计算平台应用开发（中级）的平台管理主要包括服务器集群管理、存储资源管理、系统管理和文档管理 4 部分内容，主要知识点如下。

（1）服务器集群管理：集群管理介绍，包括伸缩性、可用性、管理性 3 个集群管理的主要特性，应用集中、部署简便、监控完善、管理方便 4 个集群管理的发展趋势；集群管理工具简介，包括 AI Max、华为 eSight Server、浪潮 BCP 和 SmartKit 这 4 个集群管理的工具。

（2）存储资源管理：存储资源管理介绍，包括供应、控制存储资源、性能监视和管理、数据管理和数据保护、报告和成本确定 5 个存储资源管理主要任务，存储虚拟化、统一管理、自动化、智能化 4 个发展趋势，CA BrightStor SRM、EMC Control Center、富士通 Softek Storage Manager、HP OpenView SAM、IBM Tivoli Storage Resource Manager 和华为 FusionStorage 这 6 款存储资源管理工具简介；存储资源管理工具 FusionStorage，包括云存储介绍，FusionStorage 的系统架构，扩容、升级改造等存储资源管理的应用。

（3）系统管理：系统管理介绍，包括系统运行状态监控与巡检、性能分析与优化、安全加固、系统故障调测 4 个系统管理的主要任务；系统管理发展趋势，包括智能化、自动化、安全性与稳定性 3 方面；系统管理工具，包括 IBM Systems Director、FusionDirector 两个系统管理工具简介；系统管理工具 FusionDirector，包括软件架构、智能版本管理、智能部署管理、智能资产管理、智能能效管理、智能故障管理、安全管理。

（4）文档管理：包括文档管理介绍、运维报告定义及其内容、技术支持文档的内容。

1.2.3 数据管理

智能计算平台应用开发（中级）的数据管理分为数据采集、数据存储、数据处理，以及数据备份与恢复 4 部分内容。

1. 数据采集

数据采集的主要内容包括数据采集系统组成与架构、数据采集流程优化和系统维护两部分，主要知识点如下。

（1）数据采集系统组成与架构：大数据采集与处理，包括线下采集和线上采集两种大数据采集技术，批处理和流处理两种大数据处理技术；大数据基础组件介绍，包括 Flume、Loader、Kafka、MapReduce、Spark、Storm、Flink；数据采集系统架构，包括数据采集、数据处理、数据存储；数据采集系统基础配置，包括离线数据采集与分析系统实例、在线数据采集与分析系统实例。

（2）数据采集流程优化和系统维护：数据采集流程优化，包括 Flume 采集流程优化、Kafka 性能优化，Spark Streaming 性能优化、Storm 性能优化、Flink 性能优化；数据采集系统维护，包括数据质量、增量数据维护、完整性约束、性能、数据采集资源占用率等维护要素。

2. 数据存储

数据存储的主要内容包括大数据存储管理和数据库存储管理两部分，主要知识点如下。

（1）大数据存储管理：存储系统维护和管理，包括 HDFS、HBase、Hive；存储系统优化，包括负载均衡技术的概述、分类，数据存储的安全性，数据组织结构及复制策略。

（2）数据库存储管理：数据库日常监控，包括 SolarWinds Database Performance Analyzer、PRTG、Idera Diagnostic Manager、SQL Power Tools 这 4 种数据库监控工具的特点及用法；数据库日常运维，包括环境部署、故障处理、性能优化、升级与迁移 4 种日常运维事项。

3. 数据处理

数据处理的主要内容包括 ETL 数据整合、数据标注和分类两部分，主要知识点如下。

（1）ETL 数据整合：ETL 常用工具，包括 DataPipeline、Kettle、Oracle Goldengate 和 Informatica 的特点；ETL 数据整合操作，包括数据整合的过程，建立转换工程、转换、建立任务这 3 个数据整合的基本操作；ETL 任务流程监控、维护和优化，包括任务和调度、前后流程的依赖、合理的调度算法、日志和警报。

（2）数据标注和分类：图像数据标注，包括图像标注的任务类型、常用图像标注工具、图像标注质量评估算法及其优缺点；文本数据标注，包括文本数据标注任务类型、常用文本标注工具、文本标注质量评估算法及其优缺点；语音数据标注，包括语音数据标注常用方法、语音数据标注工具、语音标注质量评估算法及其优缺点。

4. 数据备份与恢复

数据备份与恢复主要包括数据备份概述、备份技术、备份解决方案、备份与恢复 4 部分，主要知识点如下。

（1）数据备份概述：数据备份的概念，包括数据备份的作用、原因；备份组网介绍，包括

LAN-Base、LAN-Free、Server-Free、Server-Less 这 4 种备份组网方式；备份介质，包括磁盘阵列、磁带库、虚拟磁带库、光盘塔、光盘库、云备份等。

（2）备份技术：备份的分类，包括完全备份、累积增量式备份、差异增量式备份；高级备份技术，包括本地快照备份和快照副本保护两种快照技术，源端重删、目标端重删、全局重删、并行重删、基于重删的合成全备 5 种重删技术；华为 OceanStor 应用实例，包括某大学图书馆备份、某工作单位备份案例。

（3）备份解决方案：常规备份解决方案的组网设计，包括一体化备份方案、集中备份方案；OceanStor 备份解决方案，包括备份解决方案设计流程、备份解决方案设计方法论、项目背景、需求提炼、现网环境收集、兼容性设计、策略制订原则、策略制订、备份容量、重删策略、带宽计算、组网设计等步骤。

（4）备份与恢复：Linux 文件系统备份与恢复，包括备份内容的选择、系统备份策略、Linux 备份恢复工具介绍；OceanStor 备份与恢复，包括 OceanStor 备份方案硬件部署、OceanStor 备份方案软件安装与配置。

1.2.4 应用开发

智能计算平台应用开发（中级）的应用开发分为机器学习基础算法建模和人工智能模型开发测试两部分内容，主要知识点如下。

1. 机器学习基础算法建模

机器学习基础算法建模包括机器学习、分类算法、回归算法、集成学习算法、聚类算法、关联规则算法、智能推荐算法等，主要知识点如下。

（1）机器学习：机器学习的相关名词解释，包括有监督学习、无监督学习、半监督学习、其他名词、强化学习；机器学习的应用领域，包括垃圾邮件检测、恶意软件识别、邮编识别、语音识别、人脸识别、产品推荐、医学分析、股票分析、天气预报、客户细分等。

（2）分类算法：逻辑回归、KNN、朴素贝叶斯、SVM、决策树、多层感知机 6 种算法的简单介绍、实现步骤、算法优缺点、实现函数及其参数。

（3）回归算法：线性回归、KNN 回归、Lasso 回归 3 种算法的简单介绍、实现步骤、算法优缺点、实现函数及其参数。

（4）集成学习算法：AdaBoost、GBDT 这 2 种 Boosting 算法的简单介绍、实现步骤、算法优缺点、实现函数及其参数；Bagging 算法的简单介绍、实现步骤、算法优缺点、实现函数及其参数。

（5）聚类算法：原型聚类、层次聚类、密度聚类 3 种算法的简单介绍、实现步骤、算法优缺点、实现函数及其参数。

（6）关联规则算法：Apriori、FP-growth 这 2 种算法的简单介绍、实现步骤、算法优缺点、实现函数及其参数。

（7）智能推荐算法：协同过滤算法的简单介绍、实现步骤、算法优缺点、实现函数及其参数。

2. 人工智能模型开发测试

人工智能模型开发测试主要包括人工智能模型开发和人工智能模型测试两部分，主要知识点如下。

（1）人工智能模型开发：商业理解，包括确定商业目标、评析环境、确定项目目标、制订项目计划 4 个步骤；数据理解，包括收集原始数据、描述数据、探索数据、检验数据质量 4 个步骤；数据准备，包括选择数据、清洗数据、构造数据、整合数据、格式化数据 5 个步骤；数据建模，包括选择建模技术、生成测试设计、建立模型、评估模型 4 个步骤；模型评价，包括评价结果、重审过程、确定下一步 3 个步骤；模型部署，包括规划部署、规划监控与维护、生成最终报告、回顾项目 4 个步骤。

（2）人工智能模型测试：测试用例，包括测试用例的概念、作用和分类；测试方法，包括分类算法测试、回归算法测试、聚类算法测试；测试计划，包括测试计划的概念、目的、内容；测试报告，包括测试报告的概念，版本测试报告的内容、总结测试报告的内容。

小结

本章主要介绍了智能计算平台应用开发 3 个级别的岗位要求，并以技能结构图的形式，展现了 3 个级别的技能倾向。同时，详细介绍了智能计算平台应用开发（中级）相关的知识点，包括平台搭建、平台管理、数据管理、应用开发 4 部分。

习题

（1）下面关于智能计算平台应用开发（初级）的说法错误的是（　　）。

A. 智能计算平台应用开发（初级）偏向智能计算软、硬件平台和开发环境部署

B. 智能计算平台应用开发（初级）涉及开发平台的日常管理和基础应用功能开发测试

C. 智能计算平台应用开发（初级）包含了机器学习相关的内容

D. 智能计算平台应用开发（初级）是中级与高级的基础

（2）下面关于智能计算平台应用开发（中级）的说法错误的是（　　）。

A. 智能计算平台应用开发（中级）偏向线下集成开发环境的部署、管理，以及数据的基础处理、人工智能初级应用产品开发测试

B. 智能计算平台应用开发（中级）未涉及数据的采集、存储、处理、备份

C. 智能计算平台应用开发（中级）包含机器学习相关的内容

D. 智能计算平台应用开发（中级）是初级的进阶

（3）下面关于智能计算平台应用开发（高级）的说法错误的是（　　）。

A. 智能计算平台应用开发（高级）主要是完成云集成开发环境的部署、管理和系统调测、高级数据处理、人工智能算法优化与高级应用产品的开发测试

B. 智能计算平台应用开发（高级）不涉及软件安装与配置

C. 智能计算平台应用开发（高级）包含深度学习相关内容

D．智能计算平台应用开发（高级）是初级与中级的进阶

（4）下面不属于智能计算平台应用开发（中级）平台搭建部分知识点的是（　　）。

A．PyCharm　　B．Anaconda　　C．操作系统　　D．Eclipse

（5）下面不属于智能计算平台应用开发（中级）应用开发部分知识点的是（　　）。

A．分类算法　　B．数据准备开发流程

C．数据建模开发流程　　D．深度学习

第 2 章 人工智能与平台搭建

02

作为人工智能领域的一个分支，智能计算的兴起促进了人工智能的发展，充实了人工智能的研究内容。同时人工智能的蓬勃发展，也推动了智能计算的发展。并且，随着人机交互的优化、大数据的支持以及模式识别等技术的提升，人工智能正逐渐走入人们的生活，为人们的生活提供了便利。因此，许多人工智能开发软件和软件库也应运而生，方便人们了解人工智能的实现过程，进一步加快智能计算的发展。“二十大”报告指出“加强基础学科、新兴学科、交叉学科建设，加快建设中国特色、世界一流的大学和优势学科”。本章介绍了人工智能的基础知识、集成开发环境、常用人工智能应用框架 3 部分内容。

【学习目标】

① 了解人工智能的基础知识。
② 掌握 Anaconda 的基础配置。
③ 掌握 PyCharm 的基础配置。
④ 掌握 Eclipse 的基础配置。
⑤ 了解常用的人工智能框架。

【素质目标】

① 拓展学生的知识储备。
② 提高学生的工作兴趣。
③ 调动学生的自主思维能力。

2.1 人工智能简介

人工智能（Artificial Intelligence，AI）是研究、开发用于模拟、延伸和扩展人的智能的理论、方法、技术及应用系统的一门新的技术科学。

【微课视频】

人工智能是计算机科学的一个分支，它试图了解智能的实质，并生产出一种新的能以与人类智能相似的方式做出反应的智能机器。人工智能的实际应用领域十分广泛，包括机器人、图像识别、自然语言处理和专家系统等。人工智能自诞生以来，理论和技术日益成熟，应用领域也不断扩大，可以设想，未来人工智能带来的科技产品，将会是人类智慧的“容器”。

人工智能是涵盖范围十分广泛的科学领域，包含机器学习、深度学习等。总体而言，人工智能研究的一个主要目标是使机器能够胜任一些通常需要人类智能才能完成的复杂工作。

2.1.1 人工智能发展

在 20 世纪 40 年代和 50 年代，来自不同领域（数学、心理学、工程学、经济学和政治学）的一批科学家开始探讨制造人工大脑的可能性。1956 年，人工智能被确立为一门学科。1956 年的达特茅斯会议提出了“学习或者智能的任何其他特性的每一个方面都应能被精确地加以描述，使得机器可以对其进行模拟”。此外，在会上，麦卡锡说服与会者接受“人工智能”一词作为本领域的名称。在 1956 年的达特茅斯会议上，人工智能的名称和任务得以确定，同时出现了最初的研究成果和最早一批研究者，因此这一事件被广泛认为是人工智能诞生的标志。

达特茅斯会议之后的数年是人工智能的第一次浪潮。对许多人而言，这一阶段开发出的程序堪称神奇，计算机可以解代数应用题、证明几何定理、学习和使用英语，当时大多数人几乎无法相信机器能够如此“智能”。研究者们在私下的交流和公开发表的论文中表达出相当乐观的情绪，认为具有完全智能的机器将在二十年内出现。同时，DARPA（美国国防高等研究计划署）等政府机构向这一新兴领域投入了大笔资金。

在 20 世纪 70 年代，人工智能进入了第一次低谷。在这一阶段，人工智能开始遭遇批评，随之而来的还有因人工智能研究者们对其课题的难度未能做出正确判断，使投资者缩减或取消对人工智能的投资所带来的资金上的困难。同时，马文·闵斯基对感知器的激烈批评，使联结主义（即神经网络）销声匿迹了十年。在 20 世纪 70 年代后期，尽管遭遇了公众的误解，人工智能在逻辑编程、常识推理等领域还是有所发展的。

在 20 世纪 80 年代，人工智能进入了第二次浪潮。一类名为“专家系统”的人工智能程序开始被全世界的公司采纳，而“知识处理”成为主流人工智能研究的焦点。同时，日本政府在积极投资人工智能以促进其第五代计算机工程的发展。此外，物理学家约翰·霍普菲尔德（John Hopfield）证明一种新型的神经网络（现被称为“Hopfield 网络”）能够用一种全新的方式学习和处理信息。大卫 · 鲁梅尔哈特（David Rumelhart）推广了反向传播算法——一种神经网络训练方法。这些发现使 1970 年以来一直遭到遗弃的联结主义重获新生。

在 20 世纪 80 年代末到 90 年代初，人工智能进入了第二次低谷，遭遇了一系列财政问题。1987 年，人工智能硬件市场的需求突然下跌。Apple 和 IBM 生产的台式机性能不断提升，到 1987 年，其性能已经超过了 Symbolics 和其他厂家生产的昂贵的 Lisp 机。老产品失去了存在的理由，一夜之间这个价值 5 亿美元的产业土崩瓦解。到了 20 世纪 80 年代晚期，战略计算促进会大幅削减对人工智能的资助。

在 20 世纪 90 年代中末期，人工智能进入了第三次浪潮。人工神经网络的主要研究力量转向推动人工智能发展，先以贝叶斯网络推理为主流，后又将神经网络学习研究进一步推广为研究各种机器学习方法。此次浪潮使模式识别与机器视觉方向的研究再度趋热，包括集成电路、无线通信、互联网、信息采集、传感控制和物联网等多种技术的发展，以及海量数据处理和超级计算能力的提升。

2.1.2 大数据与人工智能

数据(Data)是事实或观察的结果，是对客观事物的逻辑归纳，用于表示客观事物的未经加工的原始素材。数据不仅指狭义上的数字，还可以是具有一定意义的文字、字母、数字符号的组合、图形、图像、视频、音频等，也是客观事物的属性、数量、位置和其相互关系的抽象表示。

大数据(Big Data)是指无法在一定时间范围内用常规软件或工具进行捕捉、管理和处理的数据集合，是需要新处理模式才能具有更强的决策力、洞察力和流程优化能力的海量、大规模增长和多样化的信息资产。在维克托·迈尔·舍恩伯格及肯尼斯·库克耶编写的《大数据时代》中，大数据是指不采用随机分析法(抽样调查)，而采用所有数据进行分析处理的数据。同时 IBM 还给出了大数据的 5V 特点：Volume(大量)、Velocity(高速)、Variety(多样)、Value(低价值密度)、Veracity(真实性)。麦肯锡全球研究所对大数据的定义是，其是一种在获取、存储、管理、分析方面大大超出了传统数据库软件工具能力范围的数据集合，具有海量的数据规模、数据流转快速、多样的数据类型和价值密度低 4 大特征。

大数据与人工智能是相辅相成、互促发展的关系。首先，大数据是人工智能发展的基石，任何智能的发展都需要一个学习的过程。而近期人工智能之所以能取得突飞猛进的进展，正是因为这些年大数据的快速发展。有了各类感应器和数据采集技术的发展，才有了今天在以往难以想象的海量数据。如果把人工智能看作一个嗷嗷待哺拥有无限潜力的婴儿，那么某一领域专业的、海量的和深度的数据就是喂养这个天才的奶粉，奶粉的量决定了婴儿是否能长大，而奶粉的质量则决定了婴儿后续的智力发育水平。其次，人工智能的发展促进大数据的发展。大数据主要针对大规模、无规则的数据，处理的方法包括数据的采集、存储、管理和分析。同时，这些处理过程的优化越来越依赖于人工智能。因此，人工智能的发展可以确保数据的采集和分析处理等过程的实现，同时使数据的显示结果规制和事件驱动的履行与数据流一样高速。人工智能对大数据应用投资回报的贡献主要体现在两个方面：提升数据科学家们的多产性和发现一些被忽视的方案。在很多情况下，人工智能是大数据创新的最佳投资回报，人工智能的发展也使大数据的分析更上一层楼。

2.1.3 机器学习与深度学习

机器学习(Machine Learning)是关于计算机系统使用的算法和统计模型的科学研究，被视为人工智能的一个子集，其主要研究计算机如何自动获取知识和技能以及实现自我完善。机器学习算法是建立在一个样本数据集(称为“训练数据”)上，在没有明确编程指示的情况下，根据任务的情况做出预测或决策的数学模型。机器学习算法被广泛用于各种各样的应用，如电子商务中的智能推荐和垃圾邮件判定等。机器学习与计算统计学密切相关，计算统计学主要用于解决计算机的预测问题。数学优化的研究为机器学习领域提供了方法、理论和应用领域。数据分析是机器学习中的一个研究领域，其重点是通过无监督学习进行探索性数据分析。

“机器学习”这个名词是由阿瑟·塞缪尔于 1959 年提出的。汤姆·M·米切尔为机器学习领域中的算法下了一个被广泛引用且更为正式的定义：“如果一个计算机程序在任务 T(由 P 来度量)

中的表现随经验 E 而改善，那么我们称该程序从经验 E 中学习。”这个对机器学习涉及任务的定义提供了一个基础的操作定义而非认知上的定义。

深度学习（Deep Learning）也称“阶层学习”或“分层学习”，是机器学习的分支，是一种以人工神经网络为架构，对数据进行表征学习的算法。深度学习通过组合低层特征形成更抽象的高层表示属性类别或特征，以发现数据的分布式特征表示。深度学习的优势是用无监督式或半监督式的特征学习和分层特征提取高效算法，从而替代手工获取特征。至今已有数种常见深度学习网络架构，如全连接神经网络、卷积神经网络、深度置信网络和循环神经网络等。深度学习框架已被应用在计算机视觉、语音识别、自然语言处理、音频识别与生物信息学等领域，并获得了极好的效果。

人工智能、机器学习和深度学习之间的关系如图 2-1 所示。人工智能包含机器学习，机器学习包含深度学习。机器学习是由人工智能的连接主义发展形成的一个重要领域分支，核心目的是让计算机拥有像人一样的学习能力。神经网络是机器学习的一个分支，是深度学习的前身。随着近年来深度神经网络的发展，特别是深度学习应用范围的不断扩展，深度学习已经成为机器学习领域的重要组成部分。

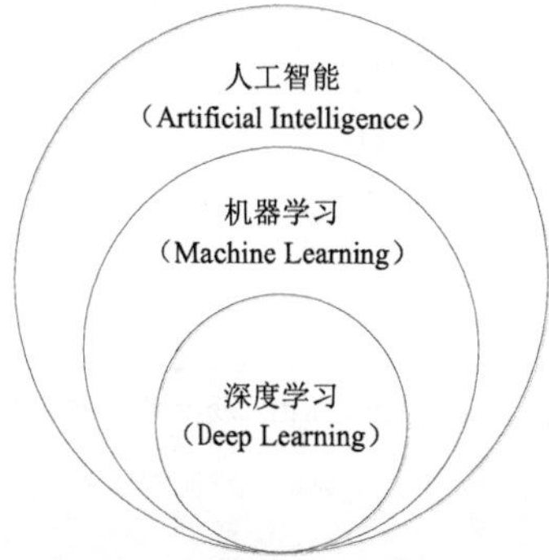

图 2-1　人工智能、机器学习和深度学习三者的关系图

2.2 集成开发环境

集成开发环境（Integrated Development Environment，IDE）是一种辅助程序开发人员进行开发工作的应用软件，其可以辅助编写代码，并编译打包，使代码成为可用的程序，有些甚至可以设计图形接口。开发过程少不了开发环境，这些软件可以帮助开发者加快开发速度，提高效率。Anaconda 严格来说虽不算 IDE，但集成了多个 IDE 和开发工具，属于包管理平台。常用的人工智能开发环境有 PyCharm 和 Eclipse。

2.2.1 Anaconda

Anaconda 是一个用于科学计算的 Python 发行版，支持 Linux、Mac OS 和 Windows 系统，提供了包管理与环境管理的功能，可以很方便地解决多版本 Python 并存、切换及各种第三方包安装问题。Anaconda 使用工具或 conda 命令进行包（package）和环境（environment）的管理，并且已经包含了 Python 和相关的配套工具。

Anaconda 的适用人群非常广。对数据科学家来说，Anaconda 可以提供访问和管理开源社区必需的强大的数据科学、机器学习库、软件包和工具。对于 IT 专业人员来说，Anaconda 不仅能够轻松部署模型并扩展其操作，而且可以作为一个保护、管理和监视组织的开源机器学习管道。对于商业领袖来说，Anaconda 作为一个可扩展的平台，可以较快地将机器学习应用程序投入生产，并实现数据科学和机器学习程序的价值。

Anaconda 作为一个深受欢迎的科学计算环境，获得了大量知名企业的信任，如图 2-2 所示。

图 2-2 Anaconda 获得信任的企业

1. Anaconda 特点

Anaconda 作为全球最受欢迎的数据科学平台之一，不仅提供了大量的机器学习工具，还拥有以下几个特点。

（1）免费且开源。

（2）安装过程简单。

（3）使用高性能 Python 和 R 语言。

（4）免费的社区支持。

（5）丰富的第三方库。

（6）多平台支持。

2. Anaconda 基本配置

Anaconda 基本配置主要包括 Python 版本的更改和 Python 库的安装，具体如下。

（1）Python 版本的更改

Anaconda 不仅支持 Python 3.4、Python 3.5 和 Python 3.6 等多个版本，而且可以实现不同版本之间的自由切换。在 Anaconda 中更改 Python 版本的方法有很多种，可以在 Anaconda Prompt 中使用 conda 命令直接对现有 Python 版本进行更改，也可以在 Anaconda Navigator 中使用图形界面新建一个开发环境，如图 2-3 所示，从而做到在保留了原有 Python 版本的同时，添加一个 Python 版本。

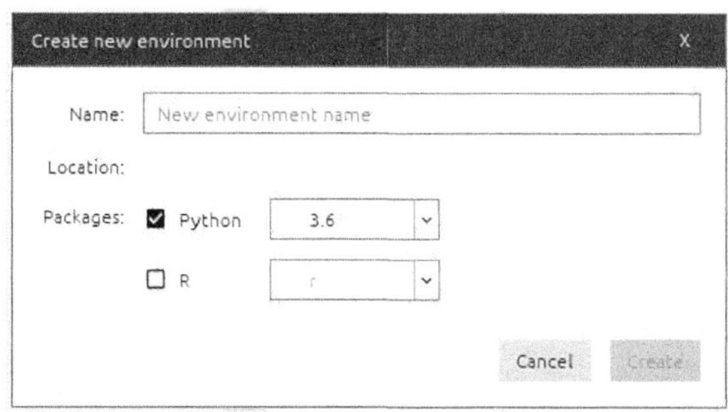

图 2-3 新建一个开发环境

（2）Python 库的安装

Anaconda 附带了一大批常用数据科学包，包括 Python 和 150 多个科学包及其依赖项。Anaconda 在安装时集成了 NumPy、SciPy、pandas、scikit-learn 等常用的包。此外，还可以在 Anaconda Prompt 中，使用 pip 命令安装相关的库，如图 2-4 所示。也可以在 Anaconda Navigator 中，使用图形界面安装相关的库和查看已安装的库，如图 2-5 所示。

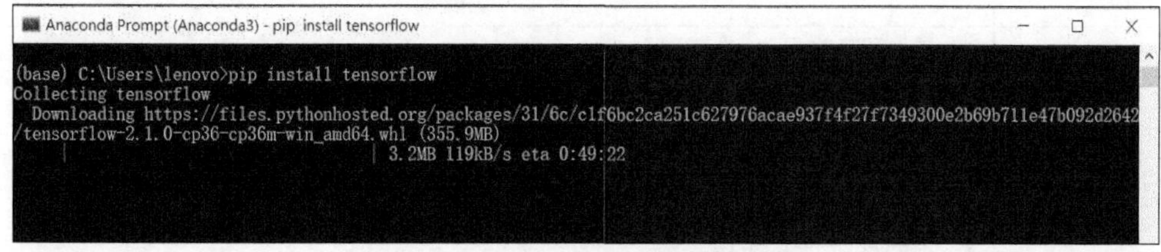

图 2-4 利用 pip 命令安装 Python 库

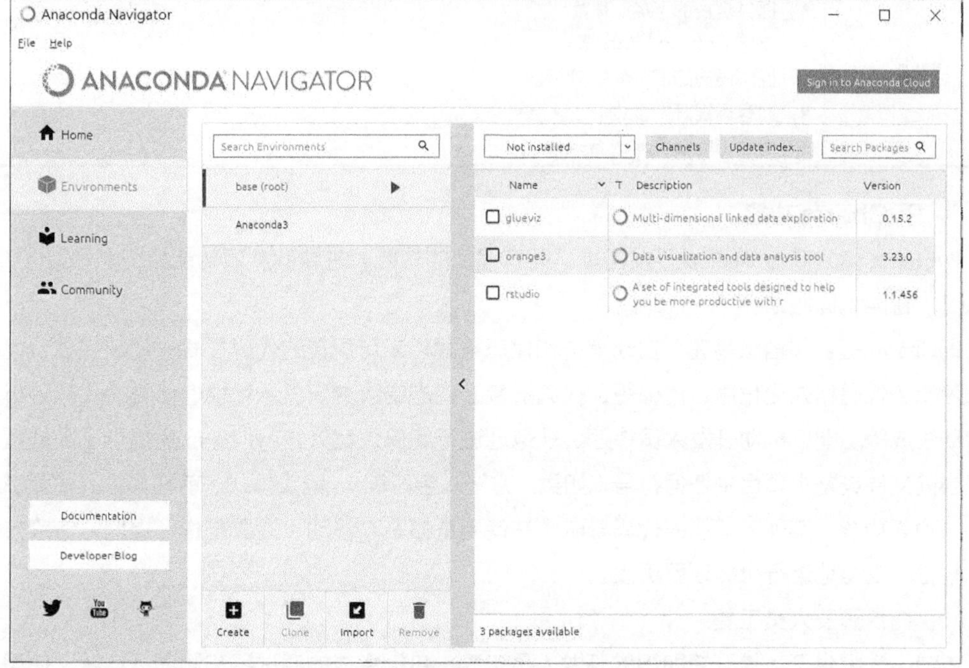

图 2-5 利用图形界面安装 Python 库

2.2.2 PyCharm

PyCharm 是由 JetBrains 公司开发的一款 Python 集成开发环境，带有一整套可以帮助用户在使用 Python 语言开发时提高效率的工具，如调试、语法高亮、Project 管理、代码跳转、智能提示、自动完成、单元测试和版本控制等。

PyCharm 还提供了一些高级功能，用于支持很多第三方 Web 开发框架，如 Django、Pyramid、web2py、Google App Engine 和 Flask 等，这也使得 PyCharm 成为一个完整的快速应用集成开发环境。

PyCharm 提供了社区版和商业版两个版本。PyCharm 社区版包含了 PyCharm 大部分功能，同时还能与 iPython Notebook 进行集成，并支持 Anaconda 及其他科学计算库，如 Matplotlib 和 NumPy 等。而 PyCharm 商业版与社区版相比，支持更多高级功能。PyCharm 各版本的具体功能如表 2-1 所示。

表 2-1 PyCharm 各版本的功能

版本	功能
社区版	• 提供智能的 Python 编辑器； • 提供集成的图形调试器和测试运行器； • 提供直观的项目导航； • 提供快速的导航和重构； • 提供有效的代码检查； • 提供对 VCS 的支持
商业版	除了社区版提供的功能，商业版还额外提供了如下功能： • 提供全栈的 Web 开发； • 支持 Python Web 框架； • 提供便捷的 Python 分析器； • 拥有远程开发能力； • 支持访问以及修改数据库

1. PyCharm 功能

PyCharm 作为专业 Python 开发工具，拥有强大的功能，主要的 5 项功能如下。

（1）智能编码协助

PyCharm 提供了语法高亮、自动缩进和代码格式化、可配置的代码样式、代码完成、代码选择和注释、代码格式化程序、代码段、代码折叠、动态错误突出显示和快速修复、代码分析、代码自动生成等功能，帮助开发人员快速、规范地进行编码。此外，PyCharm 还提供了随处搜寻、查找当前文件或整个项目中任何符号（如类、方法、字段等）、镜头模式、前往申报、设置书签和待办事项等功能，实现了智能的代码导航，并使用重命名、移动、提取重构、提取方法等方法，做到轻松、安全地进行全局项目更改。

（2）内置开发人员工具

PyCharm 提供了大量开箱即用的开发人员工具，包括集成的调试器和测试运行器，使用这些工具可以让 PyCharm 支持所有方向的 Python 程序开发，提供调试、多进程 Python 应用程序以及运行 Python 脚本等功能。

（3）Web 开发

PyCharm 在 Web 开发中的作用主要表现在后端开发、前端开发和数据库开发 3 个方面。在后端开发方面，PyCharm 实现了对 Django、Flask、Pyramid 等流行的 Python Web 框架的支持，并使用 Vagrant、SSH 和 Docker 等工具，为全栈开发提供了丰富的支持。在前端开发方面，PyCharm 通过捆绑 WebStorm，为 JavaScript 和 TypeScript 提供了智能编码帮助，为客户端代码、Node.js、HTML 和 CSS 提供了内置调试器。在数据库开发方面，PyCharm 通过捆绑 DataGrip，实现高效查询、模式浏览、表编辑、重构、导入/导出等功能，使数据库开发更高效。

（4）科学计算工具

在 PyCharm 中，只需创建一个科学计算项目并添加数据，就可以实现使用 Python 进行科学计算。PyCharm 之所以为一个科学计算工具，具体表现在 PyCharm 具有交互式 Python 控制台，这使其具有动态语法检查、花括号和引号匹配以及代码完成等优势。同时，PyCharm 具有对科学计算库的内置支持，如 pandas、NumPy、SciPy、Matplotlib 和其他科学计算库，为开发者提供代码智能、图形和数组查看器等功能。

（5）可自定义的跨平台 IDE

PyCharm 作为一个可自定义的跨平台 IDE，可以根据用户的喜好自定义界面，还可以使用许可密钥，在 Windows、Mac OS 和 Linux 系统上使用 PyCharm。此外，PyCharm 还提供了键绑定以及 VIM 仿真功能，通过键盘热键和键盘布局等设置，让用户可以使用键盘完成所有任务。

2. PyCharm 基本配置

PyCharm 基本配置主要包括代码调试与运行、Python 库的安装、外观定制和代码风格设置，具体如下。

（1）代码调试与运行

调试的作用是寻找程序在运行过程中发生错误的位置，为编程人员修改错误提供便利。在 PyCharm 中可以通过设置断点直接对程序进行调试，而断点是使用一个 breakpoint 标记行位置，当程序运行该行代码的时候，PyCharm 会将程序暂时挂起，以方便对程序的运行状态进行分析。断点设置非常简单，单击代码左侧的行编号即可，如图 2-6 所示。同样，断点的取消操作也很简单，只需要在同样的位置单击即可。

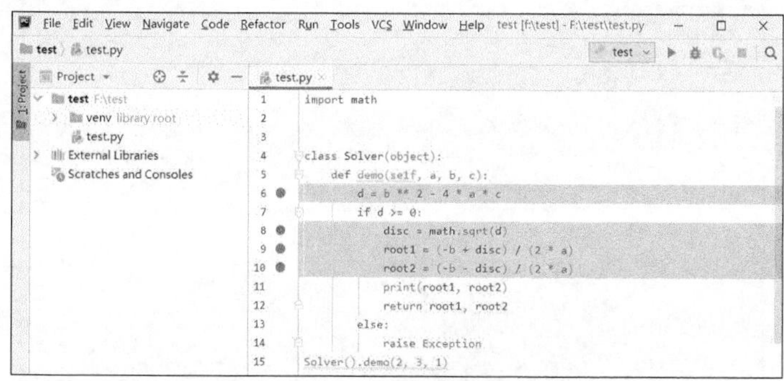

图 2-6　断点设置

由图 2-6 可知，断点会在对应的代码行的行编号旁边标记一个圆点，并为代码行设置颜色。断点设置后，代码的调试只需要单击 （调试按钮）即可，如图 2-7 所示。

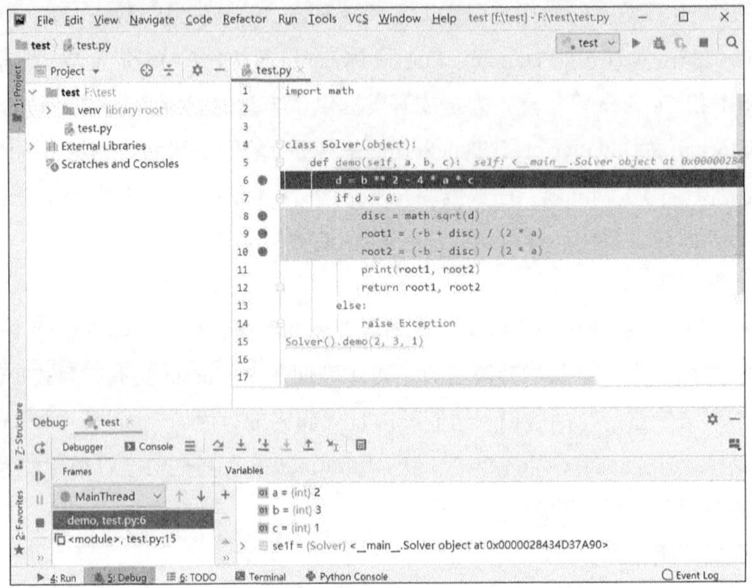

图 2-7　代码的调试效果界面

由图 2-7 可知，当所在代码行底色变深时，说明 PyCharm 进程已经到达断点处，但尚未执行断点标记的代码。此时还会出现图 2-7 下方的 Debug 窗格，窗格将显示当前重要调试信息，并允许用户对调试进程进行更改。

（2）Python 库的安装

PyCharm 支持安装 Python 库，包括 Matplotlib、TensorFlow 和 PyTorch 等。在首选项（Settings）中，通过“Project：test”→“Project Interpreter”选项，即可用图形化页面方便地查看已安装的库，如图 2-8 所示。

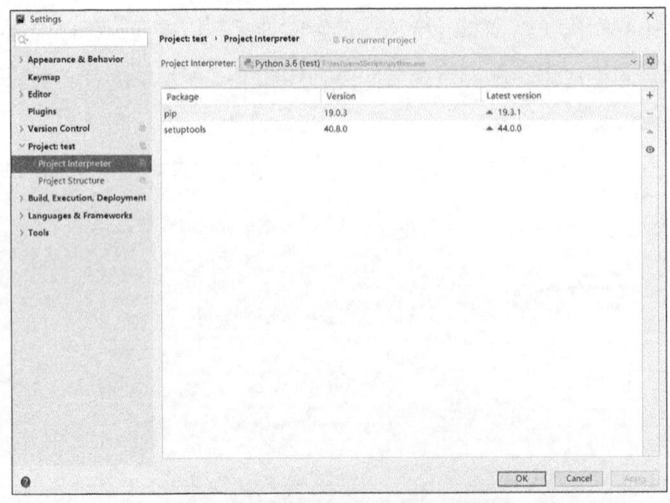

图 2-8　Project Interpreter 界面

通过图 2-8 所示的“+”按钮进入“Available Packages”对话框，即可对当前可用的 Python 库进行查找和安装，如图 2-9 所示。

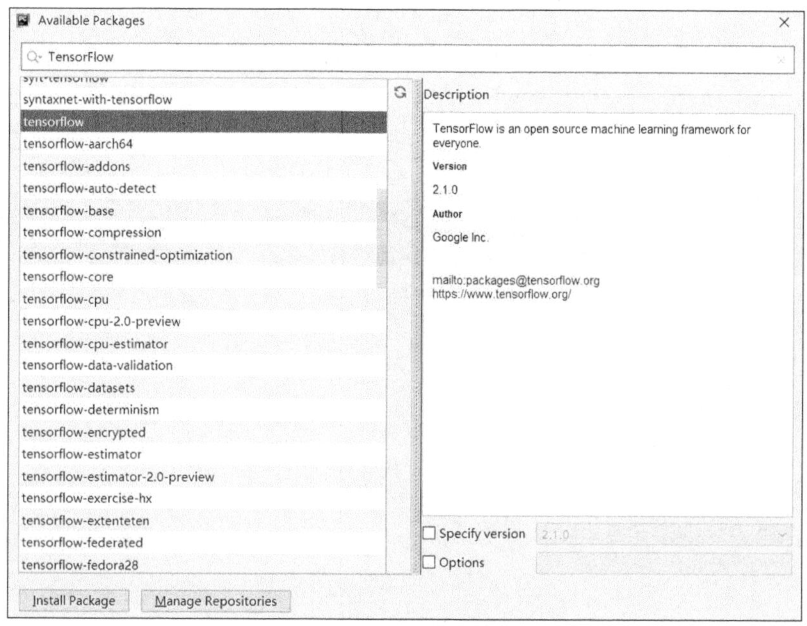

图 2-9 第三方库安装界面

（3）外观定制

PyCharm 在外观定制上提供了主题、字体和字号等设置。在首选项（Settings）中，通过“Editor”→“Color Scheme Font”选项，即可对主题、字体和字号等进行设置，如图 2-10 所示。

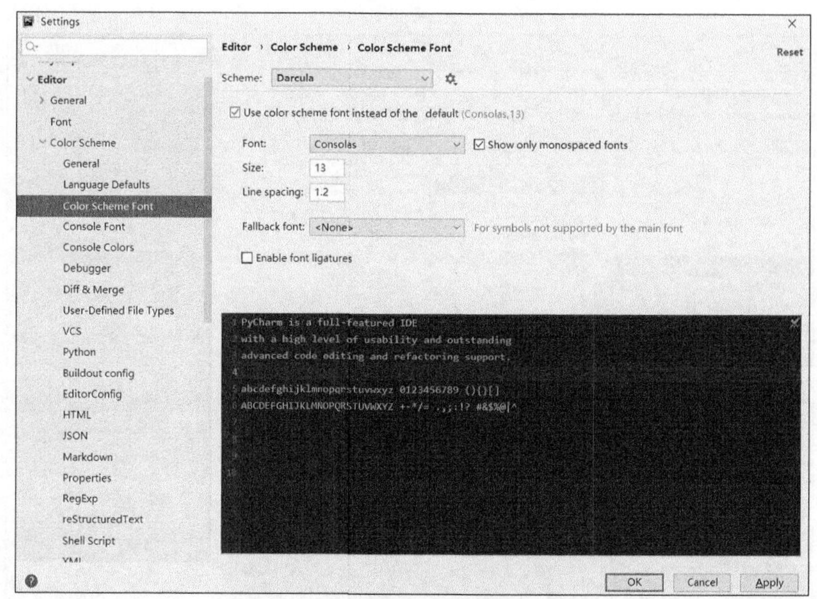

图 2-10 主题、字体和字号设置

（4）代码风格设置

严谨的代码风格可以使源码变得非常简洁美观和规范。在 PyCharm 中，可以通过设置缩进形式和自定义模板等操作来设置 Python 的代码风格。用户可以在首选项（Settings）对话框中，通过“Editor”→“Code Style”→“Python”选项进行缩进形式的设置，如图 2-11 所示。

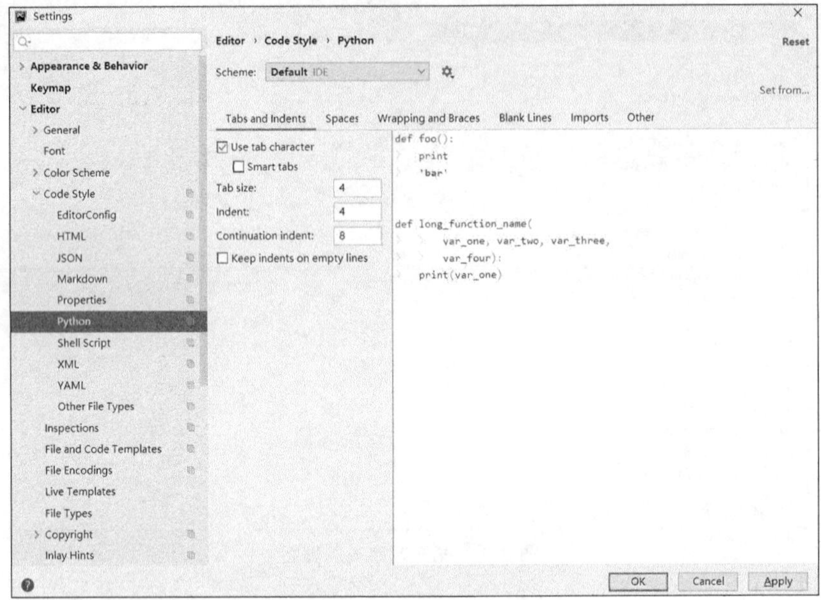

图 2-11 设置缩进形式

用户还可以在图 2-11 中的“File and Code Templates”选项中设置自定义模板，如图 2-12 所示。

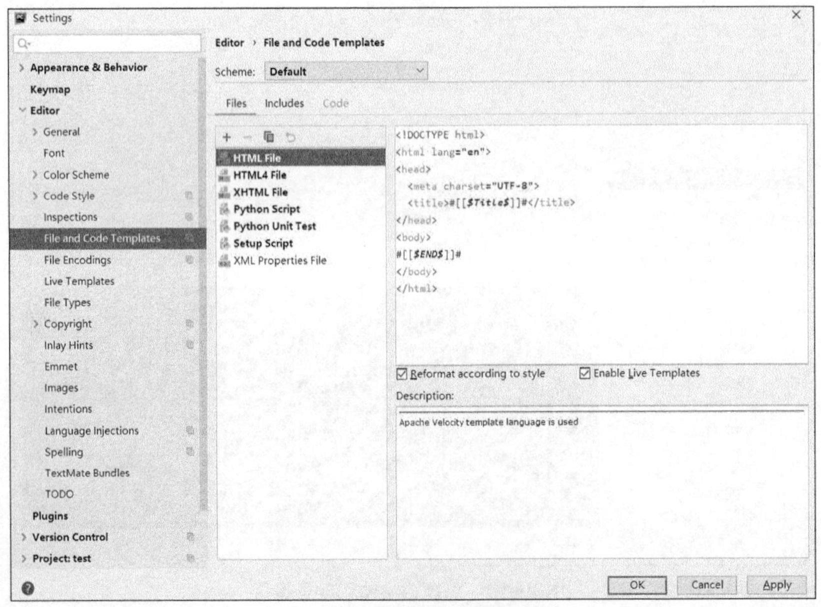

图 2-12 设置自定义模板

2.2.3 Eclipse

Eclipse 是一个开源的、跨平台的集成开发环境，主要用于 Java 语言开发。同时它也可以通过插件成为 Python、C++、PHP 等其他语言的开发工具，灵活性极佳。

Eclipse 为高度集成的工具开发提供一个全功能的、具有商业品质的工业平台，它主要由 Eclipse 项目、Eclipse 工具项目和 Eclipse 技术项目组成，具体包括 4 个部分，分别是 Eclipse Platform、JDT、CDT 和 PDE，其中 JDT 用于支持 Java 开发，CDT 用于支持 C 开发，PDE 用于支持插件开发，而 Eclipse Platform 则是一个开放的可扩展 IDE，提供了一个通用的开发平台。

Eclipse 在官网上提供了很多个版本，不同版本之间在功能上有一定的差异。常用的几个 Eclipse 版本之间的差异如表 2-2 所示。

表 2-2 常用的几个 Eclipse 版本之间的差异

版本	差异
Eclipse IDE for Enterprise Java Developers	集成了 Java EE 开发常用插件，方便动态 Web 网站开发，适合 Java Web 开发者使用，集成了 XML 编辑器、数据库查看工具，提供 JSP 可视化编辑器
Eclipse IDE for Java Developers	适合 Java 开发者，集成了 CVS、Git、XML 编辑器、Mylyn、Maven Integration 和 WindowBuilder 等插件
Eclipse IDE for C/C++ Developers	适合 C 和 C++开发者，集成了良好的 C 和 C++语言支持
Eclipse for PHP Developers	适合 PHP 开发者，集成了良好的 PHP 语言支持、Git 客户端、Mylyn 和 JavaScript 脚本编辑器、HTML、CSS 和 XML
Eclipse IDE for Eclipse Committers	Eclipse 最基础的版本，适合 Java SE 个人开发者以及希望根据个人需求配置插件的开发者使用

1. Eclipse 特点

Eclipse 作为常用的 Python IDE 开发环境，主要有以下 4 个特点。

（1）Eclipse 是一个强大的 Python IDE。在 Eclipse 中，借助 PyDev 插件，可以实现在交互式控制台中修改、执行和调试 Python 脚本。同时与其他 Python IDE 开发环境一样，Eclipse 包含代码编辑器和调试器，提供了语法高亮显示、代码折叠、智能缩进、内容助理、代码自动提示、多线程支持、条件断点、表达式监控和变量显示等功能。此外，在版本的控制方面，为了支持团队开发，Eclipse 提供了对 CVS 的内置支持以及个人版本管理机制，使得复杂的编程过程更为安全。

（2）Eclipse 是一个开源的、免费的开发工具。Eclipse 能接受由开发者自己编写的源代码插件，为工具开发商提供了更好的灵活性，使他们能更好地控制自己的软件技术。

（3）Eclipse 是一个跨平台的 Python IDE。在 Eclipse 中，支持 Windows、Mac OS 和 Linux 等系统。

（4）Eclipse 采用了灵活的可扩展的框架。Eclipse 框架的灵活性来源于扩展点（Extension Points），它们是在 XML 文件中定义的已知接口，并充当插件的耦合点。扩展点的范围包括了从用在常规表述过滤器中的简单字符串到一个类的描述。每一个插件都是在现有的扩展点上开发的，并可能还保留自己的扩展点，以便在这个插件上继续开发。任何 Eclipse 插件定义的扩展点都能够被其他的插件使用，反之，任何 Eclipse 插件也可以遵从其他插件定义的扩展点。

2. Eclipse 基础配置

Eclipse 的基础配置包括窗口介绍、字符集修改、Python 库的安装和运行配置，具体如下。

（1）窗口介绍

Eclipse 启动后，关闭启动时的欢迎界面，显示的是默认的透视图，它的整个窗口称为工作台。工作台主要由菜单栏、工具栏、透视图、项目资源管理器视图、编辑器和其他视图组成。Eclipse 工作台如图 2-13 所示。

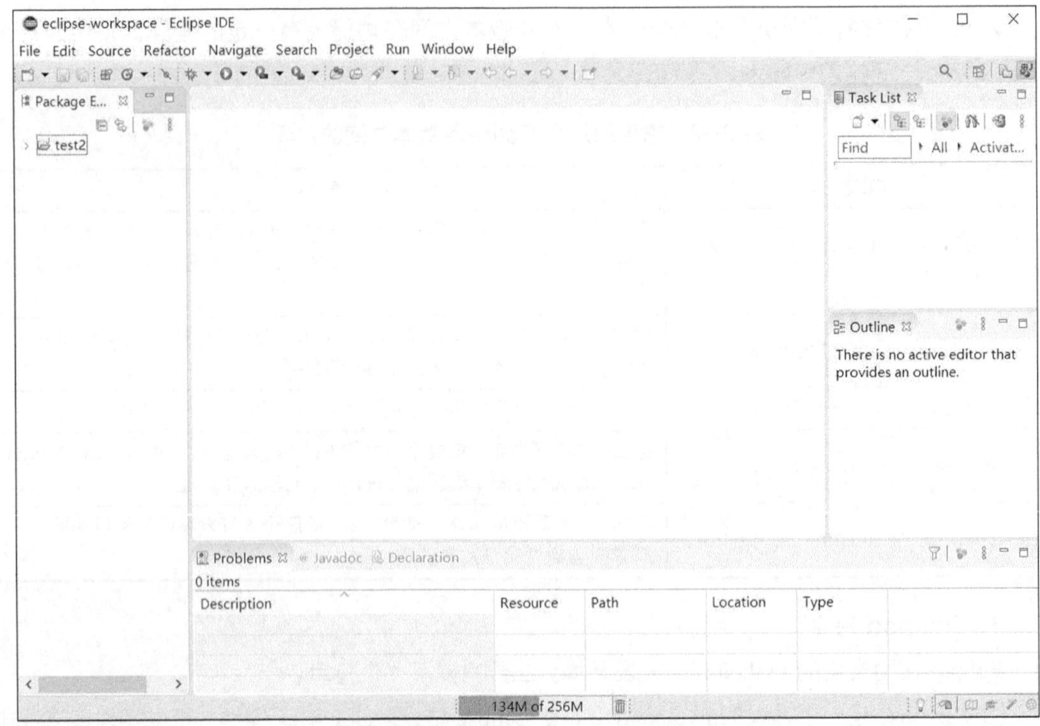

图 2-13　Eclipse 工作台

（2）字符集修改

Eclipse 在默认情况下的字符集为 GBK，但某些项目采用的是 UTF-8 等字符集，因此需要对字符集进行修改。在 Eclipse 中，可以通过菜单栏“Window”→“Preferences”中的相关选项进行字符集的设置，如图 2-14 所示。

（3）Python 库的安装

在 Eclipse 中，Python 应用程序的开发和调试主要通过 PyDev 插件来实现。PyDev 插件的出现方便了众多的 Python 开发人员，该插件提供一些很好的功能，如语法错误提示、源代码编辑助手、Quick Outline、Globals Browser、Hierarchy View、运行和调试等。PyDev 插件的安装十分简单，可在 Help 菜单中，选择“Install New Software...”选项，得到的安装对话框如图 2-15 所示。

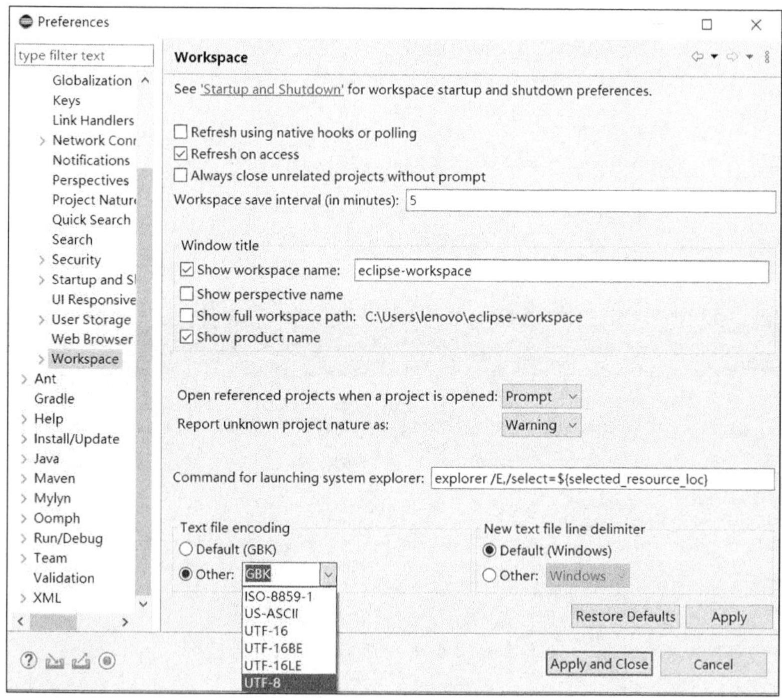

图 2-14　字符集设置

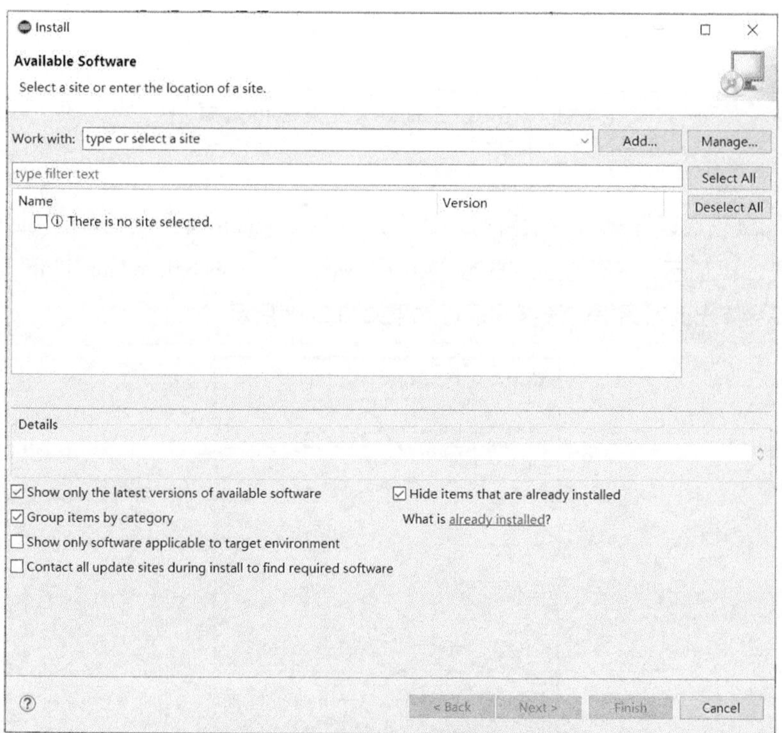

图 2-15　安装 PyDev 插件的对话框

在图 2-15 中，单击“Add...”按钮，安装 PyDev 插件完成后，可以在 Window 菜单中，使用

“Preferences”中的相关选项进行 Python 库的安装，如图 2-16 所示。

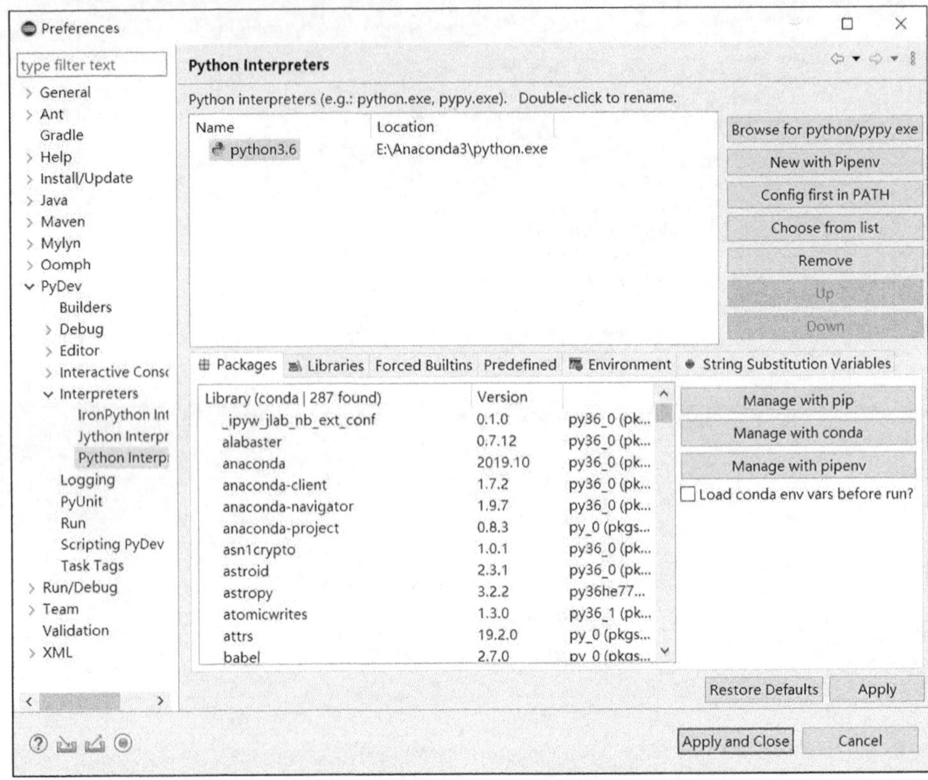

图 2-16　在 Eclipse 中安装 Python 库

（4）运行配置

使用 Eclipse 首次运行 Python 项目时，由于没有保存 Python 项目，会弹出“Save and Launch”对话框，如图 2-17 所示，只需勾选下方的“Always save resources before launching”复选项，在下次运行时将不会弹出此对话框，最终的运行效果如图 2-18 所示。

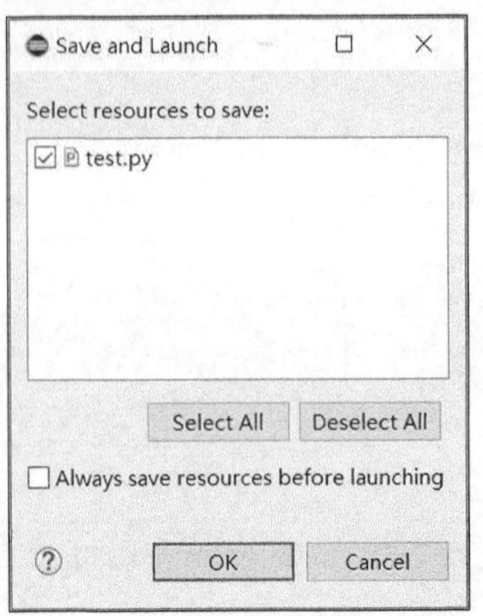

图 2-17　“Save and Launch”对话框

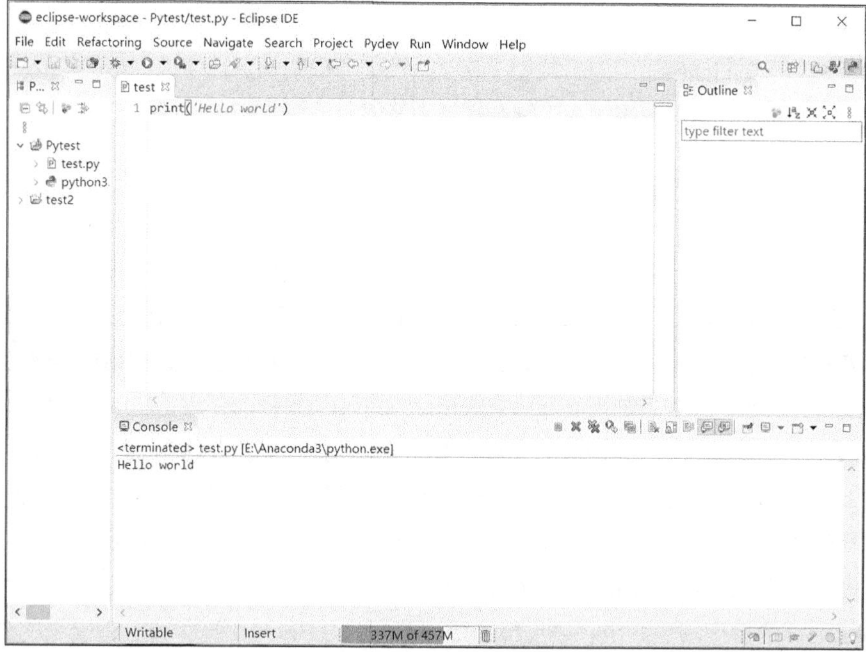

图 2-18　运行效果

2.3 常用人工智能开发框架

所谓工欲善其事，必先利其器。人工智能应用框架的出现，降低了人工智能入门的门槛，开发者不需要进行底层的编码，就可以在高层进行配置。目前已有大量的人工智能应用框架，如 TensorFlow、PyTorch、MXNet、Caffe 和 MindSpore 等。

【微课视频】

【思政拓展】

任何框架都不是绝对完美的，不同的框架都有自身的独特之处。下面对当前常用框架从框架的维护机构、框架的核心语言和所支持的接口语言等方面进行对比，如表 2-3 所示。

表 2-3　常用框架的对比

特性	TensorFlow	PyTorch	MXNet	Caffe	MindSpore
维护机构	Google	Facebook	DMLC	BVLC	Huawei
核心语言	C++ Python	C++ Python	C++	C++	C/C++
接口语言	C++ Python	C++ Python	C++ Python Julia …	C++ Python MATLAB	Python
是否开源	是	是	是	是	是
是否支持分布式	是	是	是	否	是

由表 2-3 可知，TensorFlow 和 PyTorch 框架更为理想，而 MXNet、Caffe 和 MindSpore 框架也同样十分优秀。不同的框架适用的领域也不完全一致，所以如何选择合适的框架也是一个需要探索的过程。总体而言，这些常用的人工智能框架为开发者的学习和使用提供了一定的帮助。

2.3.1 TensorFlow

TensorFlow 是 Google 基于 DistBelief 研发的第二代人工智能学习系统，其名称来源于本身的运行原理。张量（Tensor）意味着 N 维数组，流（Flow）意味着基于数据流图的计算，TensorFlow 为张量从流图的一端流动到另一端的计算过程。TensorFlow 是将复杂的数据结构传输至人工智能神经网中进行分析和处理的系统。

TensorFlow 从 2015 年在 GitHub 上开源以来，不断地迭代更新。从 TensorFlow 0.8 版本实现分布式计算，到 TensorFlow 1.0 版本提高框架的速度和灵活性，再到 TensorFlow 2.0 版本专注于易用性和简单性，其实现了不断的发展和进步。同时，出色的版本管理、细致的官方文档以及活跃的社区也在不断促进 TensorFlow 的发展。

TensorFlow 的运用场景广泛，最常用的是深度学习。Google 作为 TensorFlow 的主导公司，在自己的搜索、Gmail、翻译、地图和 YouTube 等产品中均使用了 TensorFlow，这也是 Google DeepMind 人工智能项目 AlphaGo 和 AlphaGo Zero 的底层技术。同时，国内外的很多公司也在尝试使用 TensorFlow。例如，中国移动使用 TensorFlow 打造了一个深度学习系统，提供自动预测切换时间范围、验证操作日志和检测网络是否存在异常的功能，为世界上规模最大的迁移项目提供支持。Airbnb 使用 TensorFlow 进行大规模的图像分类和对象检测，从而帮助改善房客体验。

TensorFlow 有着强大的功能。例如，TensorFlow 1.13.1 版本不仅将 TensorFlow Lite（用于移动和嵌入式设备以及 NVIDIA 集体通信库（NCCL））移到核心库，而且新添加了 tf.signal.dct 和 tf.signal 中的 DCT-1 和 IDCT-1 等功能。此外，还使用了 idct、估计器中梯度增强树的分位数损失和 substr 中的 unit 属性，使用户可以获得包含 Unicode 字符的字符串的子字符串。

TensorFlow 作为人工智能常用的应用框架之一，无论对于初学者，还是对于在深度学习领域具备一定经验的工作者都极具吸引力。TensorFlow 主要有以下优点。

（1）灵活可扩展。TensorFlow 不是一个严格的神经网络库，它具有高度的灵活性。用户不仅可以借助 Eager Execution 进行快速迭代和直观的调试，还可以使用 Distribution Strategy API 在不同的硬件配置上进行分布式训练，而无须更改模型定义。

（2）运算性能强。由于 TensorFlow 很好地支持了线程、队列、异步操作等，所以计算潜能得到了更有效的发掘。此外，TensorFlow 还可以将硬件的计算潜能全部发挥出来，可充分使用多 CPU 和多 GPU，让 TensorFlow 的运算性能得到进一步的提升。

（3）支持多语言。TensorFlow 拥有一个 Python 使用界面和一个 C++使用界面。用户可以直接写 Python/C++程序，也可以用交互式的 iPython 界面将用户的笔记、代码、可视化等有条理地归置好。此外，TensorFlow 还支持用户创造自己喜欢的语言界面，如 Go、Java、Lua、JavaScript、

R 等。

（4）支持多平台。TensorFlow 作为一个跨平台的人工智能学习系统，可以在 Windows、Linux、Android、iOS、Raspberry Pi 等系统平台上执行。

（5）提供强大的研究实验。在 TensorFlow 中可以使用 Keras Functional API 和 Model Subclassing API 等功能，实现快速创建模型，并控制模型的速度和性能。TensorFlow 还支持强大的附加库和模型生态系统供用户开展实验，包括 Ragged Tensors、TensorFlow Probability、Tensor2Tensor 和 BERT。

TensorFlow 虽然有着很多的优点，但是它也有一些缺点，例如，文档和接口混乱、使用烦琐、较难理解、调试困难和不利于工具化等。

2.3.2 PyTorch

PyTorch 是 Facebook 开发的用于训练神经网络的 Python 包，也是 Facebook 倾力打造的深度学习框架。PyTorch 提供了一种类似 NumPy 的抽象方法来表征张量（或多维数组），可以使用 GPU 来加速训练。PyTorch 采用了动态计算图（Dynamic Computational Graph）结构，其他很多框架，如 TensorFlow（TensorFlow 2.0 也加入了对动态网络的支持）、Caffe、CNTK、Theano 等，采用静态计算图。PyTorch 通过一种称为反向模式自动微分（Reverse-mode auto-differentiation）的技术，可以零延迟或零成本地任意改变网络的行为。

PyTorch 是基于 Torch 库开发的人工智能框架。在 2017 年 1 月初，Facebook 人工智能研究院（FAIR）在 GitHub 上首次推出了 PyTorch，迅速占领了 GitHub 热度榜榜首。此后，PyTorch 不断地发展，在 PyTorch 0.4 版本中合并了 Variable 和 Tensor，并增加了对 Windows 的支持。2018 年 12 月，Facebook 正式发布 PyTorch 1.0 稳定版。PyTorch 1.0 版本不仅将即时模式和图执行模式融合在一起，还重构和统一了 Caffe 2 和 PyTorch 0.4 框架的代码库，删除了重复的组件并共享上层抽象，得到了一个统一的框架，支持高效的图模式执行、移动部署和广泛的供应商集成等。

如今，PyTorch 被广泛应用于研究领域，用于自然语言处理和图像处理等新技术的应用程序开发。

PyTorch 作为一个端到端的机器学习框架，有以下 7 种主要的功能。

（1）Torch 脚本。PyTorch 可以借助 Torch 脚本，在急切模式下提供易用性和灵活性，同时能无缝过渡到图形模式，从而实现 C++环境运行时的速度、优化和功能。

（2）分布式培训。PyTorch 通过 Python 和 C++可以访问的集体操作和对等通信的异步执行的本机支持，优化研究和生产中的性能。

（3）移动（实验性）。PyTorch 支持从 Python 到在 iOS 和 Android 上部署的端到端工作流。它扩展了 PyTorch API，以涵盖将机器学习集成到移动应用程序中所需的常见预处理和集成任务。

（4）工具和库。PyTorch 活跃的研究人员和开发人员社区建立了丰富的工具和库生态系统，用于扩展 PyTorch 和支持从计算机视觉到强化学习领域的开发。

（5）本机 ONNX 支持。PyTorch 支持以标准 ONNX（开放式神经网络交换）格式导出模型、以直接访问与 ONNX 兼容的平台和可视化工具等功能。

（6）C++前端。PyTorch 提供了纯 C++接口，并遵循已建立的 Python 前端的设计和体系结构，旨在实现高性能、低延迟和裸机 C++应用程序的研究。

（7）云合作伙伴。PyTorch 在主要的云平台上得到了很好的支持，包括通过预构建的图像进行无摩擦的开发和扩展、在 GPU 上进行大规模培训和在生产环境中运行模型等。

PyTorch 作为一个被广泛使用的深度学习框架，有以下优点。

（1）简洁。PyTorch 的设计提倡少封装，避免重复。此外，PyTorch 的设计逻辑清晰，遵循 Tensor、Variable（autograd）和 Module 这 3 个由低到高的层次，分别代表高维数组（张量）、自动求导（变量）和神经网络（层/模块），且这 3 个抽象层次相互作用，可以同时修改和操作。此外，PyTorch 的源码相对于 TensorFlow 少许多，这使 PyTorch 的源码阅读较为方便。

（2）易用。PyTorch 致力于提升用户的使用体验，将接口设计得十分易用，符合人的思维。同时，PyTorch 很难得地保留了灵活性，使用者可以使用 PyTorch 自由地实现自己的算法。此外，PyTorch 将文档整理得很简洁，为用户提供了一定的帮助。

（3）速度快。PyTorch 在追求简洁易用的同时，在模型的速度表现上也极为出色，相对于 TensorFlow 等框架，很多模型在 PyTorch 上的实现可能更快。这一点也使得学术界有大量 PyTorch 的忠实用户，因为使用 PyTorch 既可以快速实现用户的想法，又能够保证优秀的速度性能。

（4）拥有活跃的社区。PyTorch 拥有完整的技术文档和开发人员亲自维护的论坛，供用户交流和学习。同时，FAIR 的开发支持，使 PyTorch 可以获得及时的更新与维护，保证了 PyTorch 用户的体验。

PyTorch 不是一个绝对完美的框架，除自身的优点外，也存在一定的缺点，例如，PyTorch 进行可视化展示需要第三方的支持，生产部署需要 API 服务器的支持等。

2.3.3 MXNet

MXNet 是 DMLC（Distributed Machine Learning Community）开发的一款开源、轻量级、可移植、灵活的深度学习库。

MXNet 的前身是 cxxnet。2015 年年底，cxxnet 正式迁移至 MXNet，并在 2016 年年底成为 Amazon 官方的深度学习框架。MXNet 采用的是命令式编程和符号式编程混合的方式，具有省显存和运行速度快等特点，训练效率非常高。2017 年下半年推出的 Gluon 接口使得 MXNet 在命令式编程上更进一步，网络结构的构建更加灵活，同时混合编程的方式也使得 Gluon 接口兼顾了高效性和灵活性。2018 年 5 月，MXNet 正式推出了专门为计算机视觉任务打造的深度学习工具库 GluonCV，该工具库提供了包括图像分类、目标检测、图像分割等领域的前沿算法复现模型和详细的复现代码，同时还提供了常用的公开数据集、模型的调用接口，既方便学术界研究创新，也能加快工业界落地算法。

MXNet 作为一个灵活的深度学习库，可以满足前沿的深度学习研究需求。同时，MXNet 作为一个强大的框架，可以推动生产工作。MXNet 不仅提供混合前端，使用户可以通过调用杂交功能简单地切换到符号模式，同时可以充分使用硬件，无论是多 GPU 还是具有近线性缩放效率的多主机训练都能够充分发挥。

MXNet 是一个旨在提高效率和灵活性的深度学习框架，支持了多种深度学习模型，包括卷积神经网络（CNNs）和长短期记忆网络（LSTMs）。MXNet 主要有以下优点。

（1）可扩展性。MXNet 可以通过分布式参数服务器分布到动态的云架构上，并且可以通过多个 GPU 或 CPU 实现几乎线性的规模。

（2）灵活性。MXNet 结合了命令式编程和符号式编程，因此兼顾了灵活性和高效性，既方便研究试错又适合线上部署。

（3）多种语言支持。MXNet 与 Python、Scala、Julia、Clojure、Java、C++、R 和 Perl 这 8 种语言绑定。

MXNet 也有一些缺点。例如，MXNet 的推广力度较弱，接口文档不够完善。MXNet 长期处于快速迭代的过程中，文档长时间未更新，将导致新手用户难以掌握 MXNet，老用户则需要经常查阅源码才能真正理解 MXNet 接口的用法。

2.3.4 Caffe

Caffe 的全称是 Convolutional Architecture for Fast Feature Embedding，是一个兼具表达性、速度和思维模块化的深度学习框架。Caffe 内核是用 C++编写的，具备 Python 和 Matlab 相关接口。Caffe 实现了前馈卷积神经网络架构（CNN），在一个 n 层的神经网络中，通过调整其中的参数，使任何一层的输入和输出都是相等的，任何一层都是输入的另一种表示。深度学习是一种特征学习方法，把原始数据通过一些简单的非线性的模型转化为更高层次、更抽象的表达，高层次的表达能强化输入数据的区分能力，同时削弱不相关因素。

Caffe 由伯克利人工智能研究小组和伯克利视觉学习中心开发，于 2013 年正式在 GitHub 上发布。2017 年 4 月，Facebook 正式推出了 Caffe 的升级版 Caffe 2。Caffe 2 是一个轻量化与跨平台的深度学习框架，继承了 Caffe 大量的设计理念，同时为移动端部署做了很多优化，性能极佳。在 2018 年 4 月，Caffe 2 的代码已经与 PyTorch 代码合并。

Caffe 被用于学术研究项目、启动原型，甚至应用于视觉、语音和多媒体领域的大规模工业应用中。此外，Yahoo 还将 Caffe 与 Apache Spark 集成在一起，以创建 CaffeOnSpark（分布式深度学习框架）。

Caffe 在功能上较为强大。Caffe 不仅支持面向图像分类和图像分割的许多不同类型的深度学习架构，还支持 CNN、RCNN、LSTM 和全连接的神经网络设计。此外，Caffe 支持基于 GPU 和 CPU 的加速计算内核库，如 NVIDIA cuDNN 和 Intel MKL 等。

Caffe 作为受用户欢迎的深度学习框架，主要有以下优点。

（1）表达方便。在 Caffe 中，模型和优化办法的表达用的是纯文本表达，而不是代码，易于理解，并且设置 GPU 加速或 CPU 加速仅需 1 条单独的命令。

（2）速度快。Caffe 作为目前可用的最快的 ConvNet 实现方案之一，成为了研究实验和行业部署的理想选择。Caffe 单个 NVIDIA K40 GPU 每天可处理超过 6 000 万张图像。推理时为 1ms 一张图像，学习时为 4ms 一张图像，在使用较新的库版本和硬件时速度将会更快。

（3）可扩展代码。在 Caffe 成立的第一年，其在 GitHub 上已经被 1 000 多名开发人员标记，并做出了许多重大改变，所以该框架在代码和模型方面都使用了最新技术。

（4）富有表现力。Caffe 的模型及优化是通过配置定义的，而不是使用硬编码的方式。Caffe 不仅可以在 GPU 和 CPU 之间无缝切换，而且可以用 GPU 训练，然后部署到集群或移动设备上。

（5）社区活跃。Caffe 已经支持学术研究项目，启动原型，甚至支持大规模视觉、语音和多媒体的工业应用。

Caffe 与 TensorFlow、PyTorch 等框架一样，都有一些缺点。例如，灵活性不足。在 Caffe 中，实现一个神经网络新层，需要使用 C++来完成前向传播与反向传播的代码，并且需要编写 CUDA 代码实现在 GPU 端的计算，总体上更偏底层，显然与当前深度学习框架动态图、灵活性的发展趋势不符。

2.3.5 MindSpore

MindSpore 是由华为开发的 AI 计算框架，可跨云边缘设备实现按需协作。MindSpore 为所有场景中的模型开发、执行和部署提供统一的 API 和端到端 AI 功能。

MindSpore 使用分布式架构，使用本机可区分编程范例和新的 AI 本机执行模式来实现更好的资源效率、安全性和可信赖性。同时，MindSpore 充分使用了 Ascend AI 处理器的计算能力，降低了行业 AI 开发的入门要求，从而更快地将包容性 AI 变为现实。

MindSpore AI 计算框架弥合了 AI 研究与应用之间的鸿沟。MindSpore 最大的特点就是能实现全场景支持，能够针对不同的运行环境，进行适应全场景独立部署。同时，MindSpore 框架通过协同经过处理后的、不带有隐私信息的梯度和模型信息，实现更有效的隐私保护。

MindSpore 还能将模型保护整合到 AI 框架里，提升模型的安全性和可靠性。在原生适应每个场景包括端、边缘和云，并能够在按需协同的基础上，通过实现 AI 算法即代码，使开发态变得更加友好，显著减少模型开发时间。

小结

本章介绍了人工智能的发展历史、大数据与人工智能、机器学习与深度学习，还介绍了 Anaconda、PyCharm 和 Eclipse 这 3 个集成开发环境，以及 TensorFlow、PyTorch、MXNet、Caffe 和 MindSpore 等人工智能应用框架。

习题

（1）人工智能的英文全称是（　　）。

A. Automatic Intelligence　　B. Artificial Intelligence

C. Automatic Information　　D. Artificial Information

（2）想让机器具有智能，必须让机器具有知识。因此，人工智能中有一个研究领域，主要研究计算机如何自动获取知识和技能，实现自我完善，这门研究分支学科是（　　）。

A. 专家系统　　B. 神经网络　　C. 机器学习　　D. 模式识别

（3）下面关于 PyCharm 的描述正确的是（　　）。

A. PyCharm 无法对外观进行修改

B. PyCharm 只能通过单击运行按钮运行代码

C. 无法通过 PyCharm 安装第三方库

D. PyCharm 提供了拼写提示机制来帮助代码的编写

（4）下面不属于人工智能应用框架的是（　　）。

A. TensorFlow　　B. MySQL　　C. Caffe　　D. PyTorch

（5）下面不属于 TensorFlow 描述的是（　　）。

A. TensorFlow 只能在 Python 中使用

B. TensorFlow 是一个强大的机器学习框架

C. TensorFlow 具有超强的运算性能

D. TensorFlow 由 Google 提供支持

第 3 章
平台管理

智能计算平台搭建完成以后，在日常使用过程中会频繁地涉及平台管理相关的内容。通过平台管理可以实现服务器的平稳运行，存储资源的合理使用，系统的流畅与高效，文档的标准化和可追溯等。“二十大”报告提出“以国家战略需求为导向，集聚力量进行原创性引领性科技攻关，坚决打赢关键核心技术攻坚战”，为了满足用户的需求，智能计算相关的软硬件厂商早已推出各类平台管理相关的方案。本章主要介绍平台管理的服务器集群管理、存储资源管理、系统管理、文档管理 4 方面内容。

【学习目标】

1. 了解服务器集群管理的特性、发展趋势。
2. 熟悉常用的集群管理工具。
3. 了解存储资源管理的主要任务、发展趋势。
4. 熟悉存储资源管理工具。
5. 了解系统管理的主要任务、发展趋势。
6. 熟悉常用的系统管理工具。
7. 了解文档管理的基本概念。
8. 掌握运维报告文档的书写规范。
9. 掌握技术支持文档的书写规范。

【素质目标】

1. 培养学生全面看待问题的能力。
2. 形成科学严谨的工作作风。
3. 培养学生紧跟科技发展的学习习惯。

3.1 服务器集群管理

服务器集群是指将很多服务器集中在一起，运行同一种服务，从客户端看起来就只有一个服务器。服务器集群可以使用多个服务器进行并行计算，从而获得很高的计算速度，也可以用多个服务器做备份，即使其中某一台机器坏了，也能保证整个系统正常运行。一旦在服务器上安装并运行了集群服务，该服务器即可加入集群。

【微课视频】

3.1.1 集群管理介绍

集群管理是一种通过集群化操作来减少单点故障数量，并且实现集群化资源高可用性的高效管理。使用集群管理能在提高性能的同时有效降低成本，既能提高服务器的可扩展性又能保证可靠性。

1. 集群管理的主要特性

集群管理具有伸缩性、可用性和管理性等主要特性，具体如下。

（1）伸缩性

服务器集群具有很强的可伸缩性。随着需求和负荷的增长，可以向集群系统添加更多的服务器。在这样的配置中，可以有多台服务器执行相同的应用和数据库操作。

伸缩性是一种评估软件系统处理能力的设计指标，高可伸缩性代表一种弹性，在系统扩展过程中，软件能够保持旺盛的生命力，通过很少的改动甚至只是硬件设备的添置，就能实现整个系统处理能力的线性增长以及高吞吐量和低延迟等性能。

可伸缩性和纯粹性能调优有本质区别，可伸缩性是性能、成本和可维护性等诸多因素的综合考量和平衡，可伸缩性讲究平滑线性的性能提升，更侧重于系统的水平伸缩，通过增加廉价的服务器实现计算能力提升；而普通性能优化只是单台机器的性能指标优化。它们的共同点都是根据应用系统特点在吞吐量和延迟之间进行一个侧重选择，当然水平伸缩分区后会带来 CAP（一致性（Consistency）、可用性（Availability）、分隔容忍（Partition Tolerance））定理约束。

软件的可扩展性也非常重要，但又比较难以掌握，业界试图通过高并发语言等方式节省开发者精力，但是，无论采取什么技术，如果应用系统内部是铁板一块，如严重依赖数据库，在系统达到一定访问规模后，负载都集中到一两台数据库上，这时进行分区扩展伸缩就比较困难，正如 Hibernate 框架创建人加万·金（Gavin King）所说：关系型数据库是最不可扩展的。

（2）可用性

可用性就是一个系统处在可工作状态的时间的比例。通过将故障服务器上的应用程序转移到备份服务器上运行，集群系统能够把正常运行时间增加到大于 99.9%，大大减少服务器和应用程序的停机时间。

为了屏蔽负载均衡服务器的失效，需要建立一个备份机。主服务器和备份机上都运行 High Availability 监控程序，通过传送诸如“I am alive”这样的信息来监控对方的运行状况。当备份机不能在一定的时间内收到这样的信息时，它就接管主服务器的服务 IP 并继续提供服务；当备份管理器又从主服务器收到“I am alive”这样的信息时，它就释放服务 IP 地址，这样主服务器就再次进行集群管理的工作。为保证在主服务器失效的情况下系统能正常工作，应在主、备份机之间实现负载集群系统配置信息的同步与备份，保持二者系统的基本一致。

HA 的容错备援运作过程包括自动侦测、自动切换、自动恢复 3 个阶段，具体如下。

① 自动侦测（Auto-Detect）阶段。由主机上的软件通过冗余侦测线，经由复杂的监听程序、逻辑判断，来相互侦测对方运行的情况，所检查的项目有主机硬件（CPU 和周边）、主机网络、主机操作系统、数据库引擎及其他应用程序、主机与磁盘阵列连线。为确保侦测的正确性，防止错误判断，可设定安全侦测时间，包括侦测时间间隔、侦测次数以调整安全系数，并且由主机的冗余通信连线，将汇集的信息记录下来，以供维护参考。

② 自动切换（Auto-Switch）阶段。某一主机如果确认对方故障，则正常主机除继续进行原来的任务，还将依据各种容错备援模式接管预先设定的备援作业程序，并进行后续的程序及服务。

③ 自动恢复（Auto-Recovery）阶段。在正常主机代替故障主机工作后，故障主机可离线进行修复工作。在故障主机修复完成后，透过冗余通信线与原正常主机连线，程序会自动切换回修复完成的主机上。整个恢复过程由 EDI-HA 自动完成，亦可依据预先配置，选择恢复动作为半自动或不恢复。

（3）管理性

管理性是能够满足管理需求的能力及管理便利的程度。管理性是解决“企业架构（Enterprise Architecture，EA）核心”问题的关键质量属性，通过将管理性作为一个 EA 属性进行应用，使集群变得可管理。系统管理员可以远程管理一个或一组集群。

可管理的软件和系统具有的主要特征包括检测、自动化操作、事件驱动、模式支持、基于模型的操作，具体如下。

① 检测。管理人员可以使用监视和控制仪器来查看并可选地修改软件和系统的状态。

② 自动化操作。真正可管理实体的关键是自动化操作。无人参与的操作和弹性被视为自主计算活动中的成功端点。底层细节如日志文件检查和自动流程重启等全都可由软件进行处理。减少人工输入，可能实现自动化操作。

③ 事件驱动。信息性实体是自动提供关于状态、负载、故障模式等定向信息的实体。IT 管理人员了解与实体相关重要问题的最新信息，从而不会被数据的海洋淹没。实现此目的的通常机制是事件所管理实体在出现重要问题时主动发送的消息。事件的示例是给定系统上的负载超过可接受的阈值，系统确定其负载超过已定义的阈值，并发出事件消息。事件的问题在于发出的事件太多，或者更糟的是，事件机制耗尽所管理实体上的宝贵计算资源。

④ 模式支持。软件和系统需要在指定的环境才能稳定地工作的模式。

⑤ 基于模型的操作。针对管理的模型支持领域非常零散，每种模型各有优点和缺点，其中最大的缺点是分离。管理功能通常表现为外接程序，是开发结束前或开发完成后连接到软件的组件。

2. 集群管理发展趋势

集群管理具有应用更为集中、部署更为简便、系统监控更为完善和管理更为方便的发展趋势，具体如下。

（1）应用集中

企业需要对诸多的应用系统进行集中化管理，众多的信息数据需要被集中化处理。全球知名企业均向数据中心整合与服务器整合的方向发展，数据中心从数以百计缩减为少数几个，应用程序也被整合到少数几台服务器上。

信息系统集中分为应用系统集中、数据集中、管理集中和控制集中这 4 个层次。应用系统的集中将带来数据的集中化操作，而应用系统和数据的集中，带来的则是管理的集中，控制集中即可顺理成章地进行。

应用的集中管理，将分散的资源进行集中管理，从而使资源发挥了更大的效用，由此降低各种费用。提高使用率、降低成本、集中管理是目前的大势所趋。

（2）部署简便

现代企业对于信息化系统的依赖日益加深，相应的服务器数量也不断增加，很多企业规模较大，有多个分支机构，地理位置分散或办公区占地较广，加上服务器的零散性，逐一安装部署需要耗费大量人力，维护与升级都要求相应的专业能力。由企业用户自行安装服务器也很困难，即使安装完毕，日后的使用维护也需要原厂技术人员远程甚至到现场进行，非常麻烦。使用集群化管理后，无论是单位内部用户还是外部工厂用户，也无论用户的具体位置在何处，企业所需的各类管理系统均可以由管理员统一安装发布，并快速部署给各类用户。所有安装维护不需要到现场进行，管理员可轻松完成。

（3）监控完善

通过对各种网络参数进行监控，保证服务器系统的安全运营，并提供灵活的通知机制以使系统管理员快速定位、解决存在的各种问题。

（4）管理方便

随着操作系统的普及，以及 CPU 性能的不断提高，有效的管理可以大幅提高工作效率。管理员可以通过简单的操作处理各种问题。

3.1.2 集群管理工具简介

集群管理工具可以帮助用户通过图形化界面或者命令行进行集群的管理，常见的集群管理工具有 AI Max、华为 eSight Server、浪潮 BCP 和 SmartKit 等。

1. AI Max

AI Max 是基于 Kubernetes 容器调度引擎的集群管理工具，其通过计算任务需求，动态调配计算资源池，提高资源使用率，并实现计算任务的高可用性。用户可以在线提交任务，并通过管理控制台查看任务的运行状态、资源消耗情况和运行日志。任务运行结束后，AI Max 可以针对任务日志生成 ROC 曲线、准确率或其他针对深度学习的可视化分析。系统也提供相应的接口，允许用户导出训练或优化后的模型。用户能够通过管理控制台对计算资源节点、资源分区和用户进行管理。管理界面也提供资源面板来显示群集以及节点的硬件健康状况。整体系统的安全可以根据不同的应用场景或需求设置不同的应用权限，达到最细致的权限控制。

AI Max 有强大的数据存储管理功能，根据配额，为不同的用户创建存储区域，用于存放训练数据、模型以及程序文件，且不同用户的存储区域相互隔离。用户可以通过标准存储客户端对文件进行管理。AI Max 的数据存储以 GlusterFS 为基础，支持 TCP/IP、InfiniBand、Omni-Path Architecture 高速网络互连，在扩展性、可靠性、可维护性等方面具有独特的优势，具体如下。

① 高可用：支持将数据备份后写入不同存储节点，确保数据副本一直可用。

② 通用硬件：采用开放式设计，不与定制化的专用硬件设备捆绑，大幅降低了硬件投入成本。

③ 去中心化：架构上实现了元数据访问分散化，提高了存储系统的可用性和冗余性。

④ 扩展性和高性能：弹性哈希（Elastic Hash）算法解除了对元数据服务器的需求，消除了单点故障和性能瓶颈，真正实现并行化数据访问。

⑤ 高可靠性：支持自动复制和自动修复功能以保证数据可靠。

2. 华为 eSight Server

华为 eSight Server 管理套件是面向华为全系列服务器集群化的全新运维解决方案，实现了从服务器上电到退服全生命周期的精细化管理。从极速智能化交付阶段到日常运维管理，均可通过可视化方式进行自动化管理，帮助企业用户更有效地简化服务器的运维管理，提升运维效率，全面降低运维成本。

智能安装，自动交付。支持自动设备发现、管理 IP 自动配置、智能化配置部署、自动化批量部署等特性，1 天即可实现 1 000 台服务器的安装配置管理，交付效率高达 100%。

主动预防，快速诊断。支持 7×24 小时告警监控，提供远程通知、性能管理等特性，设备仿真面板和拓扑图等工具帮助实现可视化诊断，有效减少设备 80%停机时间。

智能升级，简化运维。支持版本在线检测、版本自动比对，可实现流程化升级任务，提供在线固件打包工具，同时兼容多款设备及部件，运维效率高达 80%。

3. 浪潮 BCP

浪潮 BCP 的功能异常强大，具有简单易管理、灵活的容灾、灵活的扩展性和广泛的兼容性、不中断的虚拟环境、完善的监控体系、灵活的部署形式等特点。

简单易管理。浪潮 BCP 软件设计采用中文界面，可以远程管理并支持邮件通知故障。采用人性化的向导提示设计理念，可轻松、快速构建集群，并实现在线的编辑方式，集群配置信息直接上传到集群并生效。BCP 软件还支持集群配置文件的导入、导出和离线编辑，用户稍作修改就可轻松配置出大量结构相似的集群。在发生故障更换服务器时，只需要将备份的配置文件导入新服务器即可迅速实现服务器恢复。

灵活的容灾。浪潮 BCP 软件不仅支持共享、镜像等多种业务连续保护模式，同时也支持远程容灾功能，并且 BCP 软件创造性地将镜像模式应用于远程共享模式中，实现容灾功能。通常的远程容灾解决方案对网络环境要求高、实施复杂，实现成本也比较昂贵。而使用 BCP 软件的远程容灾功能，不但能够实现异地备份业务数据，还可以对软硬件资源进行监视，在主机发生故障时，还能够自动在备份主机恢复业务，将业务服务的停止控制在最小限度。

灵活的扩展性和广泛的兼容性。BCP 软件在设计过程中充分考虑到了用户未来业务的发展需求，具有灵活的扩展性和广泛的兼容性。BCP 软件最多可支持 32 台主机，同时支持目前国内主流的 Windows 和 Linux 操作系统平台。

不中断的虚拟环境。BCP 软件能实现对虚拟机环境的完美支持。当虚拟机上运行业务发生故障时，BCP 软件可以将其切换到另外一台虚拟机。当虚拟机软件本身发生故障，或者物理服务器发生故障时，BCP 软件能够将虚拟计算机整体切换到另外一台物理服务器上，实现全方位的保护。

完善的监控体系。浪潮 BCP 软件提供二十多种独立的监控功能模块，包括对本地磁盘、共享存储、网络环境、操作系统以及应用程序的服务和进程等进行实时监控。通过全方位的故障监控，BCP 可以实时地掌握整个系统的软硬件资源的状态，在系统发生故障时，就能够准确诊断，并及时进行恢复处理。

灵活的部署形式。浪潮 BCP 软件支持灵活的部署形式，支持多主机共享存储、双主机镜像以及共享双主机镜像和共享镜像混合的模式。

4. SmartKit

SmartKit 是华为智能云平台的一款配套的集群管理工具，为存储、服务器、云计算 3 大领域的产品提供了统一的服务工具平台，同时也支持原 OceanStor Toolkit 的所有功能。SmartKit 的主要特点如下。

① 统一平台：桌面工具管理平台，集成云计算服务器存储 3 大领域的运维工具。

② 场景化引导：按运维场景，一站式下载所需工具。

③ 标准化作业：向导化引导，工程场景简单、智能化。

SmartKit 由场景任务、设备、工具 Store、领域 4 个部分组成，具体如表 3-1 所示。

表 3-1 SmartKit 的组成

组成	具体内容
场景任务	开局交付、例行维护、升级和补丁、故障处理、备件更换
设备	巡检、信息收集、设备档案收集、升级评估工具、设备升级、备件更换
工具 Store	用户可以实现“一站式”管理、“一键式”操作、自动更新推送和反馈改进
领域	定时任务，主要包含无人值守和主动通知两种形式

3.2 存储资源管理

存储资源管理是一类应用程序，是一体化信息管理平台中的一个功能。存储资源管理主要包括两个方面：一是以整体规划为重点，强调科学地规划、配置企业存储设备；二是以消耗管理为重心，强调对现有存储系统的增值。因此，存储资源管理的核心思想就是降低企业的总体拥有成本。

【微课视频】

3.2.1 存储资源管理介绍

存储资源管理的主要目的是管理、监控物理和逻辑层次上的存储资源，从而简化管理，提高了数据的可用性。被管理的资源包括物理上的磁盘子系统、磁带、光介质系统等存储硬件，以及卷、文件、用户和 I/O 等逻辑资源。

1. 存储资源管理的主要任务

一个全面的存储资源管理方法首先要获得与网络或存储设备相连的合适资源，以及使用这些资源的相关资料，然后要对性能进行管理，对运转进行实时控制，以确保其连续的可用性和可靠性。存储资源管理的主要任务可分为以下 5 种。

（1）供应

对于存储资源管理的供应，主要是合理安排物理资源并将其提供给用户群。在磁盘上创建分区或卷，不仅受限于一组物理介质的范围，还受限于固定的大小，如果要对这些限制进行改变，那么必须要关闭系统。RAID（Redundant Array of Independent Disk，独立冗余磁盘阵列）技术虽然对于容错和性能改善有一定作用，但对突破这些限制也是无能为力。此外，在部分高端存储系统中，对相应系统做出调整有时会需要一定的“计划”停机时间，在停机时间内不能向用户提供存储的供应。

（2）控制存储资源

对存储资源进行控制意味着必须对用户或对象消耗的空间数量设定限额，同时还要对能放入存储中的内容进行管理。如果没有限额管理，那么一个粗心的用户、一个失控的进程就可能会消耗掉所有存储空间，使其他用户不能得到存储资源。另外，存储限制还可以使用户养成良好的使用习惯，迫使用户考虑限额的问题而谨慎使用存储资源，避免造成资源浪费。

（3）性能监视和管理

在建立了存储资源并以可控的方式提供给用户群之后，必须对其可用性和性能进行维护。如果不进行维护，那么存储性能必将弱化。首先要设定一个性能标准，并且用一个恰当的机制来检验其服务是否达到了目标，然后建立恢复机制以便当情况变槽糕时能够及时恢复原服务质量。

（4）数据管理和数据保护

数据管理和数据保护需要用到备份技术。备份的主要问题在于如何经济地进行管理。尽管一个磁带也许只值几百元，但每年维护一个磁带数据的成本却可能达到数千元。因为在线存储管理和离线存储管理都不是免费的，所以确定所备份的数据是有必要的。此外，也可以采用分级存储管理来降低成本。

（5）报告和成本确定

当构造了一个条理清晰、管理完善的存储资源后，还必须随时对存储系统的运行情况进行统计与整理，方便向用户、管理者和财务部门做出汇报，分析存储使用者、额外容量需求驱动者的身份。此外，如果需要通过存储管理得到成本计划和性能数据，还要具备预见和预测容量变化的能力，以及灵活的报告基础设施，将信息从环境中收集起来，以易读的格式展示出来，并以适当的方式提供给公司其他系统。简而言之，报告和成本确定需要对报表技术和数据库进行集成。

2. 存储资源管理发展趋势

（1）存储虚拟化

存储虚拟化是将一部分存储资源进行“虚拟”进而组成一个逻辑整体，从而可以自动进行一部分管理工作。存储虚拟化屏蔽了一部分硬件的底层物理信息，呈现给用户的则是一个虚拟存储池。

目前已经有一些产品和方案，为用户带来了一定的便利。但是，这些方案还仅限于厂商自己的特定产品。当存储虚拟化能够“虚拟”来自多个厂商的存储设备时，才真正体现出它的价值。如今，许多厂商正一起努力朝着这个方向发展。如一些光纤通道交换机厂商正在与存储软件厂商合作，试图将存储虚拟化的功能转移到存储网络中，这为“虚拟”多厂商产品开辟了一条道路。

（2）统一管理

大部分用户使用了多厂商产品，每一个产品都会有其自带的管理软件，这部分用户对“统一管理”的需求很迫切，希望能通过一个统一的管理接口管理各厂商的设备。

在存储网络管理的标准化方面，当前最主要的方案是由存储网络行业协会（SNIA）提出的CIM/WBEM规范，旨在促成软件厂商和硬件厂商按照共同的标准开发存储网络管理解决方案，以提供更强的互操作性并简化用户的管理工作。

“存储管理计划规范”（SMI-S）建立在 WBEM 技术和 CIM 的基础上。使用 SMI-S 开发人员可以拥有一种完整的、统一的和严格规定的对象模型，所以能依靠一份文档来了解如何管理各种 SAN 部件。目前主流的存储厂商都声称支持 SMI-S，但是还没有实现“统一的管理工具使用一个接口管理各厂商存储设备”这个目标。

（3）自动化、智能化

一套自动化、智能化的存储管理工具会最大限度地把管理员从烦琐的工作中解脱出来，从而降低存储管理和维护的成本。

3. 存储资源管理工具简介

（1）CA BrightStor SRM

与 CA BrightStor SRM 相连的自动化过程可触发一个动作或者驱动一个基于阈值的修复事件，主动地管理存储资源，并在导致系统宕机之前定位问题。CA BrightStor SRM 集中的全球管理控制台异构环境为地理上分散的、多厂商提供的存储设备和应用提供统一的跨平台视图，可以可视化所有物理和逻辑对象（如沿数据路径的卷、服务器，以及从磁盘阵列、磁带到文件、应用层面）的存储容量的使用、分配和可用性统计信息。CA BrightStor SRM 为 EMC、HDS 和 IBM 的主要高端磁盘阵列提供统一的管理。

（2）EMC Control Center

EMC Control Center 软件可以查看整个 IT 基础架构的各个组成元素（包括硬件和软件），了解用户的基础架构正在以何种方式发挥作用，以确保基础架构达到服务级别，获取更高性能，提高生产力并降低成本。

通过使用 EMC Control Center 软件提供的筛选和过滤配置功能，用户可确定其存储阵列内各部件之间的关系，同时通过增强型拓扑功能，可以确定被管理的目标（如服务器、交换器和集线器）之间的关系。最为重要的是，通过 EMC Control Center 软件，用户可以解决信息资源集中存储管理的问题。

（3）富士通 Softek Storage Manager

无论企业采用何种供货商的硬件或操作系统，通过 Softek Storage Manager 都可以提高存储资源的最大效益。富士通 Softek Storage Manager 具备以下功能，可以解决用户在存储管理方面的难题。

① 集中管理存储资源：通过单一的中央控制台，集中查看并管理所有存储资源。

② 实用汇报功能：查看不同层面存储资源使用情况，并确认其在物理层及逻辑层两方面的趋势。

（4）HP OpenView SAM

HP OpenView Storage Area Manager（HP OpenView SAM）产品套件使用集成的工具支持企业存储公用设施 Storage Utility 服务，可以帮助用户降低存储管理成本，保护现有存储，有效地使用资源。

SAM 可以使管理员做到：简化并自动管理多厂商的存储资源；在分布式企业环境中，集中管理和监控存储的可用性、性能、容量使用、容量增长以及成本；优化资源使用和操作；设置、管理并测量存储的 SLO（服务水平目标）；将存储和存储服务与企业范围的 IT 服务管理系统无缝集成。

（5）IBM Tivoli Storage Resource Manager

IBM Tivoli Storage Resource Manager 是一个用于存储环境的智能控制台，提供一系列的策略驱动的自动化工具，这些工具用于管理企业环境中的存储容量、可用性、事件、性能以及资产，包括 DAS、NAS 和 SAN 技术。

Tivoli Storage Resource Manager 的安装只需几分钟，通过改进存储的使用，降低存储成本，使同一个人员进行更多的管理工作，以及确保应用程序的可用性，从而增强存储 ROI。

Tivoli Storage Resource Manager 能够帮助用户确定、评估、控制以及预测企业存储管理资产，并且因为它是基于策略的，所以可以通过其自动的自我恢复功能，检测出潜在的问题并基于策略和行为进行调整。

（6）华为 FusionStorage

FusionStorage 是一款可大规模横向扩展的软件定义存储产品，通过存储系统软件将标准 X86 服务器的本地存储资源组织起来，构建全分布式存储池，实现一套存储系统向上层应用提供块、文件和对象 3 种存储服务，满足结构化、非结构化等多类型数据的存储需求。

FusionStorage 可提供快照、精简配置、远程复制、多租户等丰富的企业级数据服务特性，帮助企业轻松应对业务快速变化时的数据灵活、高效存取需求。同时，FusionStorage 提供基于标准接口协议的开放 API，天然融入 OpenStack 云基础架构及 Hadoop 大数据生态。

FusionStorage 将 HDD、SSD 等硬件存储介质通过分布式技术组织成大规模存储资源池，为上层应用和客户端提供工业界标准接口，实现一套系统按需提供块、文件和对象的全融合存储服务能力。

3.2.2 存储资源管理工具 FusionStorage

华为 FusionStorage 是一款可大规模横向扩展的智能分布式存储产品，既具备云基础架构的弹性按需服务能力，又满足企业关键业务需求。可向上层应用提供块存储、对象存储、大数据存储或文件存储资源，并提供高性能和丰富的企业级特性；结合华为鲲鹏系列 ARM 处理器深度优化，实现相同硬件配置下的 IOPS 提升与功耗降低。

基于华为 FusionStorage 存储系统，可构建高效、可靠和智能的新型存储服务平台，轻松应对智能时代大规模数据敏捷存取需求。

1. 云存储的介绍

云存储（Cloud Storage）是一种在线存储的模式，即将数据存放在通常由第三方托管的多台虚拟服务器，而非专属的服务器上。托管（hosting）公司运营大型的数据中心，需要进行数据存储托管的用户，通过向其购买或租赁存储空间的方式来满足数据存储的需求。数据中心运营商根据用户的需求，在后端准备存储虚拟化的资源，并将其以存储资源池（Storage Pool）的方式提供，用户便可自行使用此存储资源池存放文件或对象。实际上，这些资源可能被分布在众多的服务器主机上。

云存储服务可通过 Web 服务应用程序接口（API），或通过 Web 化的用户界面访问。

云存储是在云计算（Cloud Computing）概念上延伸和衍生发展出来的一个新的概念。云计算是分布式处理（Distributed Computing）、并行处理（Parallel Computing）和网格计算（Grid Computing）的发展，是通过网络将庞大的计算处理程序自动拆分成无数个较小的子程序，再将它们交给由多台服务器组成的庞大系统计算分析，之后将处理结果回传给用户。通过云计算技术，网络服务提供者可以在数秒之内处理数以千万计甚至亿计的信息，实现与“超级计算机”同样强大的网络服务。

云存储的概念与云计算类似，它是指通过集群应用、网格技术或分布式文件系统等功能，将网络中大量各种不同类型的存储设备通过应用软件集合起来协同工作，共同对外提供数据存储和业务访问功能的一个系统，从而保证数据的安全性，并节约存储空间。简单来说，云存储就是将存储资源放到云上供人存取的一种新兴方案。使用者可以在任何时间、任何地方，通过任何可连网的装置连接到云上，从而方便地存取数据。

2. FusionStorage 的系统架构

FusionStorage 提供统一的系统管理平台，包含数据服务子系统（Data Service SubSystem，DSS）及运维管理子系统（Operation Management SubSystem，OMS）两大部分，其系统架构如图 3-1 所示。

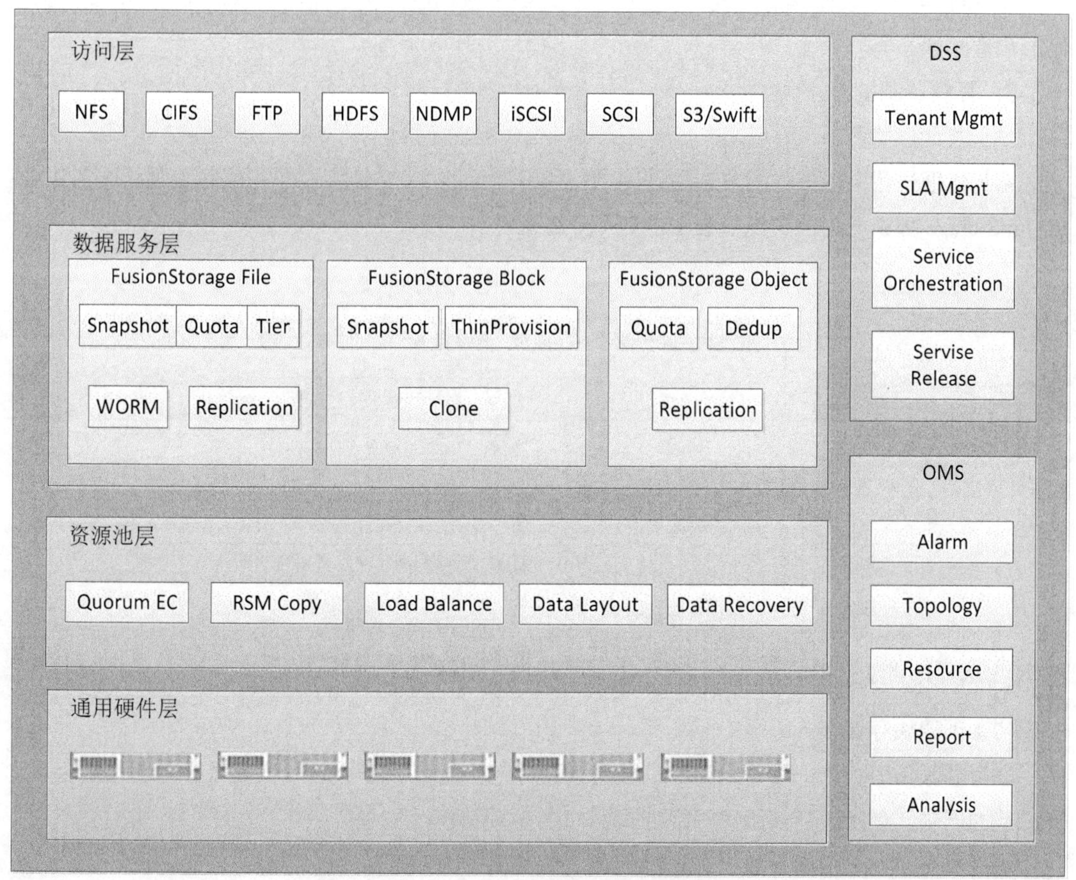

图 3-1　FusionStorage 系统架构

（1）数据服务子系统

数据服务子系统提供的功能如下。

① 服务发放：支持按服务等级和存储资源池类型发放文件存储、对象存储、块存储业务。

② 系统配置：支持对系统进行初始化配置和必要的业务功能配置。

③ 租户管理：支持对租户账户进行创建和删除管理，租户可登录网管申请存储业务和查看业务性能统计。

④ 资源管理：支持按文件、对象、块存储设备类型，将硬件设备虚拟为存储资源池进行管理和分配。

（2）运维管理子系统

运维管理子系统提供的功能如下。

① 告警：系统告警管理，可集中管理全部业务组件的告警信息，并通过北向接口向上级网管上报。

② 性能报表：系统性能监控，可统计容量使用率、吞吐量等关键指标，绘制性能报表。

③ 拓扑：设备拓扑管理，可提供系统设备拓扑关系图，方便查看和管理设备间的拓扑关系。

④ 设备详情：设备详情管理，可提供设备详细配置和运行状态监控信息，方便了解设备配置信息和健康状态。

3. 存储资源扩容

（1）管理存储资源

系统管理员可以以集中的方式管理向项目用户分配的块、文件和对象的存储资源和服务功能。FusionStorage 提供的存储资源管理功能如图 3-2 所示。

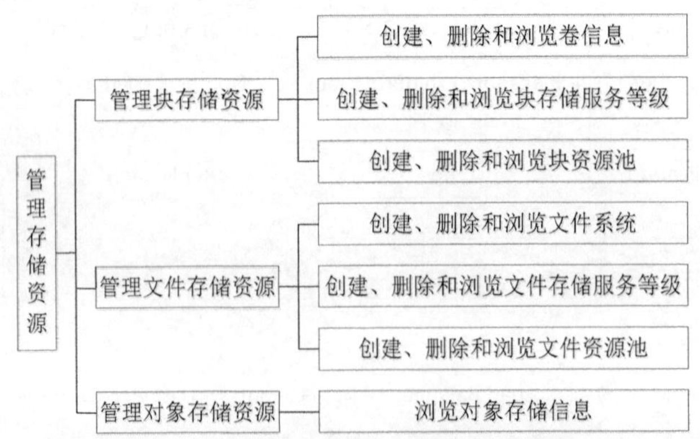

图 3-2　FusionStorage 提供的存储资源管理功能

（2）创建块存储服务等级

块存储服务等级是一种可以在卷创建时被选择的类型或标志，通常表示对卷后端的硬盘驱动器的能力要求。创建块存储服务等级的页面如图 3-3 所示。

管理员可以对块存储服务等级执行创建、查看和删除操作。

创建块存储服务等级

由管理员创建的存储服务在系统中以块存储服务等级的形式呈现，业务群组用户可以基于块存储服务等级创建卷。

* 名称: grz

* 块资源池: pool2

* 业务群组访问控制: 所有业务群组 指定业务群组

确定 取消

图 3-3　创建块存储服务等级的页面

（3）浏览块资源池信息

存储资源通过块资源池统一分发至用户。管理员可查看和修改资源池的信息，但无法删除资源池，如图 3-4 所示。

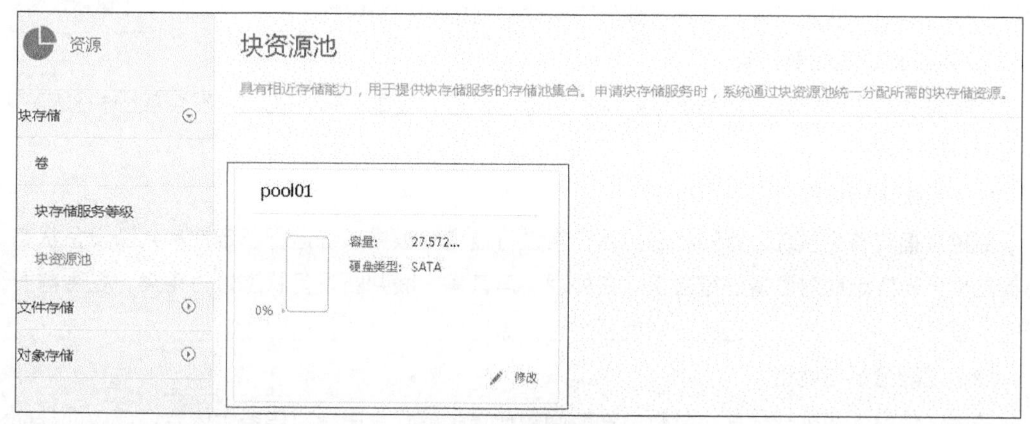

图 3-4　块资源池信息

4. 存储资源升级改造

当已申请的存储资源不满足业务需求时，业务群组用户可以对已分配的存储资源进行再配置或重新申请服务来对存储资源进行升级改造。用户可申请的服务如图 3-5 所示。

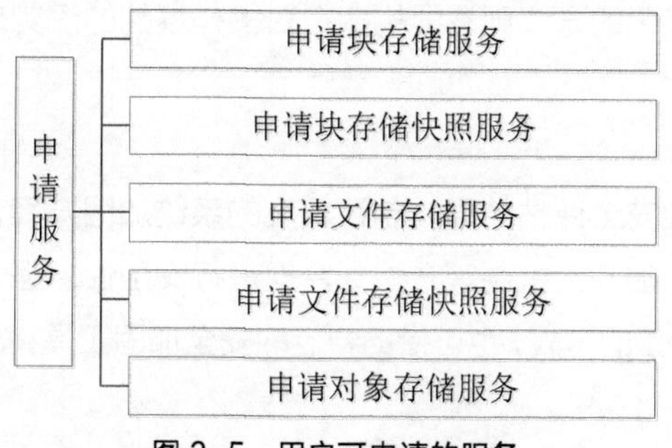

图 3-5　用户可申请的服务

3.3 系统管理

系统管理的具体形态也叫系统工程，控制论在工程管理中的应用为工程控制论。系统管理是指管理企业的信息技术系统，包括收集要求，购买设备和软件，将其分发到使用的地方并配置信息技术系统，使用改善措施和服务更新维护信息技术系统，设置问题处理流程，以及判断是否满足目的等。系统管理通常由企业的最高信息主管全权负责。

3.3.1 系统管理介绍

【微课视频】

系统管理是由管理者与管理对象组成，并由管理者负责控制的一个整体。管理系统因具体对象的不同而千差万别，具体对象可以是状态、性能、安全、维护等。系统管理是变化发展着的，且任何变化和发展都会表现为管理的具体任务和管理目标的实现条件的变化。系统管理具有明确的目的性和组织性。

1. 系统管理的主要任务

系统管理的主要任务包括系统运行状态监控与巡检、性能分析与优化、安全加固和系统故障调测等，具体如下。

（1）系统运行状态监控与巡检

监控是指对整个系统运行的状态是否正常进行监测，根据系统运行稳定性来判断设备状态。巡检是根据规定定期对设备进行检查，在外观、声音等方面判断设备状态是否正常，是否需要维修等。设备使用时间越长，巡检周期就要越短，监控应是 24 小时不间断的。

（2）性能分析与优化

性能优化最大的挑战是性能分析，性能问题在复杂的软件中通常由多个因素造成，而性能分析要求运维管理人员深入了解应用程序、CPU 资源、物理内存、文件系统、磁盘 I/O 以及网络的性能，明确每个环节执行时间的先后顺序，并做出合理的判断，即真正的任务不是寻找问题，而是辨别问题或辨别哪些问题是最重要的。只有充分理解系统性能指标并找到适当的工具来分析可能的瓶颈，才能明确分析影响系统性能的各个要素，做出合理的判断，进而运用系统工程的方法来掌握和调整要素。性能优化的方案则需要构建在对操作系统的深刻理解上，甚至构建在统计学和统计实验基础上。

（3）安全加固

安全加固是指根据专业安全评估结果，制订相应的系统加固方案，针对不同目标系统，通过打补丁、修改安全配置、增加安全机制等方法，合理进行安全性加强。

进行安全加固可通过人工的方式，也可借助特定的安全加固工具，如网盾服务器安全加固工具。

（4）系统故障调测

① 常见系统故障介绍

计算、存储、网络节点故障：磁盘空间不足、交换分区空间不足、内存空间不足、CPU 负载过高、文件系统故障、物理节点故障。

网络连接故障：IP 冲突、交换机配置错误、网线故障。

其他故障：时间不同步、DNS 解析错误、防火墙拦截。

② 常见故障处理工具

网络故障处理常用工具：ip、route、ping 等。

计算、存储、网络节点故障处理常用工具：top、free、df、iostat、dmesg 等。

服务和日志故障处理常用工具：ps、journalctl、netstat 等。

③ 常见故障处理方法

磁盘空间不足：使用 df 命令发现某个磁盘分区的使用率达到 100%，通过清理对应磁盘分区内不需要的文件来降低磁盘分区的使用率即可恢复。

文件系统只读：使用 fsck-y 命令指定分区来修复文件系统。

CPU 负载过高：使用 top 命令查看 CPU 占用较高的进程，通过分析找到对应的异常进程，然后杀掉异常进程即可恢复正常。

内存溢出：应用系统中存在无法回收的内存或使用的内存过大，最终使得程序运行要用到的内存大于能提供的最大内存。此时，程序就无法运行，系统会提示内存溢出，有时候会自动关闭软件，重启电脑或者软件后释放一部分内存，则又可以正常运行该软件，而由系统配置、数据流、用户代码等原因而导致的内存溢出错误，即使用户重新执行任务依然无法避免。

2. 系统管理发展趋势

随着应用场景和需求的变化，系统管理拥有智能化、自动化的趋势，安全性和稳定性也在逐步提升。

（1）智能化

智能化是指事物在网络、大数据、物联网和人工智能等技术的支持下，所具有的能动地满足人的各种需求的属性。如无人驾驶汽车就是一种智能化的事物，它将传感器物联网、移动互联网、大数据分析等技术融为一体，从而能动地满足人的出行需求。智能化是现代人类文明发展的趋势。随着信息技术的不断发展，其技术含量及复杂程度也越来越高，系统管理也要与时俱进，需能根据一定的策略或条件，智能化地扩容、缩容、服务降级、故障自修复，包括自动发布代码，添加代码至负载集群等一系列操作。

（2）自动化

随着管理工作的复杂度和难度的大大增加，仅靠人力管理已经不能满足企业需求，企业开始需要运用专业化、标准化和流程化的手段来实现自动化管理。自动化监控系统能及时发现故障隐患，主动地告诉用户需要关注的资源，防患于未然。例如，全天候自动检测与及时报警能实现 IT 运维的“全天候无人值守”，大大减轻 IT 运维人员的工作负担。并且，自动化诊断能最大限度地减少维修时间，提高服务质量。因此，对于越来越复杂的 IT 运维来说，将纯粹的人工操作变为一定程度的自动化管理是一个重要发展趋势。

（3）安全性和稳定性

随着计算机网络技术的发展和网络用户对数据安全和整个系统稳定性要求的不断提高，一些提供实时监测和关键服务的系统需要一种在出现意外故障时可以继续提供服务，不会因局部的故障影响整个系统应用的解决方案。从保障系统高效性、易维护性、价格、用户的具体应用等因素出发，系统的安全和稳定起到非常重要的作用。

3. 系统管理工具简介

目前市面上存在很多系统管理工具，为用户提供丰富的系统管理功能，常见的有 IBM Systems Director 和 FusionDirector 等。

（1）IBM Systems Director

IBM Systems Director 管理系统提供了非常丰富的管理功能，能满足大部分用户对系统的管理需求。

该管理系统中的资产管理提供了自动收集详细软件和硬件信息的功能。

资源监控功能包括对系统配置清单、服务进程、CPU 使用率、内存使用率、磁盘使用率等物理和虚拟的服务器资源进行监控，根据不同的阈值产生不同级别的警示事件，同时又可以结合 EventActionPlan 针对事件采取相应的动作。

IBM Systems Director 支持基于群组的事件日志与硬件状态报告，能非常清晰地显示综合环境信息，从而帮助管理人员迅速地分析和排除故障。

IBM Systems Director 内嵌了 IBM 的诸多管理设备的控制台，包括硬件管理控制台（HMC）、BladeCenter 管理模块（MM）、虚拟 I/O 服务器（VIO Server）等，IBM Systems Director 将各种管理平台很好地融合在一起，既做到了集中管理，又保持了各组件维护与升级的独立性。

IBM Systems Director 提供了广泛的操作系统支持，能够对多种平台采用一致的管理方式。

可定制的控制台 IBM Systems Director 拥有功能强大的用户界面，可按用户的需求进行定制，允许根据业务需要选择管理任务窗口界面并定制滚动的监视信息。

IBM Systems Director 作为开放性的系统平台，不仅提供了大量额外的管理插件满足用户不同的需求，还提供了软件开发工具包，允许用户按需自行开发管理插件，给予用户最广阔的扩展空间。此外 IBM Systems Director 具有与其他管理软件的良好兼容性，允许用户无缝地升级到更高级的管理产品，如 IBM Tivoli。升级后，IBM Systems Director 还能使用其更为丰富的硬件信息来补充这些应用程序。

（2）FusionDirector

FusionDirector 是一款服务器硬件统一的运维管理软件，支撑公有云、企业用户对服务器在其生命周期各阶段易用、高效地进行运维管理。该软件实现了服务器的可视化管理和故障诊断，提供对服务器的设备纳管、设备配置、固件升级、设备监控、OS 部署等全生命周期的管理能力，有效帮助运维人员提高运维效率、降低运维成本。

FusionDirector 可广泛应用于公有云、私有云、数据中心、运营商和企业用户，可在 AI、HPC、互联网、平安城市等多场景下部署，同时提供 Native Redfish 标准接口，便于用户集成对接。

FusionDirector 支持企业和公有云场景下的多种部署方式，并支持集群 Scale-out 的架构能力，可根据业务需要扩展多个节点，从而支撑大规模设备的管理能力。

3.3.2 系统管理工具 FusionDirector

【微课视频】

智能运维致力于用人工智能技术赋能 IT 运维领域，使企业可以从复杂的 IT 软硬件和海量监控数据中自动、准确、快速地发现异常、定位故障、预测风险，提高企业 IT 系统可用性和运维效率。智能运维平台可以综合分析不同数据源，而不受限于单一监控工具，以满足运维场景跨数据源综合分析要求，实现多种运维垂直算法，且算法可以编排组合，满足不同运维场景的需要。通过融合深度领域经验、有效的运维领域算法、可分析的多样运维数据、算法的灵活编排联动，可实现海量数据高效处理，使用户告别烦琐调参。

FusionDirector 是致力于服务器全生命周期智能运维的管理软件，提供对服务器的 5 个方面的智能管理：智能版本管理、智能部署管理、智能资产管理、智能能效管理、智能故障管理。

1. 软件架构

FusionDirector 作为全新架构的软件，其软件架构如图 3-6 所示。

图 3-6 软件架构

由图 3-6 可知，FusionDirector 提供了以下 4 个主要的功能。

（1）FusionDirector 作为集中管理调度的核心，不仅有系统部署、设备纳管、监控、警报和日志等基础特征，而且提供智能版本管理、智能部署管理、智能资产管理、智能故障管理和智能能效管理 5 大管理功能。

（2）FusionDirector 支持华为全系列服务器，如 GPU 等异构设备，机架、刀片 E9000、ARM 服务器、X6000/X6800（规划）等通用设备以及支持多种设备混合管理。

（3）FusionDirector 作为高可用、灵活的 Scale-out，不仅支持水平弹性扩展、多节点多活架构，还支持 X86/ARM64 低成本服务器。

（4）FusionDirector 可以灵活组合安装模式与应用，支持企业 VM 镜像安装和服务器裸机安装，并提供 REATful API 接口，方便对接和集成。

2. 智能版本管理

FusionDirector 当前实现了华为机架、刀片、异构服务器生命周期内固件升级管理。固件升级主要包含版本仓库、升级计划和设备版本状态 3 个部分，支持运维人员主动升级和升级计划自动升级两种升级场景，自动升级流程如图 3-7 所示。

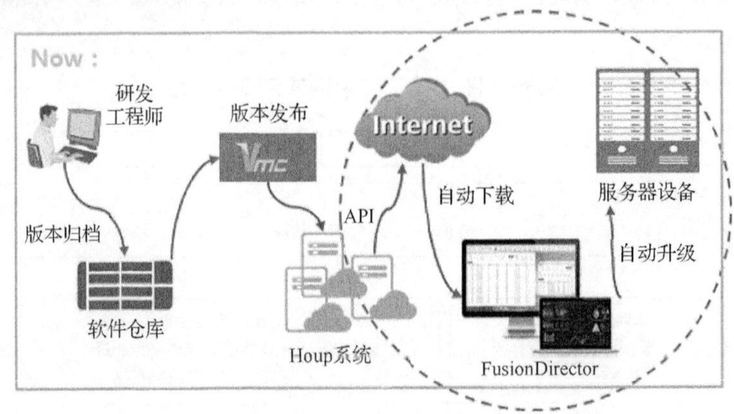

图 3-7　自动升级流程

固件升级不仅提供了服务器固件老版本 XML 升级能力，支持新老版本 XML 通过 FusionDirector 进行升级，还支持升级和生效分离，保证升级流程对用户业务系统无影响。

3. 智能部署管理

FusionDirector 支持将一台设备的所有配置形成一个 Profile 配置管理文件，支持批量配置，同时配置文件可导入、导出，还可以快速复制到其他设备，实现硬件配置的灵活变更，提高故障设备更换、服务器扩容的效率。FusionDirector 支持 Profile 配置文件管理功能，包括创建、导入、绑定、应用、解绑、删除、导出、复制功能。

在公有云场景下，FusionDirector 提供配置核查功能，可以根据上线信息核查设备资产或配置是否跟预期一致并提供结果导出功能，大大提升了公有云配置核查的效率。当核查结果全部为“一致”时，对接的公有云侧会自动将相关服务器生命周期状态设置为“BMC_Ready”。对于核查结果为“不一致”的项目，用户可手动进行排查，保证该设备的配置正确，也可手工强制确认该设备的核查结果。

FusionDirector 提供一键式向导核查功能，可以对导入的数据进行在线修改。

FusionDirector 提供核查结果的处理功能，用户可以对结果进行确认和导出。

FusionDirector 提供核查基线的管理功能，包括资产基线、固件基线和配置基线。

相比传统的网络（PXE），OS 部署不需要配置 DHCP、FTP，划分网络配置等复杂过程，仅依赖带外网络，在 FusionDirector 界面上通过几步操作即可完成，并且支持并行化部署。FusionDirector 支持手动导入 OS 镜像，并对导入的 OS 镜像进行管理，支持的镜像类型和版本号如表 3-2 所示。

表 3-2　镜像类型和镜像版本号

镜像类型	镜像版本号
RedHat	RHEL6U9、RHEL7U3、RHEL7U4、RHEL7U5
VMware	ESXi6.0、ESXi6.5、ESXi6.7
SUSE	SLES12SP2、SLES12SP3、SLES11SP4
CentOS	CentOS6U9、CentOS7U3、CentOS7U4、CentOS7U5
Windows	Win2012_R2、Win2016
Ubuntu	Ubuntu16.04、Ubuntu16.04.1、Ubuntu16.04.2
EulerOS	EulerOSV2SP3

4. 智能资产管理

FusionDirector 通过机柜级的 iRM（Intelligent Rack Management，智能机柜管理系统），能够实时管理机柜设备的物理位置、资产编码和型号等信息，支持第三方设备的资产管理，且针对华为服务器可以实现部件级的资产管理。随着企业 IT 设备需求的增长，用户管理的数据中心设备规模越来越大。面对数据中心成千上万的设备资产，传统 IT 资产管理系统不仅耗时耗力，容易出错，且变更流程长，效率低下。

FusionDirector 的资产管理解决方案实现了全自动的资产管理端到端方案，即从设备上线、位置识别、配置核查、资产位置变更、部件变更、机柜空间管理到与用户 CMDB（Configuration Management Database，配置管理数据库）配合提供的完善的解决方案，如图 3-8 所示。

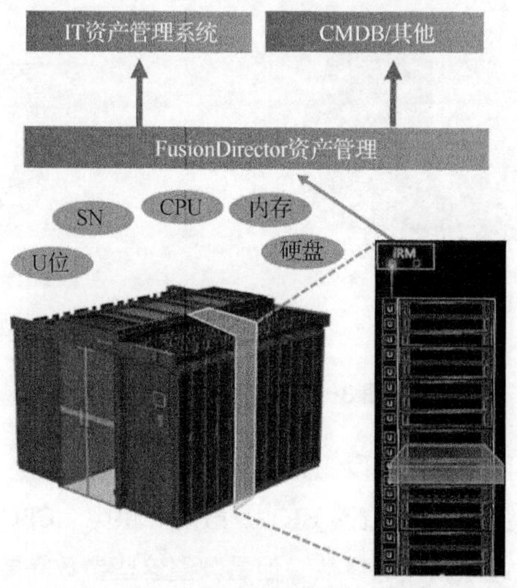

图 3-8　资产管理解决方案

华为 FusionDirector 配合 iRM 智能机柜管理套件实现了设备自动发现和位置识别。资产条件为机柜设备的 U 位定位单元，安装在机柜前侧部。该部件通过设备上粘贴的资产标签获取设备的 SN 信息，从而确定设备 SN 与位置的映射关系。资产条支持对接设备的有线扩展标签和无线 RFID 标签。设备资产标签包括设备型号、厂商、序列号、空间占位、类型、上架时间、重量、额定功耗、资产所有人等信息，同时也支持用户扩展自定义字段。华为提供了手持终端设备对标签进行读写和修改。iRM 作为机柜的智能控制模块，提供了基于工业标准的 Redfish 管理协议，可实时监控机柜设备的变更，并将所有的资产和位置信息通过 Redfish 标准接口通知 FusionDirector。iRM 记录了机柜的物理位置信息，并将资产条上获取的设备位置拼装后上报给 FusionDirector。FusionDirector 会记录所有设备的变更记录，包括设备的位置、上下架事件、搬迁事件、部件变动情况等。同时，FusionDirector 会对接服务器的 iBMC，当出现部件变化时，iBMC 会实时上报变化给 FusionDirector，从而实现部件级的资产管理。典型场景如硬盘和内存的插拔和更换事件，都会如实地记录在 FusionDirector 的变更记录中。FusionDirector 支持北向的 Redfish 管理接口，可以对接第三方的 CMDB 和资产管理系统。FusionDirector 还支持主动上报变更事件，从而实现实时的资产变化跟踪。用户通过脚本访问 FusionDirector 的北向接口可以很方便实现跟用户资产系统的对接，并完成资产数据和变更事件的转换，实现资产管理流程的全自动化。FusionDirector 同时支持设备的自动上线资产校核，通过比对用户采购的硬件配置，确保上线设备跟采购设备资产的一致性。

5. 智能能效管理

随着数据中心规模越来越大，数据中心的能效问题也越来越突出，如何降低营业费用（Operating Expense，OPEX）成为用户的一个重要课题。某数据中心 10 年整体能耗已经占了整体总拥有成本（Total Cost of Ownership，TCO）的 60%，其中 50%的电能消耗在 IT 设备中，IT 设备中绝大部分的电能消耗在服务器上，如图 3-9 所示。因此，服务器系统节能能够有效降低用户的 OPEX。

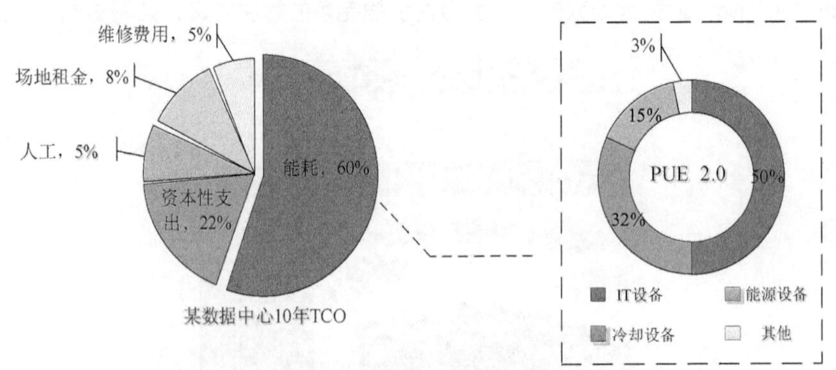

图 3-9　TCO 统计占比

提升服务器的能效比有两个比较难以逾越的障碍。

① 技术难度。服务器的节能需要调整 BIOS、散热、供电、CPU、硬盘、PCIe 部件等众多参数，服务器厂商也提供很多可以调整的参数，但是调整这些参数需要比较强的技术背景，一旦调整不当可能会对业务性能造成影响，得不偿失。

② 调整时机问题。如何做到在业务需要性能的时候快速调整到性能模式，在性能要求不高的

情况下变回节能模式。

节能是一个比较重要的问题，但是另外一个跟能耗相关的问题更加突出，那就是供电问题。一般数据中心机房的使用寿命是 10 年，而服务器的更新大概 3 年一代，也就是说机房建设好后，需要支持 3 代服务器，而服务器的功耗每一代都会增加，这样会造成机房前期的供电规划很难适配未来服务器的功耗诉求。实际情况会更加糟糕，下面选取了典型配置的整机柜服务器的功耗曲线，如图 3-10 所示，每台服务器的功耗范围为 100W～400W，极限情况可能会上升到 500W，这样大范围的功耗需求造成的实际情况就是，大多数机柜都在服务器 100%的 CPU 使用率、满负荷的功耗情况下部署服务器。虽然这样部署仍然存在供电风险，但是相对来讲风险比较小，部署上还是相对比较科学的。

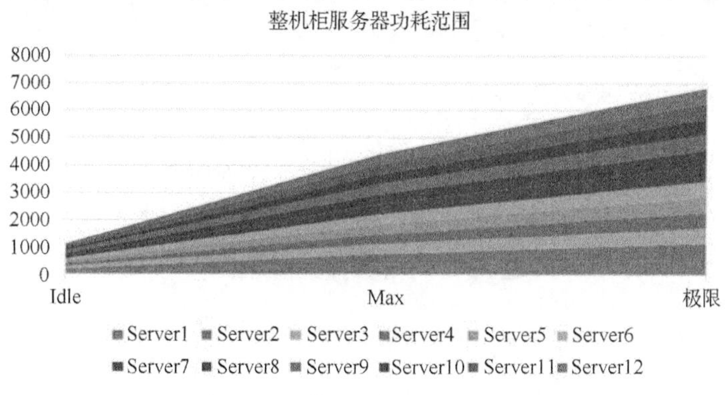

图 3-10　整机柜服务器功耗范围

在图 3-10 中，一个 4500W 的机柜中，满负荷可以部署 12 台服务器，按照 2U 一台服务器计算，42U 的机柜服务器只占用了 24U，部署密度接近 60%。一方面数据中心的机房空间不足，另一方面机柜的部署密度却不到 60%，这造成了大量的数据中心空间浪费。

统计某数据中心 608 台服务器 10 天平均的 CPU 使用率情况，如图 3-11 所示，可以看出，其中 56%的服务器平均使用率低于 20%，45%的服务器最高使用率低于 30%，服务器的整体使用率不是很高。

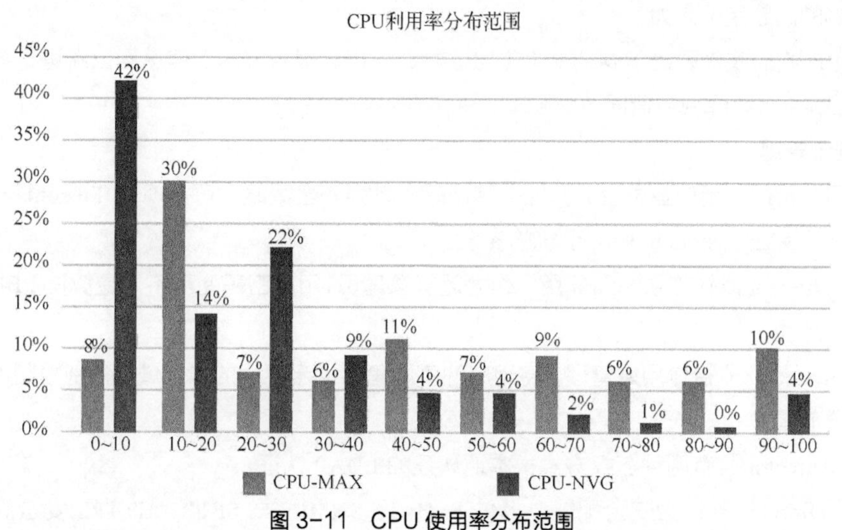

图 3-11　CPU 使用率分布范围

统计该数据中心的某一个机柜的 24 小时功耗，如图 3-12 所示，其每台服务器的功耗基本平稳，从机柜的角度看整体功耗相对稳定，并没有出现大幅度的波动。

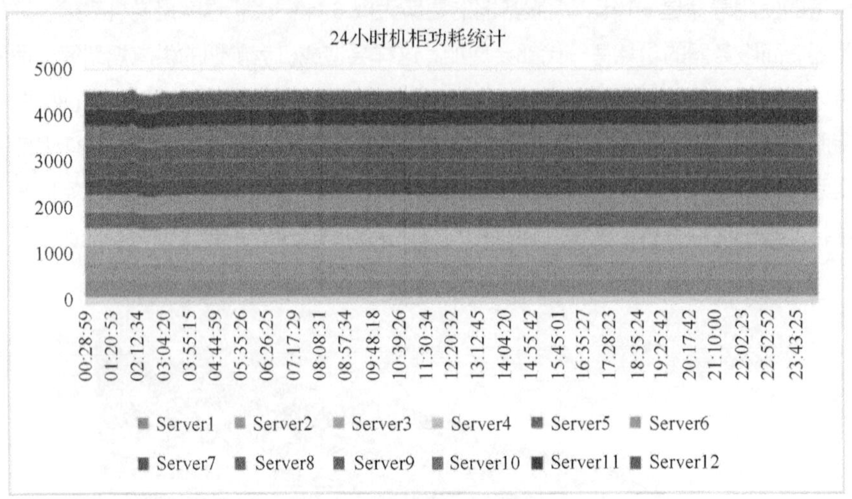

图 3-12　24 小时机柜功耗统计

从图 3-12 的数据看，数据中心的功耗和使用空间还是有很大的挖掘空间的，华为智能能效管理方案能够很好地解决这个问题。

6. 智能故障管理

FusionDirector 可以全方位地监控硬件运行状态，提前预测硬盘故障，快速诊断故障原因，缩短业务中断时间。FusionDirector 的主要功能如下。

（1）可以对 CPU、内存、系统电源、硬盘、RAID 卡、风扇全部件进行故障检测，实现分钟级定位故障到具体部件。

（2）打通了带内、带外数据链路，支持系统正常和异常状况下的数据检测。

（3）拥有 FDM 专家库智能故障诊断，针对引发系统宕机的严重故障诊断成功率达到 93%，减少了 90%的问题定位人力。

（4）可以实时收集硬盘 S.M.A.R.T.（自监测、分析、报告技术）信息到云端进行模型分析，预测精确度≥90%，降低多盘同时故障率，保障业务连续性。

7. 安全管理

通过用户管理、用户登录管理和证书管理等一系列安全策略，可实现对 FusionDirector 本身的安全控制，保证 FusionDirector 系统的安全。

FusionDirector 默认提供 admin 用户作为超级管理员，用户密码使用不可逆算法 PBKDF2 加密存储保障安全性。

FusionDirector 支持作用域管理，将用户的不同角色绑定不同的作用域，分别限制不同角色可操作的资源范围。

FusionDirector 共有两种鉴权方式：本地认证和 LDAP 认证。

FusionDirector 默认为安全配置，提供 SSHv2、SNMPv3、SFTP、HTTPS 安全服务。关闭

了 Telnet、FTP、HTTP、SNMPv1/SNMPv2 不安全通信协议，同时关闭了 root 用户的 SSH 登录权限。

FusionDirector 登录终端（包括 SSH、Web 浏览器）在较长时间未操作时，将自动退出，以保障安全性，防止用户遗忘 Logout。此超时时间可配置，默认 SSH 超时时间为 5 分钟，Web 超时时间为 30 分钟，可根据实际情况更改此时间。可通过配置文件修改 SSH 超时时间，或者在 WebUI 上的“系统>安全>安全策略”中修改 Web 超时时间。

在 FusionDirector 登录终端（包括 SSH、Web 浏览器）登录时，在多次尝试用户密码错误的情况下（默认为 3 次），登录终端将会锁定用户一段时间，不允许登录，防止暴力破解。锁定时间默认为 5 分钟，此锁定时间可以修改。在 WebUI“系统>安全>安全策略”中修改锁定时间。

FusionDirector Web 默认为 HTTPS 安全访问模式，支持 HTTPS 证书的管理。证书指 SSL 证书，该证书在 WEB HTTPS 连接时使用，用于证明 WEB 服务器的身份。证书管理就是指对 SSL 证书的各种管理操作，包括查看当前证书信息、生成 CSR 文件、导入由 CSR 生成的签名证书、导入自定义证书。

证书管理当前支持 WebServer（Nginx）证书请求文件的生成和下载、证书私钥和公钥的更新以及证书信息的查询，当前仅支持 PEM 编码的证书格式。

FusionDirector 的全带外组网的优势包括：带内带外管理都只依赖管理网络，不依赖业务网络，组网简单；只需要占用一个网口；管理不依赖 DHCP 服务。FusionDirector 的企业场景组网如图 3-13 所示。

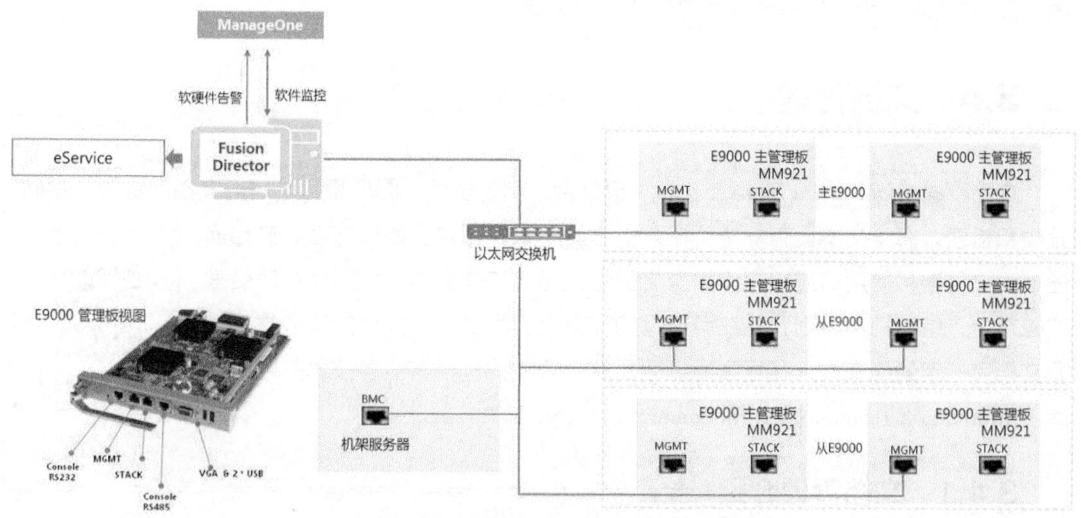

图 3-13　FusionDirector 的企业场景组网

FusionDirector 统一部署在 OM 区，按照每个 Region 进行管理，以 VM 集群形式部署。FusionDirector 的公有云组网如图 3-14 所示。

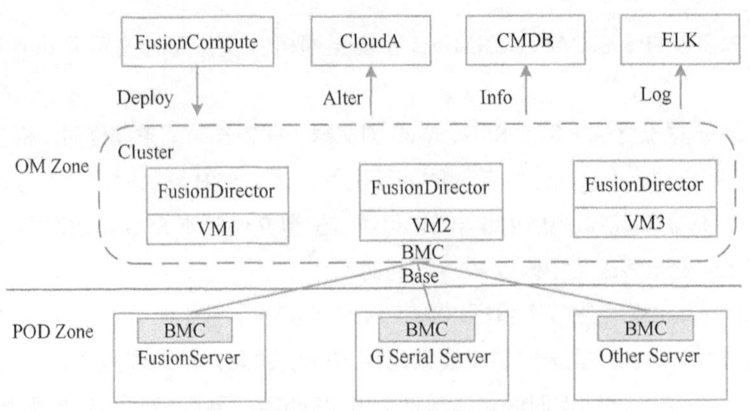

图 3-14　FusionDirector 的公有云组网

公有云在 OM 管理区（OM Zone）使用的虚拟机管理软件为 FusionCompute，通过该软件以导入模板的方式完成 FusionDirector 创建。

FusionDirector 支持集群部署，可登录 FusionDirector 的任意节点完成集群的组建。

根据不同应用场景，通过 FusionDirector 提供的批量导入功能、BMC/IP 自动配置功能导入需管理的服务器信息，可完成服务器的管理、监控、告警和日志纳管。

FusionDirector 支持北向被集成能力，和公有云的 CloudA 进行对接，完成服务器和 FusionDirector 告警信息对接，使公有云能在统一界面管理服务器告警信息。FusionDirector 与 ELK 对接，可完成服务器和 FusionDirector 日志信息的转储。

当前服务器的 OS 部署功能由 CloudOSBorn 通过 PXE 方式完成，后续将集成 FusionDirector 的带外 OS 部署能力，进一步减少服务器上线时间。

3.4 文档管理

文档管理（Document Management）指文档、电子表格、图形和影像扫描文档的查阅、存储、分类和检索。每个文本具有一个类似索引卡的记录，记录了诸如作者、文档描述、建立日期和使用的应用程序类型之类的信息。这些文档一般归档在较便宜的磁带上，特殊情况时则归档在可读写的光盘上。为了保证文档的有效性，需要文档有一定的代表性。在互联网行业具有代表性的例子有信息技术基础架构库（Information Technology Infrastructure Library，ITIL）。

【微课视频】

3.4.1 文档管理介绍

在企业中，文档一般都以电子文档的形式存在，如 doc 格式、xls 格式、ppt 格式、pdf 格式、纯文本 txt 格式等。电子文档在内容上，可能是商务合同、会议记录、产品手册、用户资料、设计文档、推广文案、竞争对手资料、项目文档、经验心得等。这些文档可能是过程性质的，也可能是公司正式发布的文档，可能处在编写阶段，也可能是已经归档不能再修改的。文档的状态包括草稿、正式、锁定、作废、归档、删除等。

文档管理就是指对这些文档、电子表格、图形和影像扫描文档的存储、分类和检索。文档管理的关键问题就是解决文档的存储、安全管理、查找、在线查看、协作编写和发布控制等问题。

文档管理在法律事务所、保险公司、政府财政部门、广告代理公司和其他具有大量书面文件或影像操作活动的商业领域中发挥着重要作用。

3.4.2 运维报告与技术支持文档

平台管理涉及的文档非常多，其中运维报告和技术支持文档是平台管理文档十分重要的两个组成部分。

【思政拓展】

1. 运维报告

运维，本质上是对网络、服务器、服务的生命周期各个阶段的运营与维护，在成本、稳定性、效率上达成一致可接受的状态。运维报告就是记录运维过程的文档。运维报告包括文档名词、文档摘要、使用者、阅读要求、上层服务模块、适用项目阶段、使用方法和是否可以交付给用户等内容。一份合格的运维报告的主要内容如表 3-3 所示。

表 3-3 运维报告主要内容

文档内容	详情
文档名称	私有云运维服务报告
文档摘要 （简述文档内容）	本文档主要描述了私有云运维服务报告的内容，包括业务开展情况、运行指标统计、日常运维分析、重点工作推进等方面的内容
使用者	内部：云服务交付人员 外部：运营商运维和管理人员
阅读要求	要求读者对云计算的分类、分层和交付方式有基本概念，了解业界主流云服务提供商（CSP）的产品
上层服务模块	第一部分：业务开展情况 第二部分：运行指标统计 第三部分：资源分配与性能情况分析 第四部分：日常运维分析 第五部分：重点工作推进 第六部分：问题与优化建议 第七部分：附件
适用项目阶段	交付
使用方法	运维交付阶段向用户做汇报时使用
是否可交付给用户	项目定制后再交付给用户

由于平台管理相关文档涉及的内容范围广，技术细节多，所以一份文档可能需要由多个人共同协作完成。同时，多人共同协作完成一份文档可能会出现管理紊乱、内容不一致问题。此时就

需要使用文档版本管理来统一文档版本，从而使内容达成一致。文档版本管理一般以附表的形式存在，常规文档版本管理表如表 3-4 所示。

表 3-4 文档版本管理表

版本	发布日期	描述	修订人/作者	审阅人	发布部门

2. 技术支持文档

技术支持文档需要包括文档版本说明、参考资料、手册目的、声明、名词定义和缩略语说明、技术内容、常见问题这几个部分，如表 3-5 所示。

表 3-5 技术支持文档组成部分

组成部分	解释
文档版本说明	包含版本号、发布时间、修订章节和作者
参考资料	要求列出参考资料名称和出处
手册目的	对撰写本手册的目的进行适当描述
声明	对文档的内容进行声明
名词定义和缩略语说明	对文档中的名称和缩略语进行解释说明
技术内容	对该技术进行详细介绍
常见问题	对文档中的技术和在使用过程中遇到的问题进行解答

小结

本章主要介绍了服务器集群管理的主要特性、发展趋势和常用的集群管理工具，存储资源管理的主要任务、发展趋势和常用的存储资源管理工具，并详细介绍了 FusionStorage 存储资源管理工具。同时还介绍了系统管理的主要任务、发展趋势和系统管理工具，并详细介绍了 FusionDirector 系统管理工具。此外，本章还介绍了文档管理的基本知识以及运维报告与技术支持文档。

习题

（1）关于集群管理的主要特性说法错误的是（　　）。

A．伸缩性　　B．方便性　　C．管理性　　D．可用性

（2）下列软件属于集群管理软件的是（　　）。

A．eSight Server　　B．CA BrightStor SRM

C．FusionDirector　　D．IBM Systems Director

（3）存储资源管理发展趋势不包括（　　）。

A．存储虚拟化　B．自动化　C．集中化　D．统一管理

（4）下列不属于系统管理主要任务的是（　　）。

A．系统故障调测　B．性能监视和管理

C．性能分析与优化　D．安全加固

（5）下列不属于运维文档的内容的是（　　）。

A．业务开展情况　B．运行指标统计　C．日常运维分析　D．文档版本说明

第 4 章 数据采集

04

互联网时代数据量激增，谁拥有更准确及时的数据，谁就拥有更多的话语权，开发融合大数据技术的智能计算平台，是实现海量数据快速有效采集和分析的重要支撑。数据采集和分析技术是目前大数据领域关注的重点，也是智能计算平台不可或缺的技术。针对日志数据进行离线或在线实时采集与处理是目前互联网行业比较常见的业务。“二十大”报告指出“全面依法治国是国家治理的一场深刻革命，关系党执政兴国，关系人民幸福安康，关系党和国家长治久安”，在数据采集的过程中，要严格遵守法律规定。本章将从日志数据采集与处理入手，分析目前日志数据采集系统常用的采集技术、数据分析技术及数据采集系统架构。

【学习目标】

① 了解大数据采集与处理的概念。
② 了解大数据采集和大数据处理的常用组件。
③ 熟悉数据采集系统的架构和基础配置。
④ 了解数据采集流程优化与系统维护方法。

【素质目标】

① 培养学生的分析能力。
② 培养学生自主学习的能力。
③ 提升学生对于工作的质量要求。

4.1 数据采集系统组成与架构

在初级教材中已经对数据采集的概念进行了定义，而数据采集系统覆盖范围更广，包括数据生产、数据采集、数据处理、数据存储。目前，大数据采集与分析多采用分布式大数据技术，且更加注重对流式数据的采集。

4.1.1 大数据采集与处理

由于大数据环境下数据来源非常丰富且数据类型多样，存储和分析的数据量庞大，对数据质量的要求较高，并且看重数据处理的高效性和可用性，所以产生了多种数据采集方式以获取不同类型的数据源，并随之产生了不同的数据处理方式。

【微课视频】

【思政拓展】

1. 大数据采集技术

目前数据的采集主要分为线下采集和线上采集两种。

（1）线下采集

线下采集指通过传感器、磁卡片、RFID 等装置或技术，获取用户的线下行为数据，建立用户的行为数据库。如使用传感器，通过测试物品的温度、湿度和电压等来获取数据，将这些数值转换为可供人们使用的数字信息，并将所采集到的信息进行归类、总结，从而完成数据采集工作。

（2）线上采集

线上采集则是通过软件技术对各类网络媒介的页面信息、后台系统日志进行采集。目前数据的线上采集方式主要包括基于互联网网络爬虫的外部数据采集（如网站购物评价）、基于日志采集技术的内部数据采集（如网站用户访问日志收集）和基于多种技术、行业多维度的多源数据采集（如采集政府数据、网站数据等影响股票趋势的多维度数据）等。企业应用基本都有数据源系统，数据源系统能够产生系统的日志文件数据，可用于对数据源系统发生的各项操作过程进行实时记录，如 Web 服务器记录的用户访问行为、网络流量的实时监管和金融软件的股票记账等。由于日志数据中包含了丰富的信息，能够分析用户的行为习惯、网站系统的运行情况等，所以对日志数据的采集是企业中极为常见的业务。

2. 大数据处理技术

数据采集应用一般都提供对采集到的数据进行简单的过滤和处理的功能，但是要从数据中提取出有价值的信息，不能仅依靠采集工具本身的处理功能。在互联网技术的应用过程中，除了要实现多方面的数据采集功能，还应充分使用各种数据处理技术，提取出更多有价值的信息，为企业的决策和发展提供准确、可靠的数据保障。

目前比较流行的数据处理模式主要是批处理模式和流处理模式，这两种处理模式分别对应的是静态数据和动态数据这两种不同的数据形式。

（1）批处理

批处理主要应用在静态数据的处理过程中。对静态数据的处理主要是先对原始用户的数据进行分块释义，然后通过不同的任务处理区来进行数据处理，并得出最终结论。针对需要先进行存储再进行计算的大数据，批处理技术是十分适合的，因此批处理技术在国内各领域得到了广泛运用。此外，在对一些实时数据进行处理时，可使用批处理技术下的交互式数据分析系统完成。

（2）流处理

相对于以往的流式处理方法，交互式的数据处理方法能够对实时数据进行灵活处理，并且便于对数据信息进行控制，为后期人们进行数据读取和使用提供了更多的便利。常见的应用实例是：对网络上服务器实时采集的 PB 级别的日志数据进行处理时，要求处理时间缩短到秒级，从而在短时间内为人们呈现出更多可靠、准确的信息。

由于当下电子设备的技术革新和普遍应用，更多的图像、音频和视频信息出现在信息源中。其中，图像数据耦合的特性对图规模增加到上百万甚至上亿节点的图计算提出了巨大的挑战。与此同时，在对大量图像数据进行处理时，图像数据源的关键字查询技术和图像的存储分析技术发挥了更大的作用。在这两项技术的应用过程中，通过寻找两者之间的共性，将图像中的数据信息进行挖掘与计算，并在互联网模型的支撑下，将这些数据进行大批量处理。目前，图像数据源的关键字查询技术和图像的存储分析技术已经在网络安全和公共安全领域得到广泛的运用，如通过大数据处理对用户感兴趣的内容进行推荐，包括微博的推荐阅读、微信的公众号推荐和一些视频流量软件或平台的用户视频选取推送等。此外，图像数据源的关键字查询技术和图像的存储分析技术在交通、环境管理和物流快递的线路规划中也能得到一定的应用。

4.1.2 大数据基础组件介绍

目前国内外常用的数据采集工具有 Flume、Loader 和 Kafka 等，常用的数据处理工具有 MapReduce、Spark、Storm 和 Flink 等，这些工具都是支持分布式架构的大数据组件。

1. Flume

一个 Flume 的 Agent 可以连接一个或多个其他的 Agent，一个 Agent 也可以从一个或多个其他 Agent 接收数据，从而通过多个相互连接的 Agent 建立一个流式处理作业。这个 Flume 的 Agent 链条可以实现将数据从一个位置移动到另一个位置，如将数据从生产数据的应用程序移动到 HDFS、HBase 等。

【微课视频】

（1）Flume 架构

每个 Agent 包含 3 个组件：Source、Channel 和 Sink。一个 Agent 事件如图 4-1 所示。

图 4-1 Agent 事件

① Source

Source 是负责接收数据到 Agent 的组件，其可以从其他系统接收数据，如 Java 消息服务（JMS）、其他应用处理输出的结果、其他 Agent 的 Sink 通过 RPC 协议发送的数据等。Source 自身也可以生产数据，但通常用于测试。Source 的类型可以分为驱动型和轮询型两种：驱动型是指外部发送数据给 Flume，驱动 Flume 接收数据；轮询型是指 Flume 周期性地主动获取数据。每个 Source 都需要连接一个或多个 Channel，并将数据写入到一个或多个 Channel 中。

Source 写入数据到 Channel 的过程如图 4-2 所示，需要通过 Channel 处理器、拦截器和 Channel 选择器。每个 Source 都有自己的 Channel 处理器，Source 通过委派任务到其 Channel 处理器来完成数据写入 Channel。Channel 处理器将事件传到一个或多个拦截器。拦截器是一段代码，负责读取事件并进行修改或删除，处理后将事件传给 Channel 选择器。Channel 选择器返回写入事件的 Channel 列表，为每个事件选择写入的 Channel。

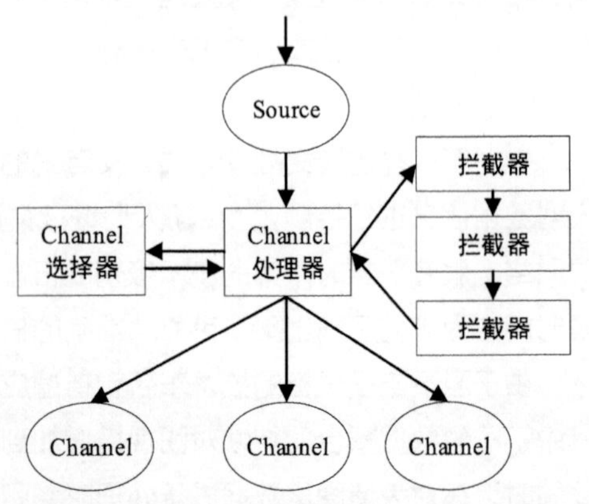

图 4-2 Source 写入数据到 Channel 的过程

Source 与 Agent 中的其他组件都需要通过配置文件进行配置。Flume 的配置系统会验证每个 Source 的配置，并屏蔽错误配置（缺少配置或缺少必要的参数）的 Source。配置系统验证通过的 Source 会被实例化并进行配置，配置成功后，Flume 的生命周期管理系统将会尝试启动 Source。只有 Agent 自身停止或被杀死，或者 Agent 被用户重新配置时，Source 才会停止。

常见的 Source 类型如表 4-1 所示。

表 4-1　常见的 Source 类型

Source 类型	描述
Exec Source	执行某个命令或脚本，可以将命令产生的输出作为源
Avro Source	监听 Avro 端口来接收外部 Avro 客户端的事件流
Thrift Source	同 Avro，传输协议为 Thrift
Http Source	接收 HTTP 的 GET 和 POST 请求作为 Flume 的事件
Syslog Source	采集系统 Syslog
Spooling directory Source	采集本地静态文件
JMS Source	从消息队列获取数据
Kafka Source	从 Kafka 中获取数据

配置数据源的时候，在配置文件中需要保证：每个 Source 至少连接一个配置正确的 Channel；每个 Source 有一个定义的 type 参数，即设置数据源的类型；配置的 Source 需要在配置文件中设置属于某个 Agent。如采集一个 Avro 端口的事件时，需要在配置文件中进行代码 4-1 所示的配置。

代码 4-1　Source 示例

```
a1.sources=r1
a1.channels=c1
a1.sinks=s1
#描述配置 a1 的 source1
a1.sources.r1.type=avro
a1.sources.r1.bind=0.0.0.0    #要监听的主机名或 IP
a1.sources.r1.port=44444      #监听的端口
a1.sources.r1.channels=c1
```

② Channel

Channel 是位于 Source 与 Sink 之间的缓冲区，行为类似于队列（先进先出），负责缓冲 Source 写入的数据并将数据提供给 Sink 读取，使 Source 和 Sink 能够以不同速率运作。Channel 允许多个 Source 写入数据到相同的 Channel，并且多个 Sink 可以从相同的 Channel 读取数据，但是一个 Channel 中的一个事件只能被一个 Sink 读取，被 Sink 安全读取的事件将会被通知从 Channel 中删除。

Channel 具有事务性特征，事务的本质是原子性写入 Channel 的批量事件（Event），事件要么全部成功保存在 Channel 中，要么全部失败。与之相应，当 Sink 从 Channel 中读取事件并写入其他存储时，如果写入失败，那么事件会回滚到 Channel 中，并被这个可用的 Sink 或其他 Sink 读取。Channel 的事务性特征是 Flume 保证数据不丢失的关键。

常见的 Channel 类型主要有 3 种，分别是 MemoryChannel、FileChannel 和 JDBCChannel，它们具有不同的持久化水平。MemoryChannel 和 FileChannel 属于 Flume 内置的 Channel，并且是线程完全安全的，可以同时处理多个 Source 的写入操作和多个 Sink 的读取操作。

MemoryChannel 是内存中的 Channel，在堆上存储写入的事件。实际上，MemoryChannel 是内存中的队列，Source 从队列的尾部写入事件，Sink 从队列的头部读取事件。因为 MemoryChannel 在内存中存储数据，所以 MemoryChannel 支持很高的吞吐量。MemoryChannel 适用于不关心数据丢失的情景，因为 MemoryChannel 没有将数据持久化到磁盘。如果关心数据丢失，那么 MemoryChannel 就不适合使用，因为程序死亡、机器宕机或重启都会导致数据丢失。

FileChannel 是 Flume 的持久化 Channel。FileChannel 将所有事件写到磁盘中，因此在程序关闭或机器宕机的情况下不会丢失数据，只有当 Sink 取走事件并提交给事务时，Channel 的事件才从 Channel 移除。

JDBCChannel 基于嵌入式 DataBase 实现，支持本身内置的 Derby 数据库，对 Event（事件）进行了持久化，提供高可靠性，可以取代具有持久性特性的 FileChannel。

Channel 的设置同样需要通过配置文件实现，一个 MemoryChannel 的配置如代码 4-2 所示。

代码 4-2 Channel 示例

```
#配置 Agent  a1 的组件
a1.sources=r1
a1.channels=c1
a1.sinks=s1
#配置内存 MemoryChannel
a1.channels.c1.type=memory                    #Channel 类型
a1.channels.c1.capacity=1000                  #Channel 能保证的提交事件的最大数量
a1.channels.c1.transactionCapacity=100        #单个事务被取走或写入的事件的最大数量
```

③ Sink

Sink 是 Agent 的组件，用于取出 Channel 的数据并写入另一个 Agent、其他数据存储或其他系统组件。Sink 具有事务性特征，在从 Channel 批量移除数据之前，每个 Sink 用 Channel 启动一个事务。当批量事件成功写出到存储系统或下一个 Agent 时，Sink 就使用 Channel 提交事务。事务一旦被提交，该 Channel 会从自己的内部缓冲区删除事件。

Flume 封装了很多 Sink，可以写入 HDFS、HBase、Solr、ElasticSearch 等存储和索引系统。Sink 采用标准的 Flume 配置系统进行配置，每个 Agent 可以有 0 个或多个 Sink，每个 Sink 只能连接一个 Channel 读取事件。如果没有配置 Channel，Sink 就会被从 Agent 移出。因此，配置 Sink 需要保证：每个 Sink 至少连接一个正确配置的 Channel，每个 Sink 有一个定义的 type 参数，Sink 必须属于一个 Agent。

常见的 Sink 类型如表 4-2 所示。

表 4-2　常见的 Sink 类型

Sink 类型	说明
HDFSSink	将数据写入 HDFS
AvroSink	使用 Avro 协议将数据发送到另一个 Flume 的 Agent
ThriftSink	同 Avro，传输协议为 Thrift
FileRollSink	将数据保存到本地文件系统中
HBaseSink	将数据写入 HBase
KafkaSink	将数据写入 Kafka 组件
MorphlineSolr Sink	将数据写入 Solr

例如，将 Channel 数据写入 Linux 本地文件系统的配置，配置文件中 Sink 配置内容如代码 4-3 所示。

代码 4-3　Sink 示例

```
#配置 Agent a1 的组件
a1.sources=r1
a1.channels=c1
a1.sinks=s1
#描述 Sink
a1.sinks.s1.type=file_roll
a1.sinks.s1.sink.directory=/opt/mysink
```

（2）关键特性

Flume 的关键特性有以下 6 点。

【微课视频】

① 支持采集日志文件。Flume 支持将集群外的日志文件采集并归档到 HDFS、HBase、Kafka 上，供上层应用进行数据清洗和数据分析。

② 支持多级级联和多路复制。如图 4-3 所示，Flume 支持将多个 Agent 级联起来。同时 Agent 内部支持多路复制。

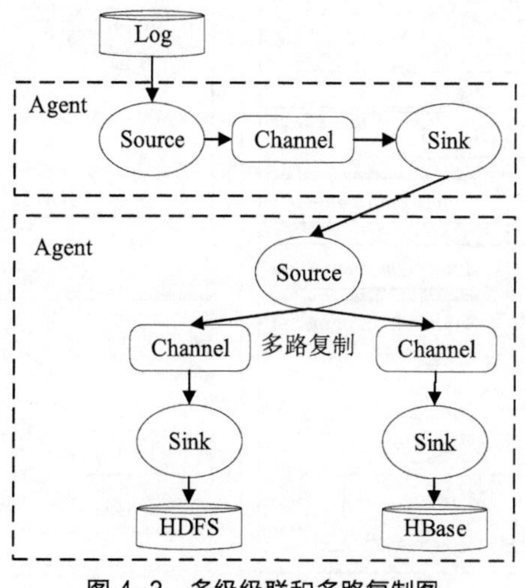

图 4-3　多级级联和多路复制图

③ 级联消息支持压缩和加密。Flume 级联节点之间的数据传输支持压缩和加密，从而提升数据传输效率和安全性，如图 4-4 所示。

④ 提供度量框架。Flume 有一个度量框架，通过 Java Management Extensions（JMX）、HTTP 或 Ganglia 服务器展示度量，用于查看 Source、Channel 和 Sink 的完整状态。

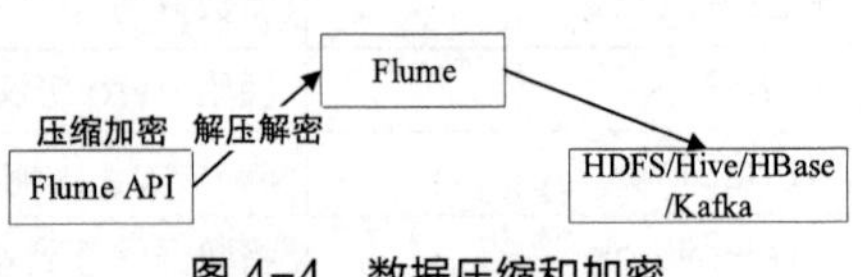

图 4-4　数据压缩和加密

⑤ 可靠性。Flume 在数据传输过程中采用事务管理方式，保证传输过程中数据不会丢失，增强了数据传输的可靠性，同时缓存在 Channel 中的数据如果采用 FileChannel，那么进程或者节点重启时数据就不会丢失。

⑥ 传输过程中的数据过滤。在数据传输过程中，Flume 可以对数据进行简单的过滤、清洗，去除不关心的数据。如果对复杂的数据进行过滤，那么需要用户根据自己的数据特殊性开发过滤插件。同时，Flume 支持第三方过滤插件调用。

2. Loader

FusionInsight HD Loader 是基于 Sqoop 的数据迁移工具，其拥有比 Sqoop 更加丰富的管理功能，能实现 FusionInsight HD 与外部数据源（如关系型数据库、SFTP 服务器、FTP 服务器）之间的数据和文件交换，支持将数据或文件从关系型数据库或文件系统导入到 FusionInsight HD 系统中。

目前 Loader 支持的导入场景主要有：从关系型数据库导入数据到 HDFS、HBase 表和 Hive 表，从 SFTP 服务器导入文件到 HDFS、HBase、Phoenix 表和 Hive 表，从 FTP 服务器导入文件到 HDFS、HBase、Phoenix 表和 Hive 表，以及从同一集群内 HDFS 导入文件到 HBase 等。

Loader 支持的导出场景有：从 HDFS 中导出文件到 SFTP 服务器、关系型数据库，从 HBase 中导出文件到 SFTP 服务器、关系型数据库，以及从同一集群内 HBase 导出文件到 HDFS 等。

Loader 在 FusionInsight HD 的架构如图 4-5 所示。

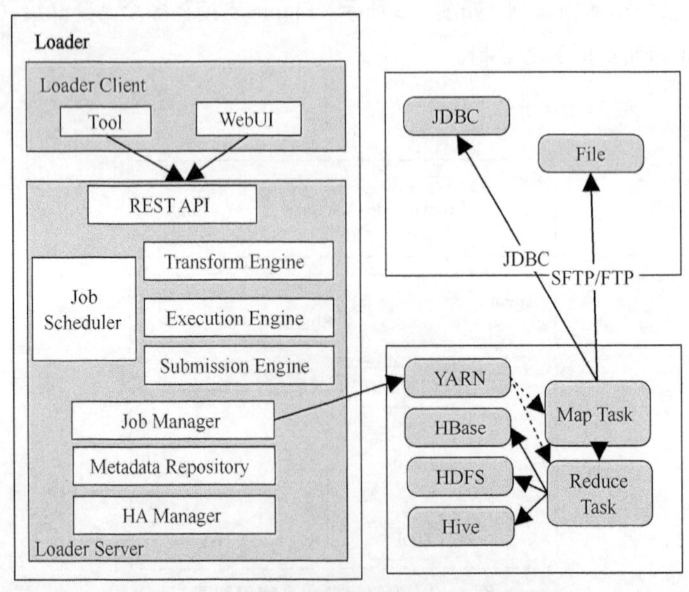

图 4-5　Loader 在 FusionInsight HD 的架构

在图 4-5 中，Loader 在 FusionInsight HD 的架构的主要模块描述如表 4-3 所示。

表 4-3　Loader 在 FusionInsight HD 的架构的主要模块

名称	描述
Loader Client	Loader 的客户端
Loader Server	Loader 的服务端，主要功能包括处理客户端请求、管理连接器和元数据
REST API	实现 RESTful（HTTP＋JSON）接口，用于处理来自客户端的请求
Job Scheduler	简单的作用调度模块，支持周期性地执行 Loader 作业
Transform Engine	数据转换处理引擎，支持字段合并、字符串剪切、字符串反序等
Execution Engine	作业执行引擎，包含 MapReduce 作业的详细处理逻辑
Submission Engine	作业提交引擎，支持将作业提交给 MapReduce 执行
Job Manager	管理 Loader 作业，包括创建作业、查询作业、更新作业、删除作业、激活作业、启动作业、停止作业
Metadata Repository	元数据仓库，用于存储和管理 Loader 的连接器、转换步骤、作业等数据
HA Manager	管理 LoaderServer 进程的主备状态，LoaderServer 包含两个节点，以主备方式部署

Loader 提供的作业管理界面能够简单地创建数据迁移任务，并对其进行管理。Loader 主要提供的管理服务包括：服务状态监控界面，用于监控 Loader 的健康状况；作业管理界面，用于创建作业并监控作业执行状态；等等。相比于 Sqoop，基于 Sqoop 开发的企业应用（如 Loader）对任务的监控管理上的功能使得用户能够更加快速有效地创建数据采集、数据迁移的任务，并对任务进行有效的监控，大大提高了数据采集的安全性和稳定性。

3. Kafka

（1）概念与发展历程

【微课视频】

Kafka 是一款开源、轻量级、分布式、可分区、具有复制（Replicated）功能和基于 ZooKeeper 协调管理的消息系统，也是一个功能强大的分布式流平台。与传统的消息系统相比，Kafka 能够很好地处理活跃的流数据，使得数据在各个子系统中高性能、低延迟地不停流转。

据 Kafka 官方网站介绍，Kafka 的定位是一个分布式流处理平台，满足 3 个关键特性：允许发布和订阅流数据，存储流数据时提供相应的容错机制，当流数据到达时能够被及时处理。

Kafka 最早是由美国领英（Linkedln）公司的工程师们研发的，当时主要用于解决 Linkedln 数据管道（data pipeline）的问题。

随着 Kafka 的不断完善，其日益成为一个通用的数据管道，同时兼具高性能和高伸缩性。在 Linkedln 中，Kafka 既用于在线系统，也用于离线系统。既能从上游系统接收数据，也会向下游系统输送数据；既提供消息的流转服务，也用于数据的持久化存储。因此，Kafka 逐渐发展成 Linkedln 内部的基础设施，承接了大量的上下游子系统。

Linkedln 公司在 2010 年年底正式将 Kafka 开源，并将源码贡献给了 Apache 软件基金会。2011 年 7 月，Kafka 正式进入 Apache 进行孵化，并于 2012 年 10 月正式发布。

（2）特点

① 消息持久化

Kafka 高度依赖于文件系统存储和缓存消息。正是由于 Kafka 将消息进行持久化，使得 Kafka 在机器重启后，已存储的消息可继续恢复使用。同时 Kafka 能够很好地支持在线或离线处理与其他存储及流处理框架的集成。Kafka 提供了相关配置让用户自己决定消息要保存多久，为用户提供了更灵活的处理方式，因此 Kafka 能够在没有性能损失的情况下提供一般消息系统不具备的特性。

② 高吞吐量

高吞吐量是 Kafka 设计的主要目标，Kafka 使用磁盘的顺序读写方式将数据写入磁盘，使得用磁盘就可以达到很高的吞吐量。同时，Kafka 在数据写入和数据同步时采用了零复制（zero-copy）技术，在两个文件描述符之间可直接传递数据，并完全在内核中操作，从而避免了内核缓冲区与用户缓冲区之间数据的复制，操作效率极高。Kafka 还支持数据压缩及批量发送，同时 Kafka 将每个主题划分为多个分区，这一系列的优化及实现方法使得 Kafka 具有很高的吞吐量。

③ 扩展性

Kafka 依赖 ZooKeeper 对集群进行协调管理，使 Kafka 更加容易进行水平扩展。由于生产者（Producer）、消费者（Consumer）和代理（Broker）都支持分布式架构，所以 Kafka 集群可配置多个生产者、消费者和代理。同时在机器扩展时无须将整个集群停机，集群能够自动感知新增节点，可以重新进行负载均衡及数据复制。

④ 多客户端支持

Kafka 提供了多种开发语言的接入，如 Java、Scala、C、C++、Python、Go、Erlang、Ruby、Node.js 等。Kafka 与当前主流的大数据框架能很好地集成，如 Flume、Hadoop、HBase、Hive、Spark、Storm 等。

⑤ Kafka Streams

Kafka 在 0.10 之后的版本中引入 Kafka Streams，Kafka Streams 是一个使用 Apache Kafka 来构造分布式流处理程序的 Java 库。

⑥ 安全机制

当前版本的 Kafka 支持几种安全措施，其中，SASL/PLAIN 验证机制支持生产者、消费者与代理连接时的身份认证、代理与 ZooKeeper 连接时的身份验证、通信时数据加密、客户端读与写权限认证、外部其他认证授权服务的集成。

⑦ 数据备份

Kafka 可以为每个主题指定副本数，对数据进行持久化备份，在一定程度上防止数据丢失，提高可用性。

⑧ 轻量级

Kafka 的代理是无状态的，即代理不记录消息是否被消费，消费偏移量的管理交由消费者自己或组协调器来维护。同时集群本身几乎不需要生产者和消费者的状态信息，所以 Kafka 是轻量级的。

⑨ 消息压缩

Kafka 支持 Gzip、Snappy、LZ4 这 3 种压缩方式，通常将多条消息放在一起组成 MessageSet，再将 MessageSet 放到一条消息中，从而提高压缩比，进而提高吞吐量。

（3）应用场景

消息系统或消息队列中间件是当前处理大数据的非常重要的组件，用于解决应用解耦、异步通信、流量控制等问题，从而构建一个高效、灵活、消息同步和异步传输处理、存储转发、可伸缩和具有最终一致性的稳定系统。应用场景如下。

① 消息系统。Kafka 作为一款优秀的消息系统，具有高吞吐量、内置分区、备份冗余分布式等特点，为大规模消息处理提供了一套很好的解决方案。

② 应用监控。使用 Kafka 采集应用程序和服务器健康的相关指标，如 CPU 占用率、I/O（网络传输量）、内存、连接数、TPS（吞吐量）等，然后将指标信息进行处理，从而构建一个具有监控仪表盘、曲线图等的可视化监控系统，如很多公司采用 Kafka 与 ELK（ElasticSearch、Logstash 和 Kibana）整合构建应用服务监控系统。

③ 网站用户行为追踪。为了更好地了解用户行为、操作习惯，改善用户体验，进而对产品升级改进，可以将用户操作轨迹、内容等信息发送到 Kafka 集群上，通过 Hadoop、Spark 或 Storm 等进行数据分析处理，生成相应的统计报告，为推荐系统推荐对象建模提供数据源，进而为每个用户进行个性化推荐。

④ 流处理。可通过 Kafka 收集流数据，并提供给其他流式计算框架进行处理，当前版本的 Kafka 提供了 Kafka Streams 来支持对流数据的处理。

⑤ 持久性日志。Kafka 可以为外部系统提供一种持久性日志的分布式系统。日志可以在多个节点间进行备份，Kafka 为故障节点数据恢复提供了一种重新同步的机制。同时，Kafka 可以很方便地与 HDFS、Flume 进行整合，实现将 Kafka 采集的数据持久化到其他外部系统。

【微课视频】

（4）Kafka 基本组成

Kafka 的体系架构如图 4-6 所示。

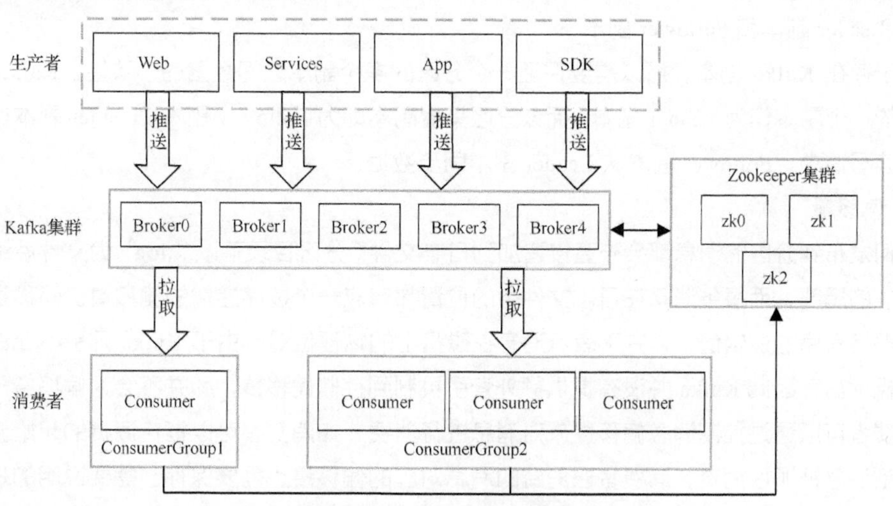

图 4-6 Kafka 的体系架构

Kafka 的核心架构可以总结为生产者向 Kafka 服务器发送消息，消费者从 Kafka 集群服务器读取消息，Kafka 集群服务器依托 ZooKeeper 集群进行服务的协调管理。

在 Kafka 生产、存储、消费数据的过程中，会涉及以下 9 个常见概念。

① 主题

Kafka 将一组消息抽象归纳为一个主题（Topic），即一个主题就是对消息的一个分类。生产者将消息发送到特定主题，消费者订阅主题或主题的某些分区进行消费。

② 消息

消息是 Kafka 通信的基本单位，由一个固定长度的消息头和一个可变长度的消息体构成。在老版本中，消息称为 Message，在由 Java 重新实现的客户端中，消息称为 Record。

③ 分区和副本

Kafka 将一组消息归纳为一个主题，而每个主题又被分成一个或多个分区（Partition）。每个分区由一系列有序、不可变的消息组成，是一个有序队列。每个分区有一至多个副本（Replica），分区的副本分布在集群的不同代理上，以提高可用性。从存储的角度分析，分区的每个副本在逻辑上抽象为一个日志（Log）对象，即分区的副本与日志对象是一一对应的。每个主题对应的分区数可以在 Kafka 启动时所加载的配置文件中配置，也可以在创建主题时指定。当然，客户端还可以在主题创建后修改主题的分区数。

分区使得 Kafka 在并发处理上变得更加容易。一般情况下，分区数越多吞吐量越高，但这要根据集群实际环境及业务场景确定。同时，分区也是 Kafka 保证消息被顺序消费以及对消息进行负载均衡的基础。

Kafka 只能保证一个分区之内消息的有序性，并不能保证跨分区消息的有序性。每条消息被追加到相应的分区中，并按照顺序写入磁盘，因此效率非常高，这也是 Kafka 高吞吐率的一个重要保证。同时与传统消息系统不同的是，Kafka 并不会立即删除已被消费的消息。由于磁盘的限制消息也不会一直被存储（事实上这也是没有必要的），因此 Kafka 提供两种删除老数据的策略，即基于消息已存储的时间长度和基于分区的大小。

④ Leader 副本和 Follower 副本

由于存在 Kafka 副本，所以需要保证一个分区的多个副本之间数据的一致性。Kafka 会选择该分区的一个副本作为 Leader 副本，而该分区其他副本即为 Follower 副本，Leader 副本负责处理客户端读写请求，Follower 副本从 Leader 副本同步数据。

⑤ 偏移量

任何发布到分区的消息都会被直接追加到日志文件（分区目录下以“.log”为文件后缀名的数据文件）的尾部，而每条消息在日志文件中的位置都对应一个按序递增的偏移量。偏移量是一个分区下严格有序的逻辑值，它并不表示消息在磁盘上的物理位置。由于 Kafka 几乎不允许对消息进行随机读写，因此 Kafka 并没有提供额外索引机制到存储偏移量，即并不会为偏移量再提供索引。消费者可以通过控制消息偏移量来对消息进行消费，如消费者可以指定消费的起始偏移量。为了保证消息被顺序消费，消费者已消费的消息对应的偏移量也需要保存。需要说明的是，消费者对消息偏移量的操作并不会影响消息本身的偏移量。旧版消费者将消费的信息偏移量保存到

ZooKeeper 当中，而新版消费者是将消费的信息偏移量保存到 Kafka 内部一个主题中。当然，消费者也可以自己在外部系统保存消费的信息偏移量，而无须将其保存到 Kafka 中。

⑥ 代理

Kafka 集群是由一个或多个 Kafka 实例构成的，每一个 Kafka 实例称为代理（Broker），通常也称代理为 Kafka 服务器（Kafka Server）。在生产环境中 Kafka 集群一般包括一台或多台服务器，可以在一台服务器上配置一个或多个代理。每一个代理都有唯一的标识 id，这个 id 是一个非负整数。在一个 Kafka 集群中，每增加一个代理就需要为这个代理配置一个与该集群中其他代理不同的 id，这个 id 就是代理的名字，也就是在启动代理时配置的 broker.id 对应的值。

⑦ 生产者

生产者（Producer）负责将消息发送给代理，也就是向 Kafka 代理发送消息的客户端。

⑧ 消费者和消费组

消费者（Comsumer）以 pull 方式获取数据，它是消费的客户端。在 Kafka 中每一个消费者都属于一个特定消费组（Consumer Group），用户可以为每个消费者指定一个消费组，以 groupId 代表消费组名称。如果不指定消费组，那么该消费者属于默认消费组 test-consumer-group。同时，每个消费者也有一个全局唯一的 id，如果客户端没有指定消费者的 id，Kafka 会自动为该消费者生成一个全局唯一的 id。同一个主题的一条消息只能被同一个消费组下某一个消费者消费，但不同消费组的消费者可同时消费该消息。消费组是 Kafka 用来实现对一个主题消息进行广播和单播的手段，要实现消息广播只需指定各个消费者均属于不同的消费组，要实现消息单播则只需让各个消费者属于同一个消费组。

⑨ ZooKeeper

Kafka 使用 ZooKeeper 保存相应元数据信息。Kafka 元数据信息包括代理节点信息、Kafka 集群信息、旧版消费者信息、消费偏移量信息、主题信息、分区状态信息、分区副本分配方案信息和动态配置信息等。Kafka 在启动或运行过程中会在 ZooKeeper 上创建相应节点来保存元数据信息，Kafka 通过监听机制在这些节点注册相应监听器来监听节点元数据的变化，从而由 ZooKeeper 负责管理维护 Kafka 集群，同时通过 ZooKeeper 能够很方便地对 Kafka 集群进行水平扩展及数据迁移。

4. MapReduce

【微课视频】

根据摩尔定律，每隔约 18 个月，CPU 性能会提高一倍。然而，由于晶体管电路已经逐渐接近其物理上的性能极限，所以摩尔定律在 2005 年左右开始失效。随着互联网时代的到来，软件编程方式发生了重大的变革，基于大规模计算机集群的分布式并行编程成为将来软件性能提升的主要途径。基于集群的分布式并行编程能够让软件与数据同时运行在连成一个网络的许多台计算机上，由此获得海量计算能力。集群中的每一台计算机均可以是一台普通的 PC。分布式并行环境的最大优点是：可以很容易地通过增加计算机来扩充新的计算节点，并由此获得海量计算能力；同时又具有相当强的容错能力，当一批计算节点失效时，也不会影响计算的正常进行和结果的正确性。

Google 基于这种并行编程思想开发了 MapReduce 并行编程模型进行分布式并行编程，并运行在 GFS（Google File System）的分布式文件系统上，为全球亿万用户提供搜索服务。

Hadoop 实现了 Google 的 MapReduce 编程模型，不仅提供了简单易用的编程接口，还提供了自己开发的分布式文件系统 HDFS。与 Google 不同的是，Hadoop 是开源的，任何人都可以使用这个框架来进行并行编程。基于 Hadoop 的编程非常简单，即使是没有任何并行开发经验的开发人员，也可以轻松地开发出分布式的并行程序，并让程序同时运行在数百台机器上，在短时间内完成海量数据的计算。随着“云计算”的普及，拥有数百台机器的海量计算能力并非难事，如 Amazon 公司的云计算平台 Amazon EC2、华为的云计算平台 HCS（Huawei Cloud Stack）都已经提供了按需计算的租用服务。

（1）概念

MapReduce 主要是指基于 Google 的 MapReduce 论文开发的 Hadoop MapReduce。MapReduce 是一个高性能的分布式批处理计算框架，用于对海量数据进行并行分析和处理。与传统数据仓库和分析技术相比，MapReduce 适合处理各种类型的数据，包括结构化、半结构化和非结构化的数据，当前已广泛应用于日志分析、海量数据排序、在海量数据中查找特定模式等场景。HDFS 在 MapReduce 任务处理过程中提供了对文件操作和存储的支持，此外，MapReduce 在 HDFS 的基础上实现任务的分发、跟踪、执行、计算等工作，并收集结果。

（2）基本模型

在 Hadoop 中，每个 MapReduce 任务都会被初始化为一个作业（Job）。每个 Job 又可以分为 Map 阶段和 Reduce 阶段。Map 阶段和 Reduce 阶段分别有两个函数，即 map()函数和 reduce()函数，业务逻辑的实现者需要提供这两个函数的具体编程实现方法。map()函数接收<key,value>形式的输入，然后产生同样<key,value>形式的中间输出，Hadoop 会负责将所有具有相同中间 key 值的 value 集合到一起，并传递给 reduce()函数。reduce()函数接收如<key,(list of values)>形式的输入，然后对这个 value 集合进行处理，reduce()的输出也是<key,value>形式的。

（3）MapReduce 工作流程

MapReduce 的工作流程如图 4-7 所示。

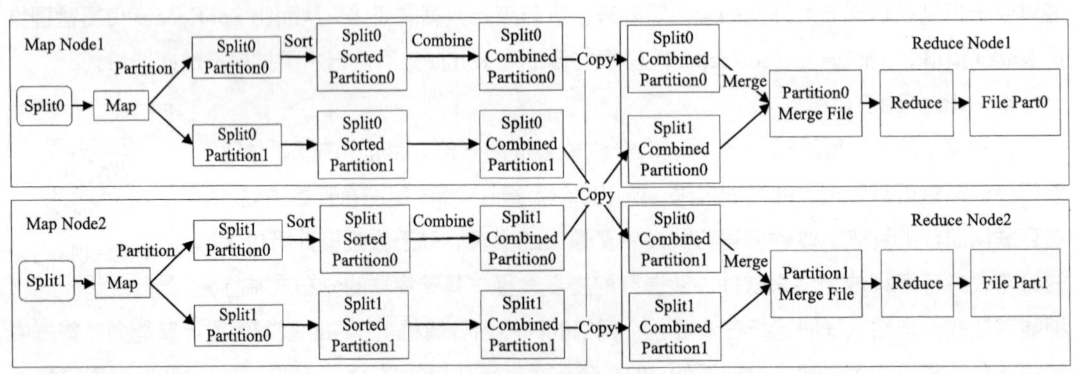

图 4-7　MapReduce 的工作流程

MapReduce 的工作流程简单，可概括如下。

① 任务粒度（Split）

将原始的大数据集切分为小数据集（小于或等于 HDFS 中的一个 Block 大小），使一个小数据集位于一台计算机上，方便本地计算。假设有 M 个数据集待处理，就启动 M 个 Map 任务，分布于 N 台计算机并行计算，Reduce 的任务数量 R 由用户决定。

② 数据分割（Partition）

MapReduce 提供 Partition 接口。它的作用是将 Map 任务输出的中间过程按 key 的范围划分为 R 份（定义的 Reduce 任务个数），划分时采用 Hash 函数，从而保证某一范围的 key 交由一个 Reduce 任务处理，平均了 Reduce 的处理能力，可简化 Reduce 过程。

③ 排序（Sort）

Map 输出的中间结果在 Reduce 接收之前，需要将数据写入内存缓冲区，缓冲区的作用是批量收集 Map 输出结果，减小磁盘 I/O 的影响。这个内存缓冲区有大小限制，当 Map 任务的输出结果超过内存可接受的数据量时，就会从内存溢写（Spill）到磁盘，以便重新使用缓冲区。溢写操作是由单独线程来完成的，不影响向缓冲区写入输出结果的线程。当溢写线程启动后，会对需要写入磁盘的数据按 key 进行排序。

④ 数据合并（Combine）

溢写操作中还有一个重要的 Combine 过程，将写入磁盘的数据按照相同的 key 进行合并，减少溢写到磁盘的数据量，从而降低网络流量。但不是所有 MapReduce 任务都可添加 Combine，因为 Combine 不能改变最终的计算结果，所以 Combine 只应用于 Reduce 输入与输出的键值对类型完全一致，且不影响最终结果的场合，如累加、计算最值等任务。

⑤ 数据拉取（Copy）

Reduce 端将 Map 的执行中间结果完整地拉取，这个阶段被称为 Copy。

⑥ 数据融合（Merge）

Merge 顾名思义就是将从不同 Map 拉取过来的数据不断地进行融合，形成最终的 ReduceTask，交由 Reduce 处理。

⑦ 归约（Reduce）

归约是对每个文件的内容做最后一次统计，执行 reduce() 函数，如累加、求最值等，同时将结果存入输出文件中。

（4）特点

MapReduce 的特点主要有以下几点。

① 易于编程：在 MapReduce 中，程序员仅需描述做什么，具体怎么做交由系统的执行框架处理。

② 良好的扩展性：MapReduce 可通过添加节点扩展集群能力。

③ 高容错性：MapReduce 通过计算迁移或数据迁移等策略提高集群的可用性和容错性。

④ PB 级以上海量数据的离线处理：MapReduce 可以处理大规模海量数据，应用程序可以通过 MapReduce 在多个集群节点上并行运行。

5. Spark

【微课视频】

（1）概念与发展历程

Spark 在 2009 年诞生于美国加州大学伯克利分校的 AMP 实验室，是基于内存计算的大数据并行计算框架，可用于构建大型的、低延迟的数据分析应用程序。2013 年，Spark 加入 Apache 孵化器项目后，开始获得迅猛的发展，目前它是 Apache 软件基金会下的顶级开源项目之一。Spark 最初的设计目标是使数据分析更快，不仅要运行速度快，也要能快速、容易地编写程序。Spark 为了使程序运行更快，提供了内存计算和基于 DAG 的任务调度执行机制，减少了迭代计算时的 I/O 开销。而为了使编写程序更为容易，Spark 使用简练、优雅的 Scala 语言编写，并基于 Scala 提供了交互式的编程体验。同时，Spark 支持 Scala、Java、Python、R 等多种编程语言。

Spark 加入 Apache 后，发展速度非常快，增加了很多新功能，发展历程如表 4-4 所示。

表 4-4　Spark 发展历程

时间	说明
2009 年	Spark 诞生于伯克利大学 AMP 实验室，属于伯克利大学的研究性项目
2010 年	Spark 通过 BSD 许可协议正式对外开源发布
2012 年	Spark 第一篇论文发布，第一个正式版（Spark 0.6.0）发布
2013 年	Spark 加入了 Apache 基金项目，发布了 Spark Streaming、Spark MLlib（机器学习）、Shark（Spark on Hadoop）
2014 年	Spark 成为 Apache 的顶级项目，5 月底 Spark 1.0.0 发布，还发布了 Spark Graphx（图计算）、Spark SQL 以代替 Shark
2015 年	Spark 推出 DataFrame（大数据分析）。2015 年至今，Spark 在国内 IT 行业变得愈发火爆，大量的公司开始重点部署或者使用 Spark 来替代 MapReduce、Hive、Storm 等传统的大数据计算框架
2016 年	Spark 推出 Dataset（更强的数据分析手段）
2017 年	Structured Streaming 发布
2018 年	Spark 2.4.0 发布，成为全球最大的开源项目
2019 年	持续更新版本

（2）特点

Spark 作为新一代轻量级大数据处理平台，具有以下特点。

① 快速

分别使用 Hadoop 与 Spark 运行逻辑回归算法示例的时间如图 4-8 所示。可以看出，Spark 运行逻辑回归算法的速度是 Hadoop 运行速度的 100 多倍。一般情况下，对于迭代次数较多的应用程序，Spark 程序在内存中的运行速度是 Hadoop 运行速度的 100 多倍，在磁盘上的运行速度是 Hadoop 运行速度的 10 多倍。

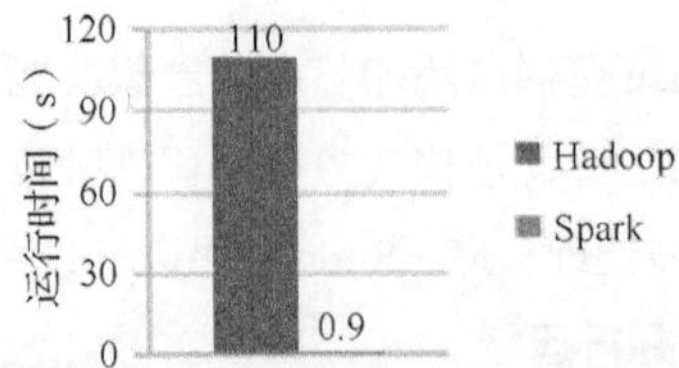

图 4-8　Hadoop 与 Spark 运行时间的比较

Spark 与 Hadoop 的数据存储对比如图 4-9 所示。Spark 与 Hadoop 的运行速度的差异主要是因为 Spark 的中间数据存放于内存中，有更高的迭代运算效率，而 Hadoop 每次迭代的中间数据存放于 HDFS 中，涉及硬盘的读写，明显降低了运算效率。

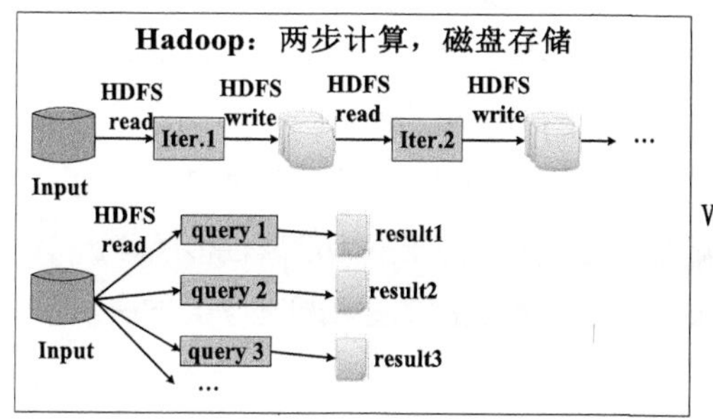

VS

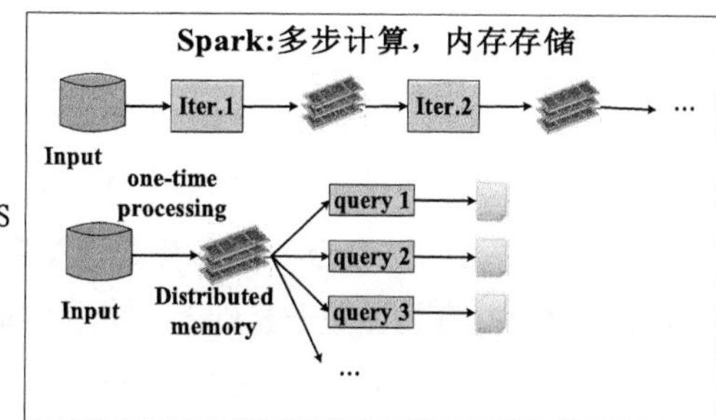

图 4-9　Spark 与 Hadoop 数据存储对比

② 易用

Spark 支持使用 Scala、Python、Java 和 R 语言快速编写应用。同时 Spark 提供超过 80 个高级运算符，使编写并行应用程序更加容易，并且可以在 Scala、Python 或 R 的交互模式下使用 Spark。

③ 通用

Spark 可以与 SQL、Streaming 及复杂的分析良好结合。Spark 有一系列高级组件，包括 Spark SQL、MLlib（机器学习库）、GraphX（图计算）和 Spark Streaming，并且支持在一个应用中同时使用这些组件。

④ 随处运行

用户可以使用 Spark 的独立集群模式运行 Spark，也可以在 EC2（亚马逊弹性计算云）、Hadoop YARN 或者 Apache Mesos 上运行 Spark，并且可以从 HDFS、Cassandra、HBase、Hive、Tachyon 和任何分布式文件系统中读取数据。

⑤ 代码简洁

Spark 支持使用 Scala、Python 等语言编写。由于 Scala 或 Python 的代码相对于 Java 来说更简洁，所以 Spark 使用 Scala 或 Python 编写应用程序要比使用 MapReduce 编写应用程序简单方便。

（3）应用场景

Spark 使用了内存分布式数据集技术，除了能够提供交互式查询外，还提升了迭代工作负载的性能。在互联网领域，Spark 有快速查询、实时日志采集处理、业务推荐、定制广告、用户图计算等强大功能。国内外的一些大公司，如谷歌（Google）、阿里巴巴、英特尔（Intel）、网易、科大讯飞等都有实际业务运行在 Spark 平台上。

目前，Spark 应用领域主要有以下几个方面。

① 快速查询系统。基于日志数据的快速查询系统构建于 Spark 之上，使用其快速查询、内存表、支持 SQL 查询、支持多种外部数据源等优势，Spark 能够承担大多数日志数据的即时查询工作，并在性能方面普遍比 Hive 快。

② 实时日志采集处理系统。Spark 流处理模块能对业务日志进行实时快速迭代处理，并进行综合分析，用于满足线上系统分析要求。此外，流处理的速度支持秒级延迟。

③ 业务推荐系统。Spark 将业务推荐系统的小时和天级别的模型训练转变为分钟级别的模型训练，能有效地优化相关排名、个性化推荐和热点分析等。

④ 定制广告系统。定制广告业务需要大数据在应用分析、效果分析、定向优化等方面的支持，借助 Spark 快速迭代的优势，该系统可以实现“数据实时采集、算法实时训练、系统实时预测”的全流程实时，并且并行地处理高维数据，可以支持上亿的请求量处理。

⑤ 用户图计算。可使用 Spark 图计算解决许多生产问题，如基于分布的中枢节点发现、基于最大连通图的社区发现、基于三角形计数的关系衡量、基于随机游走的用户属性传播等。

⑥ 数据挖掘。在海量数据基础上，使用 Spark 支持的多种数据挖掘和机器学习方法，可以对数据进行挖掘分析，完成推荐、分类等任务。

（4）Spark 与 MapReduce 的比较

Hadoop 虽已成为大数据技术的事实标准，但其本身还存在诸多缺陷。其中，最主要的缺陷是 MapReduce 计算模型延迟过高，无法胜任实时、快速计算的需求，因而只适用于离线批处理的应用场景。总体而言，Hadoop 中的 MapReduce 计算框架主要存在以下缺点。

① 表达能力有限。计算都必须转化成 Map 和 Reduce 两个操作，但这并不适合所有的情况，其难以描述复杂的数据处理过程。

② 磁盘 I/O 开销大。每次执行时都需要从磁盘读取数据，并且在计算完成后需要将中间结果写入磁盘中，I/O 开销较大。

③ 延迟高。一次计算可能需要分解成一系列按顺序执行的 MapReduce 任务，任务之间的衔接由于涉及 I/O 开销，会产生较高延迟。而且，在前一个任务执行完成之前，其他任务无法开始，因此难以胜任复杂、多阶段的计算任务。

Spark 在借鉴 MapReduce 优点的同时，很好地解决了 MapReduce 所面临的问题。相比于 MapReduce，Spark 主要具有如下优点。

① 编程模型灵活。Spark 的计算模式也属于 MapReduce，但不局限于 Map 和 Reduce 操作，还提供了多种数据集操作类型，编程模型比 MapReduce 更灵活。

② 计算速度快。Spark 提供了内存计算，中间结果直接放到内存中，带来了更高的迭代运算效率。

③ 应用灵活，易于编程。在实际进行开发时，使用 Hadoop 需要编写不少相对底层的代码，不够高效。相对而言，Spark 提供了多种高层次、简洁的 API，通常情况下，对于实现相同功能的应用程序，Spark 的代码量要比 Hadoop 少很多。此外，Spark 支持多种语言，并支持 SQL 查询、流式计算、机器学习等，可满足更多应用场景。

④ 实时处理性能优越，延迟低。MapReduce 更加适合处理离线数据，而 Spark 通过 Spark Streaming 支持对流式数据进行实时处理，延迟低且无需额外的配置。

（5）生态圈

Spark 的设计遵循“一个软件栈满足不同应用场景”的理念，逐渐形成了一套完整的生态系统。Spark 生态系统如图 4-10 所示，既能够提供内存计算框架，也可以支持 SQL 查询（Spark SQL）、流式计算（Spark Streaming）、机器学习（MLlib）和图计算（GraphX）等。Spark 可以部署在资源管理器 YARN 之上，提供一站式的大数据解决方案。因此，Spark 所提供的生态系统同时支持批处理、交互式查询和流数据处理。

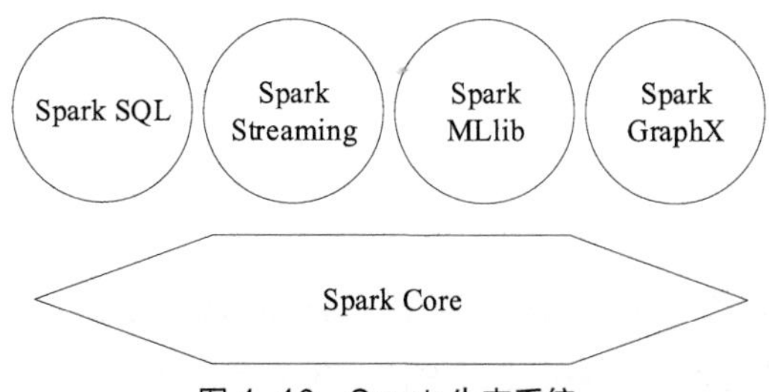

图 4-10　Spark 生态系统

Spark Core 提供 Spark 最基础与最核心的功能，它的子框架包括 Spark SQL、Spark Streaming、Spark MLlib 和 Spark GraphX。

Spark Streaming 是 Spark API 的核心之一，可达到超高通量的扩展，可以处理实时数据流的数据并进行容错。Spark Streaming 可以从 Kafka、Flume、Twitter、ZeroMQ、Kinesis、TCP sockets 等数据源中获取数据，并且可以使用复杂的算法和高级功能对数据进行处理，并将处理后的数据推送到文件系统或数据库中。

Spark SQL 是一种结构化的数据处理模块。它提供了一个称为 DataFrame 的编程抽象，也可以作为分布式 SQL 查询引擎。一个 DataFrame 类似关系型数据库中的一个表，可以通过多种方式构建，如结构化数据文件、Hive、外部数据库或分布式动态数据集（Resilient Distributed Dataset，RDD）。

GraphX 是 Graphs 和 Graph-parallel 并行计算中的新部分，GraphX 是 Spark 上的分布式图形处理架构，可用于图表计算。

Spark MLlib 是一个封装了多种常用数据挖掘分析算法和机器学习算法的算法包，通过调用 MLlib 算法包可以非常快速地进行模型构建，并且创建的模型采用分布式并行计算，运行效率更高。

6. Storm

随着大数据时代的到来，互联网业务的发展经历了从初期数据量小、业务简单，到过渡期数据有所膨胀、业务较复杂，再到如今大数据时期数据量急剧膨胀、业务很复杂的情况。面对大数据，特别是流数据的实时计算需求，传统的数据库技术方案已不能满足需求，数据库高成本的同时并不能带来高效率，因此出现了针对流数据的实时计算——流计算。

【微课视频】

流数据，也称流式数据，是指将数据以数据流的形式进行处理。数据流是在时间分布和数量上的一系列动态数据集合体，数据记录是数据流的最小组成单元。数据流的特征有：数据连续不断；数据来源众多，格式复杂；数据量大，但是不十分关注存储；注重数据的整体价值，不过分关注个别数据；数据流顺序颠倒，或者不完整。

实时计算是针对大数据而言的。对于少量数据而言，实时计算并不存在问题，但随着数据量的不断膨胀，实时计算就发生了质的改变，数据的结构与来源越来越多样化，实时计算的逻辑也变得越来越复杂。除了非实时计算的需求（如计算结果准确），实时计算最重要的一个需求是要求能够实时响应计算结果，一般为秒级。

（1）概念和发展历程

Storm 是一个分布式计算框架，主要使用 Clojure 与 Java 语言编写，最初由纳丹·马尔兹（Nathan Marz）带领 Backtype 公司的团队创建，在 Backtype 公司被 Twitter 公司收购后，Storm 进行开源。最初的版本在 2011 年 9 月 17 日发行，版本号为 0.5.0。

2013 年 9 月，Apache 基金会开始接管并孵化 Storm 项目。Apache Storm 是在 Eclipse Public License 下进行开发的，并提供给大多数企业使用。在 Apache 孵化器项目中，Storm 使用 Git 进行版本控制，使用 Atlassian JIRA 进行问题跟踪。经过了一年多时间，2014 年 9 月，Storm 项目成为 Apache 的顶级项目。

Storm 是一个免费开源的分布式实时计算系统。Storm 能轻松可靠地处理无界的数据流，就如同 Hadoop 对数据进行批处理一样，并且 Storm 十分简单，易于学习，开发人员可以使用任何编程语言对它进行操作，并得到满意的结果。

（2）特点

Storm 的主要特点如下。

① 简单的编程模型。Storm 为大数据的实时计算提供了简单优美的编程模型，大大降低了开发并行实时处理任务的复杂性，能够更加快速、高效地开发应用。

② 支持各种编程语言。Storm 默认支持 Clojure、Java、Ruby 和 Python。此外，若需要增加对其他语言的支持，则只需实现一个简单的 Storm 通信协议即可。

③ 高容错性。如果在消息处理过程中出现一些异常，那么 Storm 会重新部署这个出问题的处理单元。Storm 保证一个处理单元永远运行（除非显式地结束这个处理单元）。如果处理单元存储了中间状态，那么当处理单元重新被 Storm 启动时，需要将自身处理的中间状态恢复。

④ 支持水平扩展。在 Storm 中，计算是在多个线程、进程和服务器之间并行进行的，支持灵活的水平扩展。

⑤ 可靠的消息处理。Storm 保证每个消息至少能得到一次完整处理。

⑥ 快速。Storm 用 ZeroMQ 作为底层消息队列，保证消息能快速被处理。

⑦ 支持本地模式。Storm 有一个“本地模式”，可以在处理过程中完全模拟 Storm 集群，方便用户快速进行开发和单元测试。

⑧ 容易部署。Storm 集群易于部署，只需少量的安装和配置就可以运行。Storm 支持动态增加节点，新增节点自动注册到集群，但当前运行的任务不会自动均衡负载。

⑨ 图形化监控。Storm 提供图形界面，可以监控各个拓扑的信息，包括每个处理单元的状态和处理消息的数量。

（3）应用场景

Storm 能用于很多场景，包括流处理、连续计算、分布式 RPC 等，具体介绍如下。

① 流处理

Storm 可以用来处理源源不断流进来的消息，并在处理之后将结果写到某个存储中。

② 连续计算

Storm 能保证计算永远运行，直到用户结束计算进程为止。

③ 分布式 RPC

由于 Storm 的处理组件是分布式的，而且处理延迟极低，所以可以作为通用的分布式 RPC 架构使用。当然，搜索引擎本身也是一个分布式 RPC 系统。

（4）核心组件

Storm 框架的核心由 8 个部分组成，分别是 Stream（流）、Spout（消息源）、Bolt（逻辑处理单元）、Topology（拓扑）、Stream grouping（流分组）、Task（任务）、Worker（工作进程）、Executor（执行器），它们同时也是 Storm 的基本组成部分。

① Stream

在 Storm 对流 Stream 的抽象描述中，流是一个不间断的无界的连续 Tuple（元组，是元素有序列表），如图 4-11 所示。这些无界的元组会以分布式的方式并行地创建和处理。Tuple 可以包含整型、长整型、短整型、字节、字符、双精度数、浮点数、布尔值和字节数组。用户可以通过定义序列化器，在本机 Tuple 使用自定义类型。

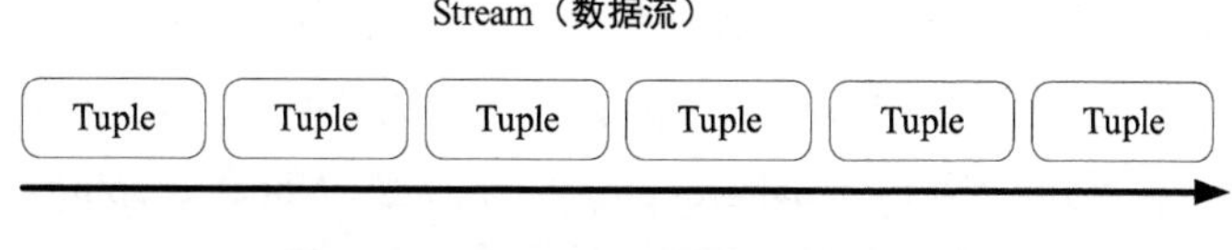

图 4-11　Stream:无界的 Tuples 序列

② Spout

Storm 认为每个 Stream 都有一个源头，它将这个源头抽象为 Spout。Spout 会从外部读取流数据并发出 Tuple，如图 4-12 所示，Spout 可以发出多个流。

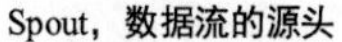

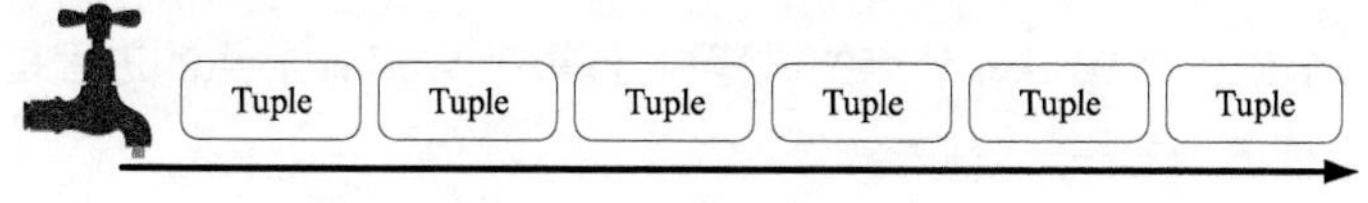

图 4-12　Spout 数据源

③ Bolt

Storm 将流的中间状态转换抽象为 Bolt。Bolt 可以完成过滤、业务处理、连接运算、连接和访问数据库等业务。Bolt 通过简单的流转换，发出多个流，并在 Bolt 中启动新的线程进行异步处理，如图 4-13 所示。

④ Topology

为了提高效率，Spout 可以接收多个 Bolt，组成图 4-14 所示的无向环图。Storm 将图 4-14 所示的无向环图抽象为 Topology。Topology 是 Storm 中最高层次的抽象概念，其可以被提交到 Storm 集群执行，一个 Topology 就是一个流转换图。Topology 的每个节点包含处理逻辑，节点之间的链接显示数据应该如何在节点之间传递。

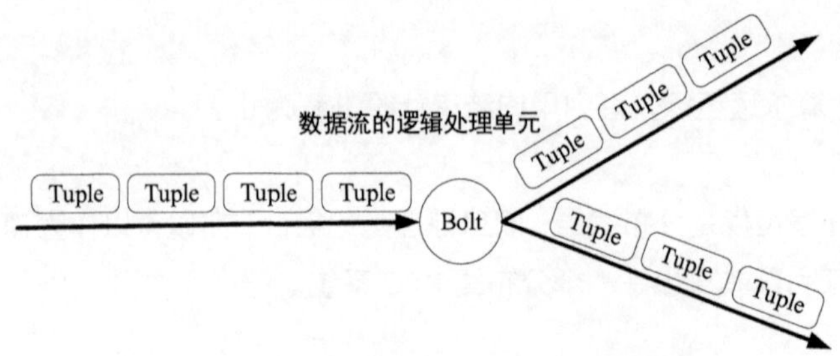

图 4-13　Bolt:处理 Tuples 并产生新的数据流

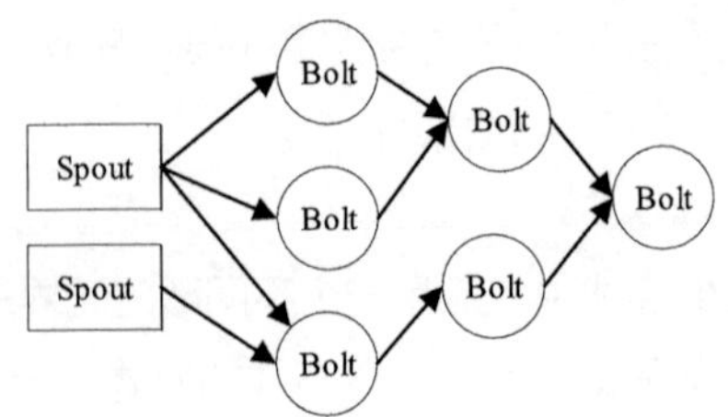

图 4-14　Topology 示意图

⑤ Stream grouping

流分组用于在 Bolt 的任务中定义流应该如何分区。Storm 有 8 个内置的流分组接口：随机分组（Shuffle grouping）、字段分组（Fields grouping）、部分关键字分组（Partial key grouping）、全部分组（All grouping）、全局分组（Global grouping）、无分组（None grouping）、直接分组（Direct grouping）、本地或者随机分组（Local or shuffle grouping）。

⑥ Task

每个 Spout 或者 Bolt 在集群执行许多任务。每个任务对应一个线程的执行，流分组定义如何从一个任务集向另一个任务集发送 Tuple。用户可通过 TopologyBuilder 类的 setSpout()和 setBolt()方法来设置每个 Spout 或者 Bolt 的并行度。

⑦ Worker

Topology 跨一个或多个 Worker 节点的进程执行。每个 Worker 节点的进程是一个物理的 JVM，执行 Topology 所有任务中的一部分任务。

⑧ Executor

Executor 是一个由 Worker 节点的进程启动的线程。在一个 Worker 节点的进程中，可能会有一个或多个 Executor。一个 Executor 会为某一个 component（Spout 或者 Bolt）运行一个或多个任务，每一个线程只会为同一个 component 服务。

Storm 集群包括两类节点：主控节点（MasterNode）和工作节点（WorkerNode）。

主控节点上运行一个被称为 Nimbus 的后台程序，负责在 Storm 集群内分发代码、分配任务到工作机器、监控集群运行状态。

每个工作节点上运行一个被称为 Supervisor 的后台程序。Supervisor 负责监听 Nimbus 分配给它的任务，据此启动或停止执行任务的工作进程（Worker）。每一个工作进程执行一个 Topology 的子集，一个运行中的 Topology 由分布在不同工作节点上的多个工作进程组成。

Nimbus 和 Supervisor 之间的所有协调工作是通过 Zookeeper 集群实现的。

7. Flink

（1）概念与发展历程

【微课视频】

相对于传统的数据处理模式，流式数据处理有着更高的处理效率和成本控制能力。Apache Flink 是近年来在开源社区不断发展的技术中，能够同时支持高吞吐、低延迟、高性能的分布式处理框架。

Flink 诞生于欧洲的一个大数据研究项目 StratoSphere。该项目是柏林工业大学的一个研究性项目。早期，Flink 用于 Batch 计算，但是在 2014 年，StratoSphere 项目的核心成员孵化出 Flink，同年将 Flink 捐赠给 Apache，后来 Flink 成为 Apache 的顶级大数据项目。同时 Flink 计算的主流方向被定位为 Streaming，即用流式计算进行所有大数据的计算。

2014 年 Flink 作为主攻流计算的大数据引擎开始在开源大数据行业内崭露头角。区别于 Storm、Spark Streaming 以及其他流式计算引擎的是，Flink 不仅是一个高吞吐、低延迟的计算引擎，还提供很多高级的功能，如 Flink 提供了有状态的计算，支持状态管理、强一致性的数据语义，以及 Event Time 和 WaterMar 对消息乱序的处理。

（2）特点

Flink 具有先进的架构理念、诸多的优秀特性和完善的编程接口，并在不断地推出新的特性。Flink 的具体优势有以下 7 点。

① 同时支持高吞吐、低延迟、高性能

Flink 是目前开源社区中可以同时支持高吞吐、低延迟、高性能的分布式流式数据处理框架。

② 支持事件时间概念

在流式计算领域中，窗口计算的地位举足轻重，但目前大多数框架窗口计算使用的时间是事件传输到计算框架进行处理的系统主机时间。Flink 支持基于事件时间（Event Time）语义进行窗口计算，即使用事件产生的时间，这种基于事件驱动的机制使得事件即使乱序到达计算框架，也能保持事件原本产生时的时序性，从而计算出精确的结果。

③ 支持有状态计算

Flink 在 1.4 版本中实现了状态管理。状态是指在流式计算过程中将算子的中间结果数据保存在内存或者文件系统中，等下一个事件进入算子后可以从之前的状态获取中间结果以计算当前的结果，从而无须每次都基于全部的原始数据来统计结果。这种方式极大地提升了系统的性能，并降低了数据计算过程的资源消耗。对于数据量大且运算逻辑非常复杂的流式计算场景，有状态计算发挥了非常重要的作用。

④ 支持高度灵活的窗口（Window）操作

Flink 将窗口划分为基于 Time、Count 和 Session，以及 Data-driven 等类型的窗口，窗口可以用灵活的触发条件定制化来实现对复杂的流传输模式的支持。此外，用户可以通过定义不同的窗口触发机制来满足不同的需求。

⑤ 基于轻量级分布式快照（Snapshot）实现的容错

当 Flink 任务处理过程中发生错误时，会通过基于分布式快照技术的 Checkpoints 将执行过程中的状态信息进行持久化存储，一旦任务出现异常停止，Flink 就能够从 Checkpoints 中进行任务的自动恢复，以确保数据在处理过程中的一致性。

⑥ 基于 JVM 实现独立的内存管理

内存管理是大多数计算框架需要重点考虑的部分。Flink 实现自身管理内存的机制，从而减少 JVM GC 对系统的影响。

⑦ SavePoints（保存点）

对于不断接入数据的流式应用，一段时间内终止应用会导致数据丢失或计算不准确。Flink 通过 SavePoints 技术保存任务快照，当任务重启时可以根据快照恢复原有状态以继续运行任务。SavePoints 技术可以使用户更好地管理和运维实时流式应用。

（3）应用场景

Flink 主要适用于流数据处理和实时计算的场景，常应用在以下 6 个领域。

① 实时智能推荐

使用 Flink 流计算帮助用户构建更加实时的智能推荐系统，对用户行为指标进行实时计算，对模型进行实时更新，对用户指标进行实时预测，并将预测的信息推送给 Web/App 端，帮助用户获取想要的商品信息，创造更大的商业价值。

② 复杂事件处理

对于数据量大和数据处理时效性要求高的业务，通过使用 Flink 提供的 CEP（复杂事件处理）进行事件模式的抽取，同时应用 Flink 的 SQL 进行事件数据的转换，在流式系统中构建实时规则引擎，一旦事件触发报警规则，便立即将告警结果传输给下游通知系统，从而实现对故障快速预警监测、状态监控等。

③ 实时欺诈监测

在金融领域业务中容易出现一些欺诈行为，通过 Flink 流式计算技术能够在毫秒间就完成对欺诈判断行为指标的计算，然后实时对交易流水进行规则判断或者模型预测。一旦检测出交易中存在欺诈嫌疑，则直接对交易进行实时拦截，从而避免因为处理不及时而导致的经济损失。

④ 实时数仓与 ETL

Flink 结合离线数仓，对流式数据进行清洗、归并、结构化处理，为离线数仓进行补充和优化。

⑤ 流数据分析

Flink 实时计算各类业务指标，并使用实时结果及时调整在线系统相关策略，在各类内容投放、无线智能推送领域有大量应用。

⑥ 实时报表分析

实时报表分析是近年来很多公司采用的报表统计方案之一，其中最主要的应用便是实时大屏展示。Flink 使用流计算得出结果，并直接推送到前端应用，实时显示出重要指标的变化情况，如淘宝的双十一活动大屏不断跳跃的成交总额。

（4）体系架构

Flink 整个软件架构体系同样遵循着分层的架构设计理念，在减低系统耦合度的同时，也为上层用户构建 Flink 应用提供了丰富且友好的接口。Flink 的架构体系大致可以分为 3 层，如图 4-15 所示。

<table>
<tr><td rowspan="2">API&Libraries层</td><td colspan="2">CEP、Table</td><td colspan="2">FlinkML、Gelly、Table</td></tr>
<tr><td colspan="2">DataStream API</td><td colspan="2">DataSet API</td></tr>
<tr><td>Runtime核心层</td><td colspan="4">Runtime</td></tr>
<tr><td>物理部署层</td><td>本地模式</td><td colspan="2">集群模式
（Standalone、YARN）</td><td>云模式
（GCE、EC2）</td></tr>
</table>

图 4-15　Flink 架构体系

① API&Libraries 层

Flink 作为分布式数据处理框架，提供了流处理和批处理的支撑接口，且在此基础上抽象出不同应用类型的组件库，如基于流处理的 CEP（复杂事件处理库）、Table 库、基于批处理的 FlinkML（机器学习库）、Gelly（图处理库）等。API 层包括构建流计算应用的 DataStream API 和批处理应用的 DataSet API，两者都为用户提供丰富的数据处理高级 API，如 Map、FlatMap 操作等，同时也提供比较低级的 ProcessFunction API，用户可以直接操作状态和时间等底层数据。

② Runtime 核心层

Runtime 核心层主要负责对上层不同接口提供基础服务，是 Flink 分布式计算框架的核心实现层，支持分布式 Stream 作业的执行、JobGraph 到 ExecutionGraph 的映射转换、任务调度等。

③ 物理部署层

物理部署层主要涉及 Flink 的部署模式，目前 Flink 支持本地、集群（Standalone、YARN）、云（GCE、EC2）等多种部署模式。此外，Flink 能够通过该层支持不同平台部署，使得用户可以根据需要选择对应的部署模式。

4.1.3　数据采集系统架构

数据采集系统通常包括数据生产、数据采集、数据处理、数据存储 4 个部分。每个企业或单位的数据生产过程都不相同，因此通常仅对数据采集、数据处理、数据存储组成的数据采集系统进行分析。数据管理员根据实际需求，定义特定的映射关系，实现从业务系统数据源到目标数据仓库的迁移，并在迁移过程中完成必要数据的转换和清洗。

【微课视频】

1. 数据采集

数据采集就是从外部不同的数据源中抽取数据，其中需要确认数据的来源以及将用到的数据采集技术。数据采集又称数据抽取，分为全量抽取和增量抽取。

全量抽取类似于数据迁移或数据复制，它将数据源中的表或视图的数据原封不动地从数据库中抽取出来，并转换成自己的 ETL 工具可以识别的格式。全量抽取比较简单。

增量抽取一般有以下 4 种抽取方式。

（1）时间戳方式。通过比较需要抽取的数据库系统时间戳与抽取源表的时间戳字段的值来决定抽取哪些数据，这种方式需要源表中存在一个或多个时间戳字段，并且其值随着新记录的增加而不断增加。当执行数据抽取时，程序通过时间戳对数据进行过滤，抽取设定的时间戳的数据。

（2）全表对比方式。每次从源表中读取所有记录，然后逐条比较源表和目标表的记录，将新增和修改的记录过滤读取出来，采用 MD5 校验码。

（3）触发器方式。根据抽取要求，要建立插入、修改和删除 3 个触发器。该方法需要用户在源数据库中具有创建触发器和临时表的权限，触发器可以捕获新增的数据到临时表中。当进行抽取时，程序会自动从临时表中读取新增的数据。

（4）日志表方式。该方法是在数据库中创建业务日志表，当系统监控的业务数据发生特定的变化时，日志表内容会记录更新。日志表的维护需要编写特定的程序代码来完成。

2. 数据处理

一般从数据源中抽取的数据可能不符合进入数据仓的要求，需要对数据进行转换、清洗、拆分、汇总等处理，解决数据不完整、数据格式错误、数据不一致等问题。进行数据转换的原因有以下几点。

（1）数据不完整。数据不完整是指在数据库中有信息缺失，从而导致数据的不完整，解决的办法是找到错误信息进行补全。

（2）数据格式错误。数据格式错误指的是缺失数据值或数据超出数据范围，解决办法是定义域完整性进行格式约束。

（3）数据不一致性。数据不一致表现为主表与子表的数据不能匹配，一般原因是缺少外键的定义，需要由业务部门对数据进行核对，修正后再进行抽取。

针对不同的问题，数据处理的方法不同，一般包括数据清洗、数据合并、数据变换、特征处理等。

（1）数据清洗。数据清洗常见的有缺失值检测和处理、异常值检测和处理，能够初步解决数据不完整或者数据格式错误等问题。

（2）数据合并。数据合并将分布在多个表中、具有关联性的数据合并到一张表，使数据更完整。数据合并一般有纵向堆叠合并和横向关联合并。

（3）数据变换。有些采集的数据在形式和内容方面不符合用户的需求，就需要进行数据变换。例如，采集的数据中用户的年龄是数值类型，而企业需要的是“少年”“青年”“中年”“老年”的字符类型，就需要根据规则进行数据变换。

（4）特征处理。如果需要构建模型，就需要对数据进行相应的特征处理。特征处理包含特征选择、特征降维和特征构造等步骤。

3. 数据存储

数据存储是指将抽取和转换的数据从数据临时表或者文件装载到指定的数据仓库，装载数据的方法一般取决于所执行操作的类型以及需要装入多少数据。有以下两种装载方式。

① 直接通过 SQL 语句进行操作。

② 采用关系型数据库特有的装载工具批量进行装载，甚至可以采用多线程并行处理方式加载数据，提高程序运行效率。

4.1.4 数据采集系统基础配置

数据采集系统的设计与配置通常需要基于已有的技术和工具，根据需求对数据采集分析系统进行概要设计。首先给出系统的设计需求分析，然后根据设计需求的功能和性能要求，给出系统的整体架构设计，最后根据系统的架构设计，进行具体的配置。

数据采集与分析在金融领域的应用很广泛，以下以金融领域的离线数据采集系统和在线数据采集系统为例，分析数据采集系统的设计和配置。

1. 离线数据采集与分析系统实例

（1）客户问题

某银行的历史数据存放在主机（1～2 年）、数据仓库（5 年内）、归档库（5 年以上）等多个存储系统中，数据比较分散。数据仓库和归档库因为性能压力，所以原则上不能对外提供实时查询服务。

如今，银行需要增加对数据的应用场景：内部客户历史查询，如柜员发起对用户的利息明细查询；互联网用户的历史查询，如借记卡历史明细查询、信用卡历史明细查询等。

（2）需求分析

用户的本质需求是实现一个对海量数据进行批处理的采集系统。从功能需求分析，系统需要从多个数据源采集数据并进行解析处理，将处理好的数据进行存储。面向数据订阅者，提供数据查询服务；面向系统的管理和维护人员，提供数据采集状态的可视化服务和数据的存储服务。在满足以上基本功能需求的基础上，要考虑分布式环境下，海量数据采集与处理时系统并发访问的安全性、系统的健壮性和容错性，以及数据传输的安全性和可靠性。此外，还需要考虑当数据量较大时，数据库的负载均衡问题。

（3）系统配置

根据客户要求与需求分析，数据采集系统的职能是对离线的历史数据进行采集，融合结构化海量数据，对数据进行分析处理，并将数据保存到存储系统，提供毫秒级或秒级的查询业务。

根据需求，可配置图 4-16 所示的系统。Loader 进行数据采集，从文件系统、数据库等采集数据；MapReduce 进行数据处理；HBase 作为数据存储，提供数据存储的位置并支持快速查询。

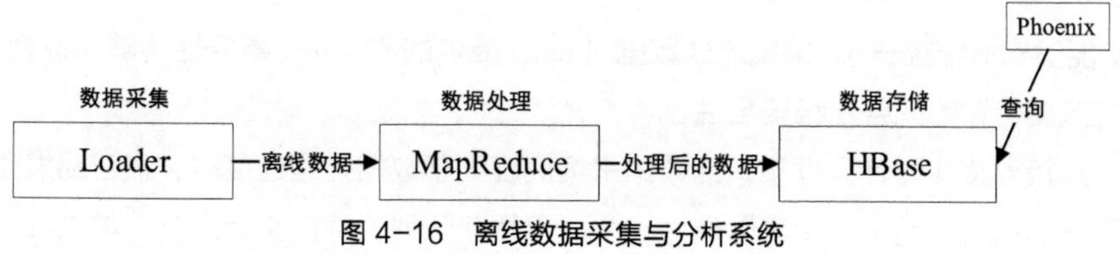

图 4-16 离线数据采集与分析系统

Loader 是基于 Sqoop 开发的用于批量数据迁移的工具，能有效地实现海量数据在文件系统、数据库之间的传输。Loader 提供了作业管理的界面，能够更加有效地管理数据传输任务。

MapReduce 的并行处理特性能支持海量数据离线处理，且具有高容错、可扩展的特点，能够保证任务的安全性、稳定性和容错性。

HBase 是一个用于存储非结构数据的分布式数据库，能够存储海量数据，并且支持实时、随机的查询，满足客户秒级查询的要求。Phoenix 是构建在 HBase 上的一个 SQL 层，能用标准的 JDBC APIs 来创建表、插入数据和对 HBase 数据进行查询，可以作为查询 HBase 数据的工具之一。

2. 在线数据采集与分析系统实例

（1）客户问题

某银行系统当前仅能对告警信息进行实时监控和处理，缺乏对监控 KPI、运行日志的实时处理。银行系统因磁盘空间有限，当前运维数据仅能存放几个月，过期全部删除，因此无法使用历史数据进行故障风险评估、故障预测等运维工作。

银行新增了一些业务需求，要求对现有应用系统进行实时采集和分析，为应用提供秒级的监控能力，包括交易情况、资源消耗情况；并针对故障或者异常情况，提供实时日志搜索能力；还需针对历史日志，通过数据挖掘和分析提供故障预测的能力。

（2）需求分析

银行的目的是设计并实现一个面向流式数据的采集系统。从功能需求分析，系统需要面向数据源提供流式数据的接入服务和解析服务；面向数据订阅者，提供流式数据的订阅服务和分发服务；面向系统的管理和维护人员，提供流式数据采集状态的可视化服务和数据的存储服务。在满足以上基本功能需求的基础上，要考虑分布式环境下，流式数据的实时性、流式数据传输的安全可靠性、系统并发访问的安全性、数据库的负载均衡等。

（3）系统配置

解决银行的流式计算、实时处理问题，需要采用流式处理框架，对日志进行实时采集、分析和展现。根据需求，可采用图 4-17 所示的系统配置。通过 Flume 实时采集数据，使用 Kafka 接收数据并将数据存入主题，再通过 Storm 消费 Kafka 数据进行实时数据分析处理，展现计算的结果。Flume、Kafka 和 Storm 是流式数据采集和实时流式计算的主流工具，在实时流式数据处理方面有非常强大的功能。

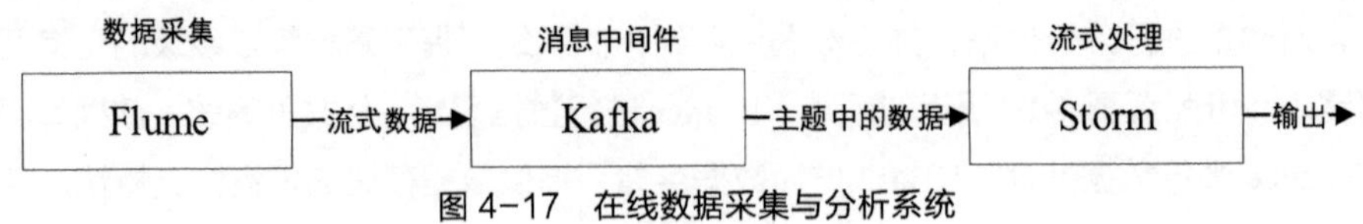

图 4-17　在线数据采集与分析系统

Flume 能够实时监控日志，采集流式数据。Flume 提供的 Channel 事务性能够保证数据不丢失，确保了系统数据传输的完整性和安全性。

Flume 直接对接实时计算框架，当数据采集速度大于数据处理速度时，很容易发生数据堆积或者数据丢失的情况，而 Kafka 可以作为一个消息缓存队列。从广义上理解，将 Kafka 当作一个数据库，存放一段时间的数据。Kafka 属于中间件，一个明显的优势就是使各层解耦，使得一个组件出错不会干扰其他组件。

Storm 可以从 Kafka 主题中订阅数据，并对无界的流式数据进行流式计算，实时检查故障、分析日志。

4.2 数据采集流程优化和系统维护

数据采集与分析系统在创建完成后，在运行过程中需要对采集的数据、处理的数据、处理的过程等进行详细的监控和维护，特别是流式数据的采集系统。因为流式数据采集的数据是源源不断输入的，且流计算的过程是实时计算，所以更加容易出现问题。

4.2.1 数据采集流程优化

数据采集与数据处理的性能问题一直是被关注的重点，尤其是流式数据采集和流计算的性能要求，因此对于数据采集特别是流式数据采集，通常需要进行流程调整从而优化性能。优化的方式除了通过修改程序进行优化外，还可以通过修改任务的配置参数或修改集群的配置参数对运行环境进行调整。

1. Flume 采集流程优化

【微课视频】

Event 在 Agent 中的传输流程如图 4-18 所示，包括 Source（数据源）、Interceptor（拦截器）、Selector（选择器）、Channel（缓冲区）、Sink Processor（Sink 处理器）、Sink（接收器）。因此对于 Flume 数据采集流程的优化，通常从优化这 6 个组成部分入手。

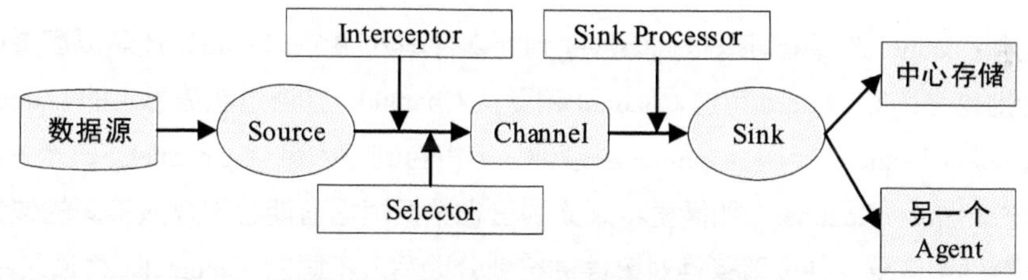

图 4-18 Event 在 Agent 的传输流程

（1）Source 性能优化

Source 的类型多种多样，适当增加 Source 个数可以增强 Source 读取数据的能力。例如，当某一个目录产生的文件过多时，需要将这个文件目录拆分成多个文件目录，同时配置多个 Source 以保证 Source 有足够的能力获取新产生的数据。batchSize 参数决定 Source 一次批量运输到 Channel 的 Event 条数，适当调大这个参数可以提高 Source 搬运 Event 到 Channel 时的性能。

对于 Agent-to-Agent 通信，首选 Flume 内置的 RPC Sink 和 RPC Source 进行数据传输，即在上一个 Agent 中，使用 AvroSink 或者 ThriftSink 等 RPC Sink 存储数据，在下一个 Agent 通过 AvroSource 或 ThriftSource 等 RPC Source 接收数据。因为 RPC Sink 或 RPC Source 是高扩展性的，所以单个 RPC Source 可以接收大量 Sink 或者 RPC 客户端发出的数据。尽管每个 RPC Sink 只能发送数据给一个 RPC Source，但是 Agent 可以配置使用 Sink 组或 Sink 处理器解决这个问题。

（2）Interceptor 性能优化

在一个 Agent 中，可添加任意数量的拦截器用于一个 Source 到一个 Channel 的删除或转换事件，多个拦截器的运行可采用串行方式，最后一个拦截器的结果会写入 Channel。Flume 提供了常用的拦截器类型，并支持自定义拦截器。常用拦截器包括时间戳拦截器、主机拦截器、静态拦截器、正则过滤拦截器等，根据实际需要选择合适的拦截器能够对事件进行有效的处理。但拦截器需要在事件写入 Channel 前成功完成转换操作，只有拦截器对应的 Source 才会响应发生事件的客户端或 Sink，因此重量级、耗时的处理操作不建议在拦截器中完成，其会严重影响数据采集与传输的效率。此时，可通过流式处理框架完成重量级、耗时、复杂的数据处理，如果此类操作需要在拦截器中完成，那么需要相应地调整超时时间属性，以免耗时的计算运行时间超过 Source 与 Channel 的响应时间而报错。

（3）Selector 性能优化

Source 发送的事件通过 Channel 选择器来选择以哪种方式写入 Channel 中，Flume 提供了 3 种 Channel 选择器：复制 Channel 选择器、多路复用 Channel 选择器、自定义 Channel 选择器。

复制 Channel 选择器是将 Source 发送的事件复制到所有 Source 指定的 Channel 中，不同的 Sink 可以从不同的 Channel 中读取相同的事件。例如，同一份日志数据需要写入 Kafka 用于实时计算，还需要在 HDFS 中备份用于校验和校正结果数据，这就需要将一个事件同时写入两个 Channel，然后被不同类型的 Sink 发送到不同的外部存储。关键参数除 type 类型外，还需要 optional 参数，用于定义可选 Channel 列表。

多路复用 Channel 选择器可以根据事件头判断事件写入哪个 Channel，还可以配置 3 种级别的 Channel，分别是必选 Channel、可选 Channel 和默认 Channel，并通过头信息中的 header 值匹配是否符合写入必选 Channel 和可选 Channel 的条件，不符合则写入默认 Channel。一个 Event 不能同时被写入必选和默认 Channel。如需要将采集的日志数据根据日期分别存入不同的位置，则可以将日期加入事件头信息，并设置条件对事件进行划分以写入不同的 Channel，再通过不同的 Sink 将 Channel 的数据写入不同的外部存储。

自定义 Channel 选择器则是根据用户需要，自定义事件写入 Channel 的规则，并根据用户定义的选择器决定事件写入 Channel 的方式。

提前通过 Channel 选择器实现数据的划分可以避免后期再对数据进行重复的处理，从而有效提高数据采集与处理的效率。

（4）Channel 性能优化

对于 Channel 的优化，首先根据业务需要以及不同 Channel 的特点选择合适的 Channel，如 MemoryChannel、FileChannel 等。MemoryChannel 读写速度快但容量小、出现故障时数据易丢失。FileChannel 可持久化缓存大量数据，但是读写速度比 MemoryChannel 慢。除了常用的 MemoryChannel 和 FileChannel，还有其他的 Channel，如 JDBCChannel、KafkaChannel 等，均需根据实际需要选择。然后需对选择的 Channel 进行相关参数的调整，如 MemoryChannel 的参数如表 4-5 所示。

表 4-5 MemoryChannel 参数设置

参数	说明
capacity	Channel 可容纳最大的 Event 条数，默认值为 100
transactionCapacity	决定每次 Source 向 Channel 写入的最大 Event 条数和每次 Sink 从 Channel 读取的最大 Event 条数，默认值为 100
keep-alive	在 Channel 中写入或读取 Event 等待完成的超时时间，默认值为 3 秒
byteCapacity	Channel 占用内存的最大容量，默认值为 Flume 堆内存的 80%，若参数设置为 0，则强制设置 Channel 占用 200GB 内存
byteCapacityBufferPercentage	缓冲空间占 Channel 容量（byteCapacity）的百分比，为 Event 中的头信息保留了空间，默认值为 20%

单个 Channel 通过调整参数可以实现大量事件的缓存和事件的读写操作，如果一个 Channel 无法支撑数据的缓存和读写操作，那么可以考虑通过设置多个 Channel 共同分担事件缓存和读写任务。

（5）Sink Processor 性能优化

Sink 处理器的应用与 Sink 组紧密关联。Sink 组指的是包含任意多个 Sink 的组合，每个 Sink 组会有一个 Sink 运行器，Sink 运行器负责持续向 Sink 组发送请求，其中一个 Sink 向 Sink 对应的 Channel 读取事件。Sink 组通常应用于 RPC Sink，在层之间实现负载均衡和故障转移。负载均衡指的是将事件均衡分布到不同 Sink 组，故障转移指的是将失败 Sink 的任务转移给其他 Sink 组。

Sink 运行器与 Sink 处理器不同，Sink 运行器用于运行 Sink，而 Sink 处理器决定哪个 Sink 可以从自己的 Channel 中拉取数据。当 Sink 运行器要求 Sink 告知要用组中的哪一个 Sink 拉取 Channel 的事件时，帮助完成这个选择过程的就是 Sink 处理器。Flume 自带了两类 Sink 处理器：load-balancingSink 和 failoverSink。

Load-balancingSink 处理器均衡分布事件到一个 Channel 对应的所有 Sink 组，每个 Sink 组选择其中的一个 Sink 拉取 Channel 的事件。Sink 组选择 Sink 的方式有 random 和 round-robin 两种，random 是随机选择一个，round-robin 是循环选择一个。如果 Sink 写入失败或写入速度太慢，那么 Sink 处理器会再选择一个 Sink 写数据，并将失败或速度太慢的 Sink 写入黑名单，设置驻留时间，黑名单中的 Sink 直到驻留时间结束都不再接收数据。若还无法提供服务，则驻留时间将以指数倍增长。

FailoverSink 处理器需要为每个 Sink 组设置优先级，优先级高的先使用，优先级相同的随机使用。当优先级高的 Sink 组故障时，会转移事件到下一个优先级的 Sink 组中。

Sink 组的设置和 Sink 选择器的选择能够有效地消除 Sink 拉取 Channel 数据写入目的地时的单点故障问题。

（6）Sink 性能优化

通常一个线程运行一个 Sink，且大多数 Sink 倾向于 I/O 密集，这可能会造成一种情况：当 Sink 等待 I/O 完成时，Channel 中没有将要移除的事件。在大多数情况下，如果出现个别 Sink 写入数据到存储系统的速度比 Source 写入数据到 Channel 的速度慢很多的情况，那么需要考虑添加多个 Sink，用来写入数据到相同的目的地和从相同的 Channel 读取事件。这对于 HDFS Sink 和 HBase Sink 尤其有用，能用来提升写入数据到 HDFS 和 HBase 的速率。

性能优化所需的 Sink 数量取决于多个因素，包括正在被使用的 Sink、Sink 目的地、网络吞吐量、Channel、Channel 使用的磁盘 I/O 性能等。当增加 Sink 数量以提升性能时，必须确保资源不会因过度使用而结束。

Sink 的类型也比较多，通常会根据需要选择，如 Agent-to-Agent 可以选择 RPC Sink，在下一个 Agent 采用 RPC Source 接收数据，传输性能好。对于其他的 Sink，如 HBase Sink、HDFS Sink 等，可进一步根据不同 Sink 提供的配置参数，结合实际业务需要，调整参数的值。

2. Kafka 性能优化

不同系统对于性能的诉求不同，如对于数据库而言，最重要的性能是请求的响应时间。而对于 Kafka 这样的分布式消息系统、流处理平台而言，性能一般指的是吞吐量和延时两个方面。

【微课视频】

吞吐量（TPS）指的是 Broker（代理）或 Client（客户端）应用程序每秒能处理的字节或消息。

延时指的是从 Producer 发送消息到 Broker 持久化保存消息之间的时间间隔。该概念也用于统计端到端（End-to-End，E2E）的延时，如从 Producer 发送一条消息到 Consumer 消费这条消息的时间间隔。

吞吐量和延时的关系可以通过一个例子说明，如果从 Producer 发送一条消息到 Broker 持久化保存这条信息需要 2 ms（即延时是 2 ms），那么 Producer 的吞吐量就是 500 条/s，吞吐量与延时的关系 TPS=1 ÷ 0.002=500 条/s。

（1）调优吞吐量

提高 Kafka 任务吞吐量的方式有很多种，常见的主要有以下几种。

① 多分区

Kafka 基本的并行单位是分区。Producer 在设计时就被要求能够向多个分区发送消息，这些消息也要能够被写入多个 Broker 供多个 Consumer 同时消费。Kafka 的一个主题可以设置多个分区，主题数据分布存储在多个分区中。理论上分区数越多，并发处理能力越强，系统整体吞吐量越高。但是在实际情况下并不是分区数越多越好，Broker 内部维护了很多分区级别的元数据，过多的分区会占用内存资源；每个分区都会有相应的线程处理该分区的数据读写操作，线程的启动需要占用一部分资源，过多的分区反而会增加系统负担；当 Broker 宕机时，Partition 重新选择 Leader 也会因为分区过多而导致耗时太久。因此，在创建主题时，可以通过增加分区数提高吞吐量，但是分区数量需要根据具体使用场景，经过多次测试后设置，从而提高系统性能。

② 批量发送

批量数据发送也是提高吞吐量的一个方法。KafkaProducer 发送消息时，可以分别通过配置“batch.size”和“timeout.ms”两个配置项设置批量发送消息的数据量和等待发送延迟时间，从而启动批量发送消息功能。KafkaProducer 在等待发送期间会在内存中不断积累消息，当消息达到一定的数量或等待时间到达时，批量将消息发送到 Kafka。例如，Producer 发送一条消息到 Broker 持久化保存需要 2ms（即延时是 2ms），那么 1s 只能发送 500 条信息，吞吐量为 500 条/s，若设置发送延时为 8ms，在 8ms 内将 1 000 条数据缓存到内存中，之后批量写入缓存的数据到 Kafka，即共花费了 10ms（8ms +2ms）写入 1 000 条数据，吞吐量为 1 000 ÷ 0.01=100 000 条/s。可见，批量加入是有效提高吞吐量的一种方式，批量发送策略能够降低 Producer 发送消息的网络 I/O，有效提高 Producer 发送消息的效率。通过增加 4 倍（8 ÷ 2）的延时就可以增加近 200 倍（100 000 ÷ 500）的吞吐量，然而延时的增加也是事实，吞吐量和延时处于一种相互制约的关系。

③ 数据压缩

如果写入 Kafka 的数据量比较庞大，那么网络带宽可能会成为主要制约因素，这时可以考虑采用数据压缩的方式，在 Producer 端对数据进行压缩，压缩虽然会增加 CPU 的开销，但是在网络带宽性能瓶颈的场景下，能够有效提高 Kafka 的吞吐量。目前支持的压缩格式有 Gzip、Snappy 等。

④ Ack 机制

Ack 机制用于设置 Producer 发送消息到 Broker 后是否等待 Broker 返回成功送达的信息。0 表示 Producer 发送消息到 Broker 后不需要等待 Broker 返回成功送达信号，这种方式能有效地提高吞吐量，但是存在数据丢失风险，可通过“retries”配置项配置发送消息失败后的重试次数。1 表示 Broker 接收信息并将信息成功写入分区 Leader 副本的本地 log 文件后，向 Producer 返回成功接收信息，不需要等待所有 Follower 副本全部同步完成，这种方式在数据丢失风险和吞吐量间做了平衡。all（或者-1）表示 Broker 接收信息并将信息成功写入分区 Leader 副本和 Follower 副本的本地 log 文件后，再向 Producer 返回成功接收的信息，这种方式最安全，性能却最差。

（2）调优延时

Kafka 吞吐量和延时存在着一种制约关系，降低延时可能会在一定程度上影响吞吐量。降低延时的方式主要有以下几种。

① 限制分区数

分区数越多，Broker 就需要更多的时间实现 Follower 和 Leader 的数据同步。在同步完成前，Ack 设置为 all 的 Producer 不会认为请求已完成，Consumer 也获取不到数据，同时影响了两端的延时性。要降低延时，办法有 3 种：不要创建分区数过多的 Topic，增加 Broker 分散分区数，调整参数提高 Broker 的 I/O 并行度。

② 不使用数据压缩

数据压缩是一种以时间换空间的方式，如果需要降低延时，那么不推荐使用数据压缩，但是需增加网络带宽。

③ 不缓存数据

将 Producer 端 linger.ms 参数设置为 0，表示不在缓存区缓存数据，接收的数据不缓存直接发送到 Broker，能够有效降低延时。

④ Ack 设置为 0 或 1

Ack 默认值 1 是一个相对安全的设置，如果能够容忍数据丢失的情况发生，那么可将值设置为 0，可有效提高吞吐量和降低延时。

提高吞吐量和降低延时在很多情况下并不能兼顾，因此在调优方面，需要明确调优的目标，优先考虑最需要提升的性能，对相关配置进行调整。

3. Spark Streaming 性能优化

在流式计算方面，性能优化要求更高。为了适合不同的场景和不同的应用，Spark Streaming 为用户提供了很多可配置项来最大化地满足用户自定义平台的需求。这些配置项都被赋予默认值，但是默认值不一定能使系统的性能达到最优，需要根据机器的性能、任务数据量等调节 Spark Streaming 的参数。

（1）合理的批处理时间间隔

Spark Streaming 创建流式数据处理任务时，需要设置一个批处理的时间间隔，每隔设置的时间间隔就会提交一个 Job。在 Spark Streaming 中，Job 之间可能存在依赖关系，后面的 Job 必须确保前面的 Job 执行结束后才能提交。若前面 Job 的执行时间超过了批处理时间间隔，则后面的 Job 就无法按时提交，这样就会进一步拖延接下来的 Job，造成后续 Job 的堵塞。因此，需要设置合理的批处理时间间隔确保作业在批处理时间间隔内结束。时间间隔的大小需要视情况而定，如果本身定义的时间间隔比较大，那么就不存在任务运行不完的情况，从而无须调整该项，否则需要通过多次调整并测试从而找到一个合适的时间间隔。

（2）增加并行化，充分使用资源

并行化是大数据处理技术的核心，如何最大化地应用好并行化，是提升任务运行效率的关键。首先，要增加 Job 的并行度，不能使部分节点处于运行状态，而剩下的节点闲置。其次，可以从接收端增加并行度。如果 Spark 与外部系统通信，如 Kafka，那么可以使用 Kafka 缓冲来优化 Spark Streaming 到 Kafka 的写入，达到负载均衡和及时处理数据的目的。通过多个任务共享一个生产者，可以显著减少由 Kafka 集群建立的新 TCP 连接数。

（3）减轻数据序列化、反序列化的负担

Spark Streaming 默认使用 Java 内置序列化，将接收的数据序列化后存储，以减少内存使用，但是序列化与反序列化需要更多的 CPU 时间，导致性能不佳。可以使用 Kryo 序列化类和自定义序列化接口更加高效地使用 CPU。

（4）及时清除过期数据

Spark Streaming 会将接收的数据全部存储到内部可用的内存区域中。随着时间推移，有些数据已经不需要了，但是仍然存储在内存中占用内存资源。此时，可以通过设置数据清除时间及时清理超时的无用数据，但是这个参数的设置需要小心，以免删除有效数据。

4. Storm 性能优化

Storm 的优化通常是对 Storm Topology 的性能优化。整体来说，可通过 4 个步骤进行优化：（1）硬件配置的优化；（2）代码层面的优化；（3）Topology 并行度的优化；（4）Storm 集群配置参数和 Topology 运行参数的优化。第（1）步需要增加机器的硬件资源，提高机器的硬件配置等。第（2）步依赖用户的编程能力。所以通常对 Topology 的优化是通过增加并行性来实现性能提升，但同

【微课视频】

时要认识到工作者进程（Worker）和核心数量的协调，以避免盲目增加并行度造成所有进程和线程都在竞争中死亡的后果。

Topolopy 并行度的设置可以从 3 个方面入手：一个 Topolopy 指定多少个 Worker 进程并行运行、一个 Worker 进程指定多少个 Executor 线程并行运行、一个 Executor 线程指定多少个 Task 并行运行。

（1）配置工作进程数

每个工作进程都会为它内部的线程执行一定数量的任务，因此这个参数应该结合 Topology 中每个组件的并行度来使用，以便调整 Topology 的性能。此外，还需要配置 TOPOLOGY_WORKERS 选项，本操作可以通过调用 Storm 提供的 API 完成。

（2）配置 Executor 数

Executor 数描述每个 component 启动 Executor 的数量，每个 component 的 Executor 都需要单独配置。Executor 数可通过 TopologyBuilder 类的 setSpout 和 setBolt 接口设置。

（3）配置任务数

任务数描述了每个 component 创建的任务的数量，每个 component 启动的任务数量都需要单独配置。一个 Executor 会为相同的 component 运行一个或多个任务。在 Topology 的生命周期里，component 的任务数总是相同的，但是 component 的 Executor 数量是可以修改的。这允许 Topology 调整使用更多或者更少的资源，而不用重新部署 Topology 或者违反 Storm 的约束。任务数可以通过 ComponentConfigurationDeclarer 接口的 setNumTasks 进行设置。

Storm 集群配置参数和 Topology 运行参数的优化需要根据实际的任务运行情况进行调优，如以下参数的优化。

（1）topology.max.spout.pending

topology.max.spout.pending 用于设置同时活跃的 batch 数量。一般 Spout 的发射速度会快于下游的 Bolt 的消费速度，当下游的 Bolt 存在超过 topology.max.spout.pending 个 Tuple 没有消费完时，Spout 会停下来等待；当 Tuple 的个数少于 topology.max.spout.pending 时，Spout 会继续从消息源读取消息。该配置作用于 Spout 的每个 Task，因此这个参数需要进行合理设置。

（2）topology.message.timeout.secs

topology.message.timeout.secs 设置 Spout 发送消息的最大处理超时时间。Spout 发送消息之后，若在设置的超时时间内未收到确认，则 Storm 将消息处理视为失败。此参数的设置需要考虑数据的及时性和数据的失败率的优先级。若及时性高，则可以适当缩短元组的超时时间，数据的失败率可能会高些。若需要降低失败率，则可以适当延长元组的超时时间。

5. Flink 性能优化

Flink 是一个功能强大的流式数据处理组件，在性能优化上，可以从 Backpressure（反压）、Checkpoint（检查点）入手。

（1）Backpressure 优化

反压在流式系统中是一种非常重要的机制，主要作用是当系统中下游算子的处理速度下降，导致数据处理速率低于数据接入速率时，通过反向背压的方式使数据接入的速率下降，从而避免大量数据积压在 Flink 系统中，最后导致系统无法正常运行。Flink 具有天然的反压机制，不需要通过额外配置就能够完成反压处理。针对反压的优化，可以调整以下参数。

① web.backpresssure.cleanup-interval：当启动反压数据采集后，需要等待页面并获取反压数据的时间长度，默认为 60s。

② web.backpresssure.delay-between-samples：从 StackTrace 抽样到确认反压状态之间的时延，默认为 50ms。

③ web.backpresssure.num-samples：设定 StackTrace 抽样数以确定反压状态，默认为 100。

（2）Checkpointing 优化

Flink 基于异步轻量级的分布式快照技术提供了 Checkpoints 容错机制，分布式快照可以将统一时间点的 Task/Operator 的状态数据全局统一快照处理。Checkpointing 通过程序快照的方式将历史某些时刻的状态保存下来，当任务失败后，默认从最近一次保存的完整快照处恢复任务。Flink 会在输入的数据集上间隔性地生成 Checkpointbarrier，通过栅栏（barrier）将间隔时间段内的数据划分到相应的 Checkpoint 中。当程序出现异常时，Operator 能够从上一次快照恢复所有算子之前的状态，从而保证数据的唯一性。如在 KafkaConsumer 算子中维护 offerset 状态，当系统出现问题无法从 Kafka 读取数据时，可以将 offset 记录在状态中，当任务重新恢复时就能够从指定的偏移量开始消费数据。

Checkpointing 的优化可以从以下几个方面入手。

① 最小时间间隔

当 Flink 开启 Checkpointing 功能并设置时间间隔，应用会根据指定的时间间隔周期性地对应用进行 Checkpointing 操作。默认情况下 Checkpointing 是同步进行的，即如果上一个 Checkpointing 没有完成，那么下一个 Checkpointing 不会启动。在这种情况下，若上一个 Checkpointing 的过程持续时间超过设置的时间间隔，则会出现排队情况；若排队 Checkpointing 比较多，则会占用系统资源，导致用于任务的资源减少，影响整个任务的执行效率。

因此，需要根据 Checkpointing 的运行状态适当调整 Checkpointing 的时间间隔，如果状态数据过大，调整时间间隔无法解决该问题，那么可以考虑采用增量 Checkpointing 的方法等。

② 状态容量预估

对于已经在运行的 Checkpointing，应对整个任务需要的状态数据量进行预估，调整 Checkpointing 策略。

③ 异步 Snapshot

Checkpointing 操作在默认情况下是同步执行的，如果条件允许，可采用异步 Snapshot，能够大幅度提升 Checkpointing 的性能。

④ 状态数据压缩

Flink 支持通过压缩算法（如 Snappy）压缩状态数据，减少数据存储占用的资源。

通过以上各个采集系统组件本身的调优，在很大程度上可以优化整个采集系统数据采集与处理的性能。在确定的数据采集系统中，还可以进一步根据使用的组件之间的关联关系以及组件之间提供的特有的优化方法进行进一步的优化。如 Kafka 与 Storm 结合使用时，Storm 有一个 Kafka 专用的 Spout，所以将 Kafka 作为 Storm 的输入源编程更简单，连接更直接快速。

4.2.2 数据采集系统维护

数据采集系统可以从数据的质量、采集与处理流程的稳定性、采集与处理的性能等多个方面进行维护。

1. 数据质量

数据质量的好坏要求从 4 点判断：①将没用的数据彻底清洗、删除掉；②确保只有真正有用的数据才能全部进入数据仓库；③尽可能减少冗余数据；④确保新的业务数据能够源源不断地及时进入数据仓库。

2. 增量数据维护

增量数据维护是数据采集系统设计的难点。增量数据抽取有多种方式，究竟应该选用哪一种方式，需要根据具体的应用情况而定。无论采取哪一种增量抽取方式，都需要重点考虑新增的业务数据能否及时、全面地进入数据仓库。

3. 完整性约束

由于各个业务数据源系统之间的完整性约束不一致，若两个数据源系统有相同的业务内容，但是两个数据源系统可能存在不同的主外键约束，则数据抽取到数据仓库后，若要求统一数据间的完整性约束，可能需要重新定义数据的完整性约束。

4. 性能

性能上主要考虑系统运行效率、安全性、稳定性、健壮性等方面，要求采用多线程并发机制等先进的技术来改善性能。

5. 数据采集资源占用率

基于流式处理的数据采集系统，除了要保证基本的功能正常使用之外，还要具有良好的性能。因此，对采集系统的采集信息，需要检测高并发情况下的 CPU 处理性能。

小结

本章简单介绍了数据采集与处理系统的概念以及数据采集与处理的技术，重点介绍了大数据采集与处理系统常用的组件 Flume、Loader、Kafka、MapReduce、Spark、Storm 和 Flink。此外，介绍了数据采集与处理系统的基本架构，如何根据业务场景选择组件完成数据采集与处理系统配置，并从数据维护和流程优化两个方面，分析了提高数据采集与处理系统整体安全性、稳定性和效率的指导方法。

习题

（1）下面不属于 MapReduce 特点的是（　　）。

A. 可扩展　　B. 低延时　　C. 高容错　　D. 易编程

（2）以下技术不适合流式数据采集或处理的是（　　）。

A. MapReduce　　B. Flume　　C. Storm　　D. Spark

（3）提高 Kafka 吞吐量的方式不包括（　　）。

A. 多分区　　B. 缓存数据　　C. 批量发送　　D. 数据压缩

（4）以下说法正确的是（　　）。

A. Flume Channel 采用 MemoryChannel，进程或者节点重启数据不会丢失

B. Storm 和 Flink 都支持有状态计算

C. Kafka 生产数据的速率和消费数据的速率要保持一致

D. Flume Source 采集数据的速率和 Sink 存储数据的速率要保持一致

（5）关于数据采集系统，以下说法错误的是（　　）。

A. 数据采集系统一般包括数据生产、数据采集、数据处理、数据存储

B. 数据采集可分为线上数据采集和线下数据采集

C. 增量数据可根据时间戳进行采集

D. 线上采集比线下采集出错率更高

第 5 章 数据存储

“二十大”报告提出“加快发展数字经济，促进数字经济和实体经济深度融合，打造具有国际竞争力的数字产业集群；优化基础设施布局、结构、功能和系统集成，构建现代化基础设施体系”，智能计算平台拥有海量数据，因而数据存储管理成为智能计算平台中数据管理的关键。数据存储管理可以使智能计算平台中的存储系统和设备变得更优化、更安全，以便于后期数据的使用。本章将介绍大数据存储管理的维护与管理、存储系统的优化策略、数据库的监控与运维相关知识。

【学习目标】

① 了解存储系统的维护和管理。
② 了解存储系统优化的基本策略。
③ 熟悉数据库日常监控工具。
④ 掌握数据库的日常运维。

【素质目标】

① 培养学生灵活应变能力。
② 培养学生解决问题的能力。
③ 培养学生的网络安全意识。

5.1 大数据存储管理

数据存储是对采集到的数据进行传输和存储。随着数据量的指数级增长，传统的数据存储方式已经很难满足大数据存储的需求，因此需要采用新技术来实现大数据的存储、维护、管理以及优化。

5.1.1 存储系统维护和管理

数据通常采用文件系统或数据库进行存储。在大数据存储方面也有相应的分布式文件系统和分布式数据库，目前常见的分布式文件系统是 HDFS，常见的分布式数据库有 Hive 和 HBase。

1. HDFS

（1）HDFS 的应用

【微课视频】

HDFS 是为高数据吞吐量应用优化的，这样就会造成高时间延时，所以 HDFS 不适合低时间延时（如几十毫秒）数据访问的应用。目前 HDFS 文件只有一个

writer，而且写操作总是写在文件的末尾，造成 HDFS 不适合多用户写入和任意修改文件。

NameNode 启动时会将文件系统的元数据加载到内存，因此文件系统所能存储的文件总数受限于 NameNode 内存容量。假设每个文件、目录和数据块的存储信息大约占 150 字节，如果有一百万个文件，且每个文件占一个数据块，那么至少需要 300MB 的内存空间。如果存储十亿个文件，那么需要的内存空间将是非常大的，所以 HDFS 不适合大量小文件存储。

HDFS 适合具有以下需求的应用。

① 高容错性。

② 高吞吐量，为大量数据访问的应用提供高吞吐量支持。

③ 大文件存储，支持存储 TB、PB 级别的数据。

④ 需要很好的可扩展能力。

HDFS 是 Hadoop 技术框架中的分布式文件系统，对部署在多台独立物理机器上的文件进行管理。在现实生活中，HDFS 可用于多种场景，如网站用户行为数据存储、生态系统数据存储和气象数据存储等。

（2）HDFS 系统架构

HDFS 的文件访问机制为流式访问机制，即通过 API 打开文件的某个数据块之后，可以顺序读取或将数据写入某个文件。由于 HDFS 中存在多个角色，且对应的应用场景主要为一次写入、多次读取，所以其读和写的方式有较大不同。

① HDFS 数据写入

HDFS 数据写入流程如图 5-1 所示，业务应用调用 HDFS Client 提供的 API，请求写入文件。HDFS Client 联系 NameNode，NameNode 在元数据中创建文件节点。业务应用调用 write API 写入文件。HDFS Client 收到业务数据，且从 NameNode 中获取到数据块编号、位置信息后，联系 DataNode，并为需要写入数据的 DataNodes 建立起流水线。完成后，客户端再通过自有协议将数据写入 DataNode1，再由 DataNode1 复制到 DataNode2、DataNode3。写完的数据，将返回确认信息给 HDFS Client。所有数据确认完成后，业务应用调用 HDFS Client 关闭文件。业务应用调用 close flush 后，HDFS Client 联系 NameNode，确认数据写入完成，NameNode 持久化元数据。

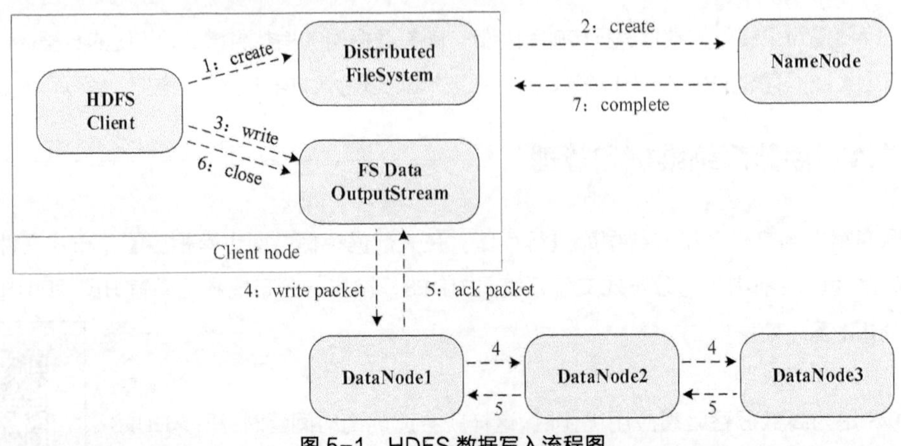

图 5-1　HDFS 数据写入流程图

② HDFS 数据读取

HDFS 数据读取流程如图 5-2 所示，业务应用调用 HDFS Client 提供的 API 打开文件。HDFS Client 联系 NameNode，获取文件信息（数据块、DataNode 位置信息）。业务应用调用 read API 读取文件。HDFS Client 根据从 NameNode 获取到的信息，联系 DataNode，获取相应的数据块（Client 采用就近原则读取数据）。HDFS Client 会与多个 DataNode 通信获取数据块。数据读取完成后，业务调用 close 关闭连接。

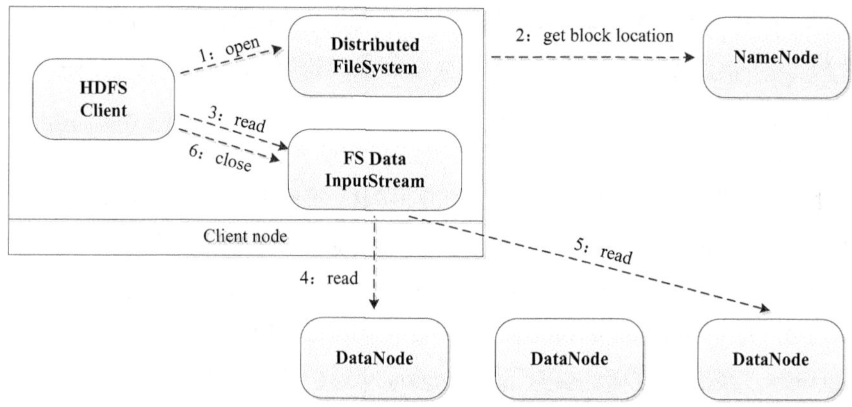

图 5-2　HDFS 数据读取流程图

（3）HDFS 实际应用

HDFS 在华为 FusionInsight 产品中的应用如图 5-3 所示，HDFS 作为 Hadoop 的底层文件存储系统，为 FusionInsight 提供了一个分布式、高容错、可先行扩展的文件系统。HDFS 对外仅呈现一个统一的文件系统，并支持回收站机制和副本数的动态设置。数据以数据块为单位，存储在操作系统的 HDFS 文件系统上，可通过 JAVA API、HTTP 方式和 SHELL 方式访问 HDFS 数据。

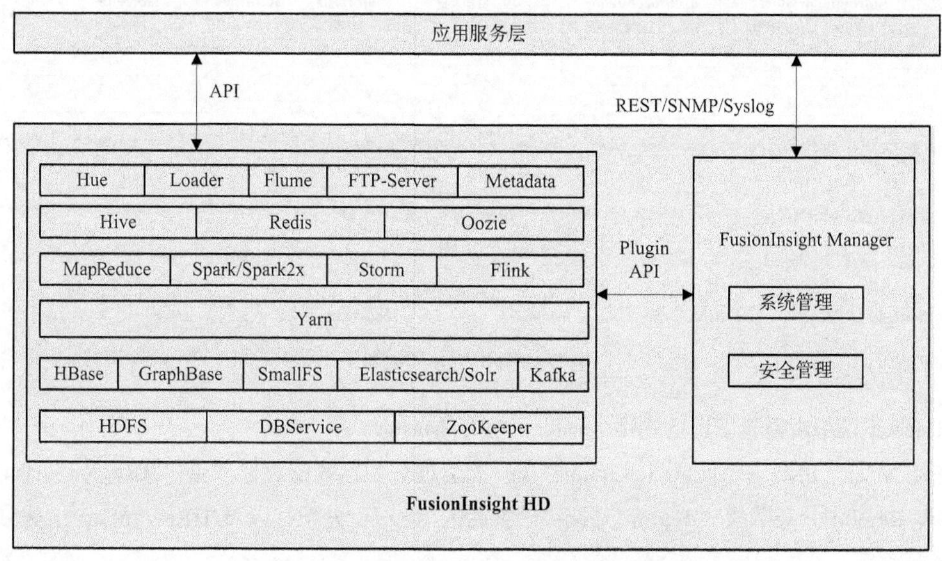

图 5-3　HDFS 在 FusionInsight 产品中的应用

HDFS 架构的设计关键在于 HA 高可靠性、元数据持久化机制、联邦存储机制、数据副本机制、数据存储策略、多方式访问机制、空间回收机制、NameNode 与 DataNode 的主从模式、统一的问价系统命名空间、健壮机制等。

2. HBase

（1）简介

【微课视频】

HBase 是一个高可靠性、高性能、面向列、可伸缩的分布式存储系统，提供海量数据存储功能，用来突破关系型数据库在处理海量数据时的局限性。HBase 适合存储大表数据（表的规模可以达到数十亿行以及数百万列），且对大表数据的读写访问可以达到实时级别。

HBase 将 Hadoop 的分布式文件系统 HDFS 作为文件存储系统，提供实时读写的分布式数据库系统，同时将 Zookeeper 作为协同服务。

（2）架构介绍

HBase 的架构如图 5-4 所示，Zookeeper 为 HBase 集群中各进程提供分布式协作服务。各 HRegionServer 将自己的信息注册到 Zookeeper 中，主用 Master 据此感知各个 HRegionServer 的健康状态。Client 使用 HBase 的 RPC 机制与 HMaster、HRegionServer 进行通信。Client 与 HMaster 进行管理类通信，并与 HRegionServer 进行数据操作类通信。HRegionServer 负责提供表数据读写等服务，是 HBase 的数据处理和计算单元。HRegionServer 一般与 HDFS 集群的 DataNode 部署在一起，实现数据的存储功能。

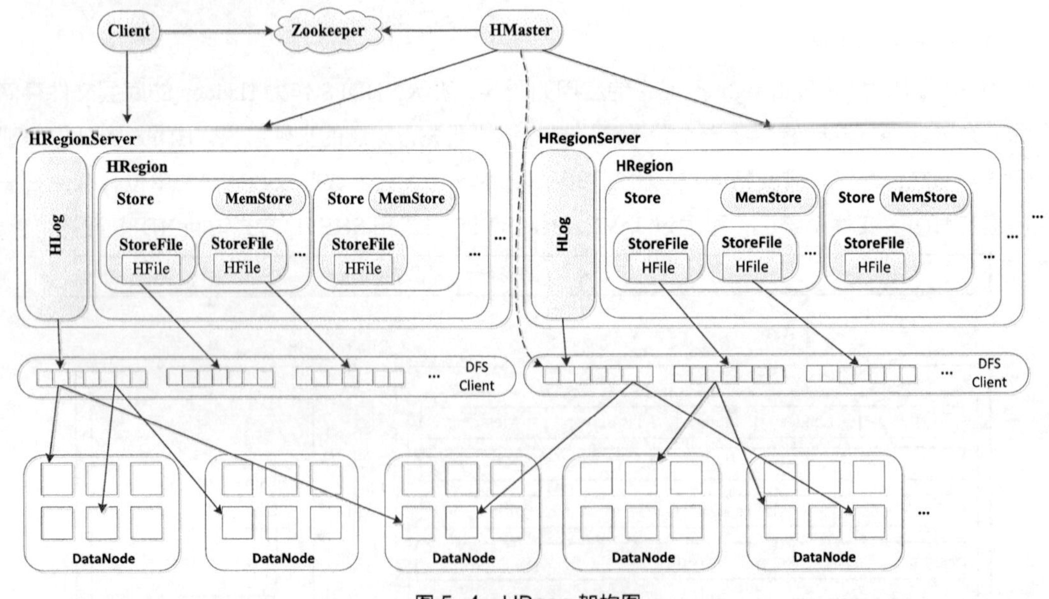

图 5-4　HBase 架构图

HMaster 在 HA 模式下包括主用 Master 和备用 Master。

主用 Master 负责 HBase 中 HRegionServer 的管理，包括表的增删改查、HRegionServer 的负载均衡、Region 分布调整、Region 分裂和分裂后的 Region 分配，以及 HRegionServer 失效后的 Region 迁移等。

当主用 Master 故障时，备用 Master 将取代主用 Master 对外提供服务。故障恢复后，原主用

Master 降为备用 Master。

（3）应用场景

HBase 适合具有以下需求的应用。

① 存在海量数据（TB、PB 级），需要高吞吐量。

② 不需要完全拥有传统关系型数据库所具备的 ACID 特性。

③ 需要在海量数据中实现高效的随机读取。

④ 需要很好的性能伸缩能力。

⑤ 能够同时处理结构化和非结构化的数据。

（4）HBase 华为增强特性

如图 5-3 所示，在 FusionInsight 产品中的 HBase 与 HDFS、Zookeeper 等组件均为 Hadoop 生态系统的基础组件，HBase 提供海量数据存储功能，Hive、Spark 等组件也有基于 HBase 做上层分析的应用实践。在 Hadoop 生态系统中，无论是 HDFS，还是 HBase，在面对海量文件存储时，在某些场景下会存在一些很难解决的问题。如果将海量小文件直接保存在 HDFS 中，会给 NameNode 带来极大的压力。由于 HBase 接口以及内部机制的原因，一些较大的文件也不适合直接保存到 HBase 中。

HBase 文件存储模块（HBase Filestream，HFS）是 HBase 的独立模块，它作为对 HBase 与 HDFS 接口的封装，应用在 FusionInsight HDS 的上层应用，为上层应用提供文件的存储、读取、删除等功能。HFS 的出现解决了需要在 HDFS 中存储海量小文件，同时也要存储一些大文件的混合情形。简而言之，就是在 HBase 表中，存放大量的小文件（10MB 以下）的同时，又存放一些比较大的文件（10MB 以上）。

3. Hive

（1）简介

Hive 是基于 Hadoop 的数据仓库软件，可以查询和管理 PB 级别的分布式数据。

Hive 具有以下特性。

① 可直接访问 HDFS 文件和 HBase，支持 MapReduce、Tez 和 Spark 等多种计算引擎。

② 通过 HQL 语言完成数据提取、转换和加载（ETL），以及完成海量结构化数据分析。

③ 灵活的数据存储格式，支持 JSON、CSV、TEXTFILE、RCFILE、ORCFILE 和 SEQUENCEFILE 等存储格式，并支持自定义扩展。

④ 多种客户端连接方式，支持 JDBC 接口。

（2）与传统数据仓库对比

Hive 作为一种数据仓库处理工具，与传统的数据仓库在存储和执行引擎等方面存在一定的差异，具体对比如表 5-1 所示。

表 5-1 Hive 与传统数据仓库的对比

	Hive	传统数据仓库
存储	HDFS，理论上有无限拓展的可能	集群存储，存在容量上限，而且伴随容量的增长，计算速度急剧下降，只适应于数据量比较小的商业应用，对于超大规模数据无能为力

续表

	Hive	传统数据仓库
执行引擎	有 MapReduce/Tez/Spark 多种引擎可供选择	可以选择更加高效的算法来执行查询，也可以进行更多的优化来提高速度
使用方式	HQL（类似 SQL）	SQL
灵活性	元数据存储位于数据存储之外，从而解耦合元数据和数据	低，数据用途单一
分析速度	计算依赖于集群规模，易拓展，在大数据量情况下，远远快于普通数据仓库	在数据容量较小时非常快速，数据量较大时，急剧下降
索引	低效，目前还不完善	高效
易用性	需要自行开发应用模型，灵活性较高，但是易用性较低	集成一整套成熟的报表解决方案，可以较为方便地进行数据的分析
可靠性	数据存储在 HDFS 中，可靠性高，容错性高	可靠性较低，一次性查询失败需要重新开始。数据容错依赖于硬件 RAID
依赖环境	依赖硬件较低，可适应普通机器	依赖于高性能的商业服务器
价格	开源产品	商用比较昂贵

（3）应用场景

Hive 的构建基于静态批处理的 Hadoop，Hadoop 通常有较高的延迟，并且在作业提交和调度时需要大量的开销。Hive 不能在大规模数据集上实现低延迟快速的查询，也不提供实时的查询和基于行级的数据更新操作。

Hive 查询操作过程严格遵守 Hadoop MapReduce 的作业执行模型，Hive 将用户的 HQL 语句通过解释器转换为 MapReduce 作业并提交到 Hadoop 集群上，Hadoop 监控作业执行过程，然后返回作业执行结果给用户。

基于 Hive 的自身特点，Hive 在实际中主要应用于海量数据的离线分析（如日志分析、集群状态分析）、大规模的数据挖掘（用户行为分析、兴趣分区、区域展示）和大量数据的汇总（每天/每周用户点击数、流量统计）等场景。

（4）Hive 实际应用

Hive 是一种底层封装了 Hadoop 的数据仓库处理工具，使用类 SQL 的 HQL 语言实现数据查询功能，所有 Hive 的数据都存储在 Hadoop 兼容的 HDFS 中。

Hive 在 FusionInsight 产品中的应用如图 5-3 所示，FusionInsight HD 中 Hive 组件在社区版本 Hive 的基础上，加入了众多企业级定制化特性，如 Colocation 建表、列加密和语法增强等特性。相比于社区版本，FusionInsight HD Hive 整个产品在高可靠、高容错、可扩展性和性能等方面有巨大提升。

为保证 Hive 服务的高可用性、用户数据的安全性及访问服务的可控制性，在开源社区的 Hive 1.1.0 版本基础上，FusionInsight HD Hive 新增基于 Kerberos 技术的安全认证机制、数据文件加密机制和完善的权限管理特性。

Hive 分为 HiveServer、MetaStore 和 WebHCat 这 3 个角色。HiveServer 将用户提交的 HQL 语

句进行编译，解析成对应的 Yarn 任务、Spark 任务或 HDFS 操作，从而完成数据的提取、转换和分析；MetaStore 提供元数据服务；WebHCat 对外提供基于 HTTPS 协议的元数据访问、DDL 查询等服务。

5.1.2 存储系统优化

大数据存储为了实现对海量数据的存储和处理、保证数据存储的安全性和数据处理的稳定性，在大数据技术设计上通常实现了副本存储、分散存储、负载均衡等特性。

【微课视频】

1. 负载均衡

（1）负载均衡技术概述

负载均衡是分布式系统中的一个优化组合问题，是一个 NP-C 问题。在分布式系统中，每个节点通过任务分配与再分配实现系统整体的负载均衡，以便提高系统的整体性能，并在不影响系统正常运行的情况下，减少任务并行执行时间。因此，要提高分布式系统的资源使用率，使系统整体性能达到最高，必须通过高效的资源调度、任务分配与迁移策略来实现集群中各节点的负载均衡。

影响系统负载均衡的因素主要有 3 个，分别是网络拓扑结构、负载均衡的粒度和负载均衡算法，其中负载均衡算法是核心要素。负载均衡算法的设计目标是将任务合理地分配到分布式系统集群中的各个节点上，使分配到各节点的任务数尽可能均衡，从而使系统整体达到一种平衡状态。因此，负载均衡算法是决定一个分布式系统性能高低的关键因素。

（2）负载均衡技术的分类

负载均衡技术能够将系统负载均衡地分配到各个节点，消除或避免负载不均的问题，使分布式文件系统的性能达到最高。负载均衡技术可笼统地分为两类：静态负载均衡和动态负载均衡。

① 静态负载均衡

静态负载均衡根据已知的信息进行任务分配，不考虑当前分布式系统的负载状况，因此静态负载均衡又称为状态无关均衡。静态负载均衡的目标是完成任务集的分配调度，使各节点上所有任务尽可能在最短的时间内完成。

对于静态负载均衡算法，在分布式系统开始运行前就确定了任务分配策略。收到任务请求之后，系统会按照制订好的策略进行任务分配，任务分配与当前系统的整体状态信息无关，即任务内容、任务的开始执行时间和集群的实时状态不会影响任务的分配，因此任务的分配具有很大的不确定性。例如，任务的到达时间是不确定的，分布式系统会很被动。当任务过多时，由于分布式系统的任务分配策略是既定的，无法改变，因此会导致某些节点的任务数过多，任务等待时间长，而在另外一些节点上却没有任务执行。

综上所述，静态负载均衡算法的优点是实现逻辑简单，开销小，可以快速地将任务请求分配到各存储节点；缺点是它不关注存储节点的实时负载与系统状态的动态变化，决策具有盲目性，准确度低，会造成任务分配不均，系统负载均衡的效果受限。

② 动态负载均衡

动态负载均衡与静态负载均衡相比，在灵活性和针对性方面具有优势。在动态负载均衡算法中，分布式系统会实时收集集群中各服务器的运行状态信息，获知各服务器的负载状况，从而动态地、更加合理地分配任务，因此动态负载均衡具有更高的应用价值。

各存储服务器节点反馈负载信息的准确性和实时性是动态负载均衡算法有效执行的重要保证。动态负载均衡算法尽可能保证新任务被分配给评价值最高的服务器，从而使任务被快速执行，缩短系统响应时间，提高系统整体吞吐量。评价值由评价指标通过一定的方式计算得出，而评价指标的选取需要根据应用场景的不同进行针对性的分析。例如，选择服务器的可用连接数作为评价指标，此时可用连接数较多的服务器相对于可用连接数较少的服务器会优先被分配任务，那么可用连接数最多的服务器的评价值最高，新任务就会被分配至该服务器。

由于动态负载均衡策略需要及时获取各服务器的负载状态信息，所以会导致增加系统额外的开销。如果合理地控制额外开销，那么可以换来更高的系统性能，因此在实际应用中，动态负载均衡具有很高的使用价值。

2. 数据存储的安全性

（1）数据存储面临的问题

在大规模的分布式存储系统中，不可避免地会出现网络中断、掉电、服务器宕机、硬盘故障等常见的异常问题。存储算法的设计是否能够应付设备或存储集群变化，对系统性能和存储效率的影响非常大。在大规模的系统中，由于存储节点的急剧增加，节点故障将成为常态而不是例外，而且在任何时间点上都存在发生多个对象存储服务节点不可用的可能性。因此分布式存储系统必须采取有效措施确保存储数据的安全性，从而保障整体系统的可用性，同时，在分布式存储系统中，经常会出现很多并发用户在混合读取数据的同时，也有多个用户在写入数据的状况，这要求系统必须能够及时地同步数据，并确保数据被安全地写入磁盘和采取必要的冗余备份，以保证在遭遇电源故障或其他异常故障时，数据不会发生意外丢失。

（2）存储策略

众所周知，在存储系统中提高数据安全性的一个重要方法就是对数据进行冗余备份存储。常用的冗余备份机制有完整文件副本、文件分块副本和独立冗余磁盘阵列等。其中完整文件副本对重要的存储文件进行副本复制，将它们分散存储到不同的数据节点上，用户只要能够访问其中某个节点，就能访问该数据，数据可靠性较高。文件分块副本是先对存储文件对象进行分块操作，然后对分块的文件进行冗余备份，这种方式更节约存储空间，但是在单一时刻不允许任意多个节点同时失效，数据可靠性较低。独立冗余磁盘阵列将多块独立的物理硬盘按不同的方式组合起来形成逻辑硬盘，从而提供更强的数据备份能力和更好的存储性能，该技术主要通过数据分割和多通道技术提高 I/O 吞吐率，通过保存冗余数据和校验信息来实现数据的高可靠性存储。当系统规模较大时，逻辑磁盘中的多个磁盘出现错误的概率较大，并且该技术不能在规模较大的系统中提供很好的健壮性。

为保证数据可靠性，采用数据安全性较高的完全副本冗余存储策略，可有效解决数据存储的安全性问题。基于数据复制冗余技术的完全副本冗余存储策略，其基本思想是为数据对象创建多个相同的副本，并将得到的多个数据副本分散存储在不同的数据节点上。当部分数据节点失效后，可以通过访问其他有效节点上的数据副本来获取原数据。该技术的主要研究内容是数据组织结构和数据复制策略，数据组织结构研究用户数据分块和数据分块冗余副本在不同存储节点中的存储管理方式；而用户数据分块的复制策略，则主要研究冗余副本在不同存储节点中的存储数量、数据副本的创建时机和存放位置等问题。

3. 数据组织结构及复制策略

（1）数据组织结构

目前主流的数据组织结构包括 P2P 数据组织结构和元数据服务器数据组织结构两种，其中 P2P 数据组织结构中的所有数据存储是平等的，不存在严格的服务端和客户端区别。存储数据时，按照分布式哈希表的方式将数据分散存储到不同的数据存储节点中。当用户访问系统时，通过通道方式计算哈希值，即可得到数据存放位置。在目前的云计算环境中，采用 P2P 数据组织构结构管理数据的分布式存储系统有 Facebook 的 Cassandra 和 Amazon 公司的 Dynamo。

元数据服务器数据组织结构通常采用统一的数据管理服务器机制，用于存储用户数据分块和冗余存储副本的元数据信息。其中元数据信息通常包括版本信息、副本的位置、副本与数据之间的映射关系和系统的状态、属性等信息。系统通常将元数据信息存储到多个服务器上，以便可靠地支持对数据的集中式管理。当用户访问系统时，首先通过元数据服务器（Meta Data Service，MDS）获取数据的存储位置、版本信息，然后从相应位置读取数据块或将数据写入相应的位置。在云计算环境下，基于元数据服务器的数据组织结构也有大量的应用，如 GFS、开源的 HDFS 和 Ceph。

由于元数据服务器数据组织结构要求所有对系统的访问都要通过元数据服务器，当大量用户同时访问系统时，MDS 容易成为性能瓶颈，而且存在 MDS 失效的风险。

（2）复制策略

数据复制策略的主要研究内容是数据的副本数和放置策略。复制策略的选择与网络状况、存储空间及应用需求等因素有非常紧密的关系，并且策略算法对于数据访问效率、容错性及存储空间使用率至关重要。根据复制策略的副本数类型，可以将复制策略分为静态复制和动态复制。

静态复制是指在存储数据时就制订副本的数目，如在 GFS 和 HDFS 中，都是由配置参数确定数据需要存储的副本数。由于静态复制策略非常简单，其最大的缺点是不能够自动适应环境，不能根据网络状态的变化情况实现动态调整数据存储副本数，导致系统运行和处理效率降低。动态复制根据存储空间、网络状况和应用需求动态创建或删除副本，该策略在动态创建或迁移副本时要执行很多额外的操作，会给系统带来巨大的网络开销。

（3）放置策略

数据放置策略的目标是当用户存储在某些节点的数据失效时，系统能够有效地从其他存储节点中读取用户数据副本。良好的数据放置策略不仅要考虑节点的容错性，而且要考虑复制效率，使副本快速放置到存储节点上。

现代数据中心一般采用随机放置策略，基本思想是从数据的可放置节点集合中随机选择多个节点，将数据及其副本放置到这些节点上。理论上随机放置策略能够减小数据节点关联失效对系统可靠性的影响，但是在实际应用中，由于每个节点的计算能力和存储能力不一定相同，某些数据会被频繁地访问，所以随机放置策略并不能很好地实现多个存储节点的负载均衡。HDFS 将两个副本放置于本地机架的不同节点上，另一个副本放置于不同机架的节点上，这样可以节省副本的传输时间。为了提高数据的访问效率，可以将副本放置于距离用户较近的节点上，使得用户访问数据时可以较快地得到数据。另外，对于经常访问的数据可以创建较多的副本，并将这些副本放置于用户访问密集的节点区域。

在 PB 级以上的大规模分布式存储系统中，系统必须将数据分布到由数以千计的存储设备组成的集群中，以便有效使用设备的存储和带宽资源。为了避免由系统扩展造成的数据不均衡和由新的热点数据只存储到新存储设备造成的负载不对称等问题，可以采取一种随机分配新数据并迁移现有数据的一些随机子副本到新存储设备的策略，通过将迁移数据从原设备中删除，使得数据和工作负载能够重新均匀分布。这种随机方法是健壮的，因为它可以使用系统的任何潜在工作负荷能力，很好地完成数据重新均匀分布操作。

5.2 数据库存储管理

数据库是按照数据结构来组织、存储和管理数据的仓库，是一个长期存储在计算机内的、有组织的、共享的、统一管理的数据集合。

随着技术的不断进步，出现了大量的数据库存储系统，此时数据库存储管理就显得尤为重要。数据库的日常管理主要包括数据库监控和数据库运维等。

5.2.1 数据库日常监控

数据库服务数量不断增加，监控显得尤为重要。目前，常用的数据库监控工具有 SolarWinds Database Performance Analyzer、PRTG、Idera Diagnostic Manager 和 SQL Power Tools 等。

【微课视频】

1. SolarWinds Database Performance Analyzer

Database Performance Analyzer（DPA）是由 SolarWinds 提供的数据库管理软件，用于 SQL 查询性能监视、分析和调优。DPA 适用于数据库管理员（Database Administrator，DBA）、开发人员和系统管理员，主要功能包括识别性能瓶颈、响应时间分析和数据库监视。

DPA 作为目前市场上较好的数据库监控工具之一，主要特点如下。

（1）对本地和云的跨平台数据库支持。DPA 可与微软 SQL 服务器或 Oracle、SQL Server、MySQL、DB2 和 ASE 等产品配合使用，还支持物理和本地服务器、虚拟机（VMware、Hyper-V）以及基于云的数据库。

（2）提供数据库调优建议。DPA 通过分析实例的所有参数以及推荐优化某些查询或整个数据库实例的操作，来提供调整单个数据库实例的建议，并确保实例始终运行在最佳状态。

（3）跟踪、监控和分析数据库组件。DPA 可以自动关联查询、用户、文件、计划、对象、等待时间、存储和日期，以便及时发现和诊断问题。

（4）高度可扩展。DPA 允许用户根据需要监控任意数量的数据库实例。只需升级许可证，就可以轻松地进行实例的增加。

（5）主动监控所有活跃会话。DPA 通过原生轮询引擎记录数据库实例中发生的所有事情，并做到不会对数据库本身带来额外的负载，也不需要安装本地监控代理，从而降低 DPA 可能会对数据库性能产生的影响。

2. PRTG

Paessler Router Traffic Grapher（PRTG）是一个专业的数据库监控器，可以监视 IT 基础结构中的所有系统、设备、流量和应用程序。PRTG 提供多种用户界面，让用户可以选择 Windows 企业控制台或基于 Ajax 的 Web 界面，以及适用于 Android、iOS 和 Windows Phone 的移动应用程序。PRTG 是功能强大且易于使用的解决方案，适用于各种规模的企业，所以获得了大量供应商和应用的支持，如图 5-5 所示。

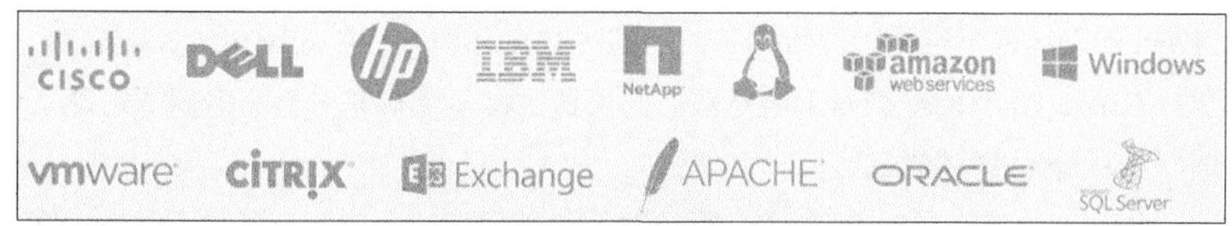

图 5-5　支持 PRTG 的供应商和应用

PRTG 是一个包罗万象的软件包，主要有以下特点。

（1）简洁的概述。数据库性能和数据库可用性是业务运营的关键要素。使用 PRTG 从数据库中查询数据，查询、连接和返回时间较短，并可以在 PRTG 仪表盘上始终显示整个数据库请求的执行时间。

（2）详细视图。在 PRTG 中，可以使用用户定义的单独配置的 PRTG 传感器和 SQL 查询来监视数据库中的特定数据集，从而实现优化业务流程的目的，向员工提供重要信息。

（3）快捷的个人报告。PRTG 包含所有报告功能。只需要将数据库监视器与可自定义的报告结合起来，就可以实现报告的自动发送。

（4）提供大量的产品。PRTG 为每个重要的数据库制造商提供预定义的传感器，包括 MySQL、Microsoft SQL v2、Oracle SQL v2 和 PostgreSQL。若用户使用的数据库未在此处列出，则可以运行 ADO SQL v2 Sensor。此外，在 PRTG 中还可以轻松编写用户的自定义传感器。

（5）全球监控。在 PRTG 中，用户不仅可以监视整个网络，还可以借助 PRTG 仪表板，获得所有数据库的概述。

3. Idera Diagnostic Manager

Idera Diagnostic Manager（IDM）是针对 SQL Server 的强大的性能监视、警报和诊断解决方案。它不仅可以通过桌面控制台、Web 控制台附加组件和移动控制台主动通知管理员健康、性能或可用性问题，还提供无代理的实时监视和警报，可以做到快速诊断和修复。此外，IDM 提供基于 Web 的界面和适用于 Android、iOS 的移动应用程序，以及提供 SQL 服务器实例的实时和历史数据，允许管理员通过手机应用程序动态修改配置。

IDM 作为一个综合性、低冲击性、高度可定制化和非代理性的数据库监控工具，主要有以下功能。

（1）查找查询瓶颈。IDM 可以通过捕获查询、完善的过滤和用户友好的可视化，发现正在拖慢系统速度的查询，从而保持数据传递的速度和一致性。

（2）预测警报。在 IDM 中，通过可定制的预测警报来发现数据库的问题，以发现即将到来的问题，并通过自动电子邮件通知、Windows 任务栏通知、Windows 事件日志通知、SQL 和 PowerShell 脚本执行，使管理员和用户始终了解系统健康状况。

（3）提供专家建议。IDM 不仅可以通过专家建议快速解决日常问题并提高数据库性能，还可以通过统一、直观的界面在企业范围内应用修补程序。

（4）提供热门问题和警报。在 IDM 中集中了热门的问题和警报，以便在出现问题时快速采取行动，还通过为管理员提供一个用于监视和警报的单一窗格界面来节省时间。

4. SQL Power Tools

SQL Power Tools 是一种无代理数据库监控解决方案，可以监控 Informix、MariaDB、MySQL、Oracle、SQL Server 和 Sybase 数据库服务器，并通过数据包嗅探来分析服务器的性能，从而很大程度地减轻对服务器资源的影响。

SQL Power Tools 结合了轻量级 SQL 服务器监控和网络安全功能，非常受用户的欢迎，它主要有以下特点。

（1）SQL Power Tools 不仅与 Oracle、SQL Server、Informix 和 Sybase 兼容，还能很好地结合网络安全功能与 SQL 监视功能。

（2）SQL Power Tools 提供大量数据访问，包括目标 IP、源 IP、应用程序、响应时间、开始与结束时间、返回的行、发送的字节和发送的数据包等。

（3）SQL Power Tools 可以在长时间运行的 SQL 发生故障的毫秒之内通知用户。

（4）SQL Power Tools 使用零侵入式 SQL 事件探查器或跟踪。

（5）SQL Power Tools 提供服务器性能的仪表板视图。

5.2.2 数据库日常运维

数据库运维覆盖范围广泛，数据库环境部署、数据库故障处理、数据库创建与查询优化和数据库版本升级与迁移都属于数据库运维的内容。

【微课视频】

1. 环境部署

（1）数据库安装

在 Windows 系统环境下安装 MySQL 数据库的步骤非常简单。首先，用户需要根据实际情况从 MySQL 数据库的官网下载合适的安装程序。其次，双击运行安装程序即可进行安装，如图 5-6 所示。

（2）数据库配置

MySQL 数据库的配置主要包括 MySQL 数据库的环境变量配置和图形化管理工具的配置。对于环境变量的配置，可以在“环境变量”设置下创建新的环境变量，如图 5-7 所示。

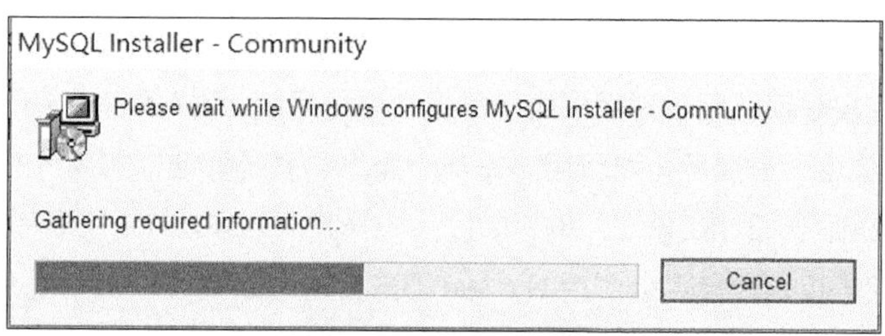

图 5-6 MySQL 安装

新建系统变量

变量名(N): MySQL_HOME

变量值(V): C:\Program Files\MySQL\MySQL Server 5.6

浏览目录(D)... 浏览文件(F)... 确定 取消

图 5-7 环境变量配置

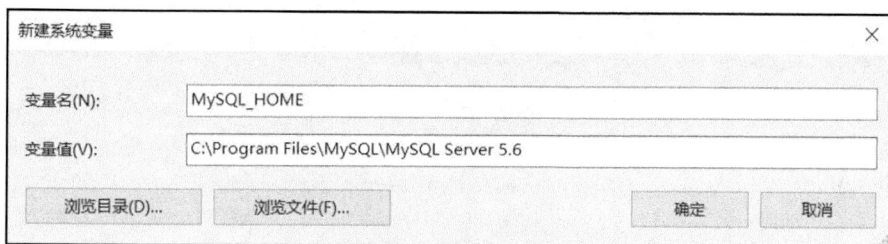

MySQL 数据库的标准安装版本中没有图形化管理工具。虽然 MySQL 数据库几乎所有的任务都可以用命令提示符来完成，但是曾经使用过 Microsoft SQL Server 或 Oracle 的用户，会对 MySQL 数据库留下“界面不友好”的印象。因此，需要对 MySQL 数据库进行图形化管理工具的配置。Navicat 是基于 Windows 平台，为 MySQL 数据库量身定做，提供类似于 MySQL 数据库的用户管理界面的工具。Navicat 可以在 Navicat 的官网中直接进行下载安装，安装后的界面如图 5-8 所示。

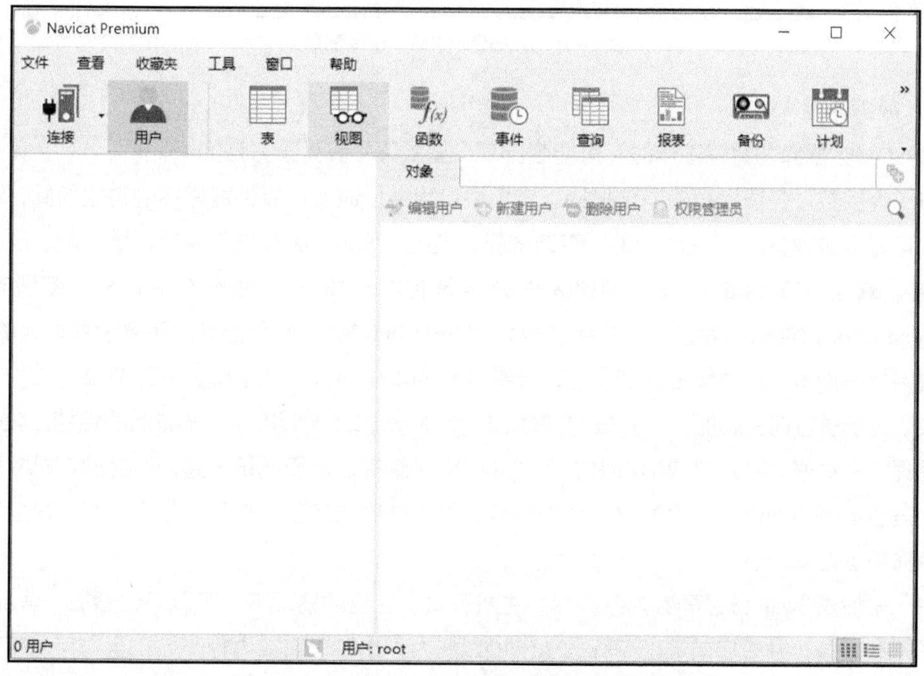

图 5-8 Navicat 界面

（3）数据库权限配置

MySQL 数据库权限系统用于对用户执行的操作进行限制。用户的身份由用户用于连接的主机名和使用的用户名决定。连接后，对于用户每一个操作，系统都会根据用户的身份判断该用户是否有执行该操作的权限，如 SELECT、INSERT、UPDATE 和 DELETE 权限等。

MySQL 数据库的权限配置可以使用 Navicat 图形化管理工具进行，如图 5-9 所示。

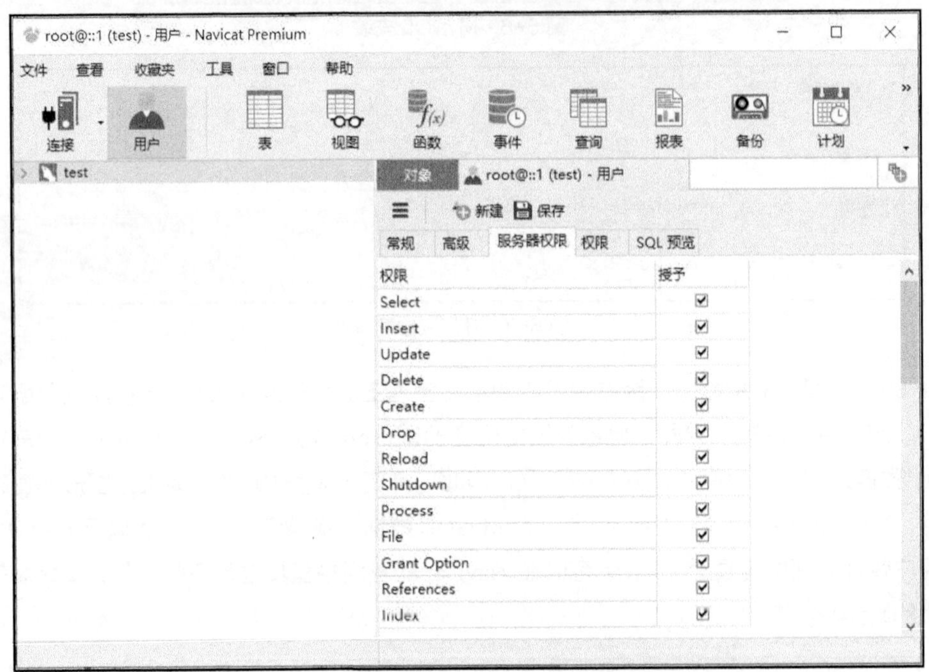

图 5-9　MySQL 数据库权限配置

2. 故障处理

MySQL 数据库在管理工作时，可能会出现一些故障，其处理方法如下。

（1）连接数过多导致程序连接报错。连接数是直接反应数据库性能好坏的关键指标，连接数过多，可能有多种原因，例如，SQL 查询堵死，造成后面的 DML 操作等待；增、删、改、查操作频繁，磁盘 I/O 遇到瓶颈，导致无法处理繁忙的请求等。对于这些情况，若没有设置 max_connections 参数，则可以通过将参数设为 500～1 000 来解决，但是如果需要设置更大的数值，那么会治标不治本，此时需要找到引起连接数升高的本质原因，从本质上进行解决。

（2）记录子查询引起的宕机。在 MySQL 5.1 和 MySQL 5.5 版本中，子查询的性能比较差，优化器处理不是很好，特别是 WHERE 从句中的 IN 子查询。对于记录子查询引起的宕机故障，可以为内层查询语句的查询结果建立一个临时表，再将外层查询语句在临时表中查询，最后在查询完毕后撤销这些临时表。

（3）未设置 swap 分区导致内存耗尽，主机死机。在这种情况下，可以通过添加一些 swap 分区给予一些缓冲，并重启前端程序释放 MySQL 压力；也可以增加内存监控，当内存使用率达到 90%，通过重启 MySQL 来释放内存。

（4）事务量突高。对于这种情况，可以登录 MySQL 数据库，通过 binlog 来分析数据库发生抖动之前和之后的表，查看哪个更新较多，再找开发人员确认问题，了解是否是业务增长导致的。

3. 性能优化

优化类似盖楼打地基，若地基打得不稳，则楼层高了之后就会塌方。数据库也是如此，数据少、并发小，隐藏的问题就很难发现，数据达到一定规模后，所有的问题就会全部暴露，所以前期的设计阶段尤为重要。如今，数据库的大并发查询、写入操作已成为整个应用的性能瓶颈，对于 Web 应用来说尤为明显。数据库的性能，并不只是 DBA、运维人员需要担心的问题，更是广大开发人员需要重点关注的问题。从宏观上分析，优化分为硬件、网络、软件 3 个部分，前两个部分取决于用户的经济实力，软件部分可分为表设计（范式、字段类型、存储引擎）、SQL 语句与索引、配置文件参数、操作系统、文件系统、MySQL 版本体系架构这 6 个部分。数据库性能优化的主要方向如下。

（1）范式

在设计关系型数据库时，需要遵循不同的规范要求来设计出合理的关系型数据库，这些不同的规范要求被称为不同的范式，各种范式递次规范，越高的范式数据库冗余越小。

目前，关系型数据库有第一范式（1NF）、第二范式（2NF）、第三范式（3NF）、巴德斯科范式（BCNF）、第四范式（4NF）和第五范式（5NF，又称完美范式）6 种范式。满足最低要求的范式是第一范式（1NF），在第一范式的基础上进一步满足更多规范要求范式的称为第二范式（2NF），其余范式依次类推。通常，数据库满足第三范式（3NF）即可。

（2）字段类型

选择字段的一般原则是能用占用字节少的字段就不用大字段。更小的字段类型占用的内存更少，占用的磁盘空间和磁盘 I/O 也会更少，而且还会占用更少的带宽。因此，日常选择字段时必须遵守这一原则。

MySQL 主要支持 TINYINT、SMALLINT、MEDIUMINT、INT 和 BIGINT 这 5 种整数类型，各种整数类型及其占用内存空间和允许范围如表 5-2 所示。

表 5-2 各种整数类型及其占用内存空间和允许范围

类型	字节	最小值（有符号/无符号）	最大值（有符号/无符号）
TINYINT	1	-2^{7}	$2^{7}-1$
		0	$2^{8}-1$
SMALLINT	2	-2^{15}	$2^{15}-1$
		0	$2^{16}-1$
MEDIUMINT	3	-2^{23}	$2^{23}-1$
		0	$2^{24}-1$
INT	4	-2^{31}	$2^{31}-1$
		0	$2^{32}-1$
BIGINT	8	-2^{63}	$2^{63}-1$
		0	$2^{64}-1$

MySQL 中的 char 和 varchar 是日常使用最多的字符类型。Char(N)用于保存固定长度的字符串，长度最大为 255，比指定长度大的值将被截断，而比指定长度小的值将会用空格进行填补。Varchar(N)用于保存可变长度的字符串，长度最大为 65 535，只存储字符串实际需要的长度（它会增加一个额外字节来存储字符串本身的长度），varchar 使用额外的 1～2 字节来存储值的长度，若列的最大长度小于或等于 255，则使用 1 个字节，否则就使用 2 个字节。char 和 varchar 与字符编码也有密切联系，latin1 占用 1 个字节，gbk 占用 2 个字节，utf8 占用 3 个字节。

MySQL 支持 DATE、TIME、DATETIME、TIMESTAMP 和 YEAR 这 5 种时间类型，各种时间类型及其占用的内存空间和值如表 5-3 所示。

表 5-3　各种时间类型及其占用的内存空间和值

时间类型	字节	值
DATE	3	'0000-00-00'
TIME	3	'00:00:00'
DATETIME	8	'0000-00-00　00:00:00'
TIMESTAMP	4	'0000-00-00　00:00:00'
YEAR	1	000

（3）锁机制

MySQL中有表级锁、行级锁和页面锁。表级锁有开销小、加锁快、不会出现死锁、锁定粒度大、发生锁冲突的概率最高和并发度最低等特征；行级锁有开销大、加锁慢、会出现死锁、锁定粒度最小、发生锁冲突的概率最低和并发度高等特征；页面锁有开销一般、加锁时间一般、会出现死锁、锁定粒度一般和并发度一般等特征。用户需要根据各锁的特征选择采用适合的锁机制。

（4）事务隔离级别

事务处理可以确保除非事务性单元内的所有操作都能成功完成，否则不会提供永久更新服务给面向数据的资源。通过将一组相关操作组合为一个要么全部成功、要么全部失败的单元，可以简化错误恢复，并使应用程序更加可靠。一个逻辑工作单元如果要成为事务，必须满足所谓的 ACID（原子性、一致性、隔离性和持久性）属性。

在数据库操作中，为了有效保证并发读取数据的正确性，出现了事务隔离级别的概念。InnoDB 有 Read Uncommitted（未提交读）、Read Committed（已提交读）、Repeatable Read（可重复读）和 Serializable（可序列化）这 4 个隔离级别。Oracle/SQL Server 的默认隔离级别是 Read Committed，而 MySQL 的默认隔离级别是 Repeatable Read。

数据库是需要被广大用户所共享访问的，所以在数据库操作过程中很可能出现更新丢失、脏读、不可重复读和幻读等不确定的情况。为了避免出现这样的情况，在标准 SQL 规范中，定义了 4 个事务隔离级别，不同的隔离级别对事务的处理方式不同，如表 5-4 所示。

表 5-4　事务隔离级别

隔离级别	读数据一致性	脏读	不可重复读	幻读
Read Uncommitted	最低级别，只能保证不读取物理上损坏的数据	是	是	是
Read Committed	语句级	否	是	是
Repeatable Read	事务级	否	否	是
Serializable	最高级别，事务级	否	否	否

隔离级别越高，越能保证数据的完整性和一致性，但是对并发性能的影响也越大。对于多数应用程序来说，可以优先考虑将数据库系统的隔离级别设为 Read Committed，它能够避免脏读，而且具有较好的并发性能。尽管 Read Committed 会导致不可重复读、幻读和第二类丢失更新等并发问题，但是一般是可以接受的，因为读到的是已经提交的数据，本身并不会带来很大的问题。

（5）索引

适当的索引对应用的性能来说至关重要，而且在 MySQL 中建议使用索引。遗憾的是，索引也有相关的开销。每次向表中写入（如 INSERT、UPDATE 或 DELETE）操作时，如果带有一个或多个索引，那么 MySQL 也要更新各个索引，这样会增加对各个表写入操作的开销。此外，索引还增加了数据库的规模。只有当某列被用于 WHERE 子句时，才能享受到索引性能提升的好处。

（6）配置文件参数

在 MySQL 数据库性能调优中，首先要考虑 Schema 设计，这一点非常重要，一个糟糕的 Schema 设计即使在性能强劲的服务器上运行，也会表现出很差的性能。与 Schema 相似，查询语句的设计也会影响 MySQL 的性能，应该避免写出低效的 SQL 查询语句。最后要考虑的就是参数优化，MySQL 数据库的默认设置性能非常差，仅仅起一个功能测试的作用，如需在生产环境中运行，就要对一些参数进行调整。例如，在无法使用索引的情况下进行全表扫描、全索引扫描等。在这种时候，MySQL 会按照数据的存储顺序依次读取数据块，每次读取的数据块首先会暂存在 read_buffer_size 中，当 buffer 空间被写满或者全部数据读取结束后，再将 buffer 中的数据返回给上层调用者，以提高效率。

4. 升级与迁移

数据库迁移就是把数据从一个系统移动到另一个系统上。数据库迁移的原因可能是需要安装新的数据库服务器、数据库升级，或数据库管理系统变更（如从 Microsoft SQL Server 迁移到 MySQL）。

当数据库升级，需要将较旧版本的 MySQL 数据库中的数据迁移到较新版本的数据库中时，需要注意的事项有以下几种。

（1）在 MySQL 服务器升级时，需要先停止服务，卸载旧版本，再安装新版的 MySQL。如果需要保留旧版本中的用户访问控制信息，那么需要备份 MySQL 中的数据库，在新版本 MySQL

安装完成之后，重新读入 MySQL 备份文件中的信息。

（2）旧版本与新版本的 MySQL 可能使用不同的默认字符集，例如，MySQL 4.x 大多使用 latin1 作为默认字符集，而 MySQL 5.x 的默认字符集为 utf8。如果数据库中的数据有中文，那么在迁移过程中需要对默认字符集进行修改，否则可能无法正常显示结果。

（3）由于新版本会对旧版本有一定兼容性。所以，从旧版本的 MySQL 向新版本的 MySQL 迁移时，对于 MyISAM 引擎的表，可以直接复制数据库文件，也可以使用 MySQLhotcopy 工具、MySQLdump 工具。对于 InnoDB 引擎的表，一般只能使用 MySQLdump 将数据导出，再使用 MySQL 命令将数据导入到目标服务器上。从新版本向旧版本 MySQL 迁移数据时要特别注意，尽量使用 MySQLdump 命令导出。

当由于数据库管理系统变更，需要进行不同类型的数据库之间的迁移时，注意的事项有以下几种。

（1）迁移之前，需要了解不同数据库的架构，比较它们之间的差异。不同数据库中相同定义类型的数据的关键字可能不同。例如，MySQL 中日期字段分为 DATE 和 TIME 两种，而 Oracle 日期字段只有 DATE。

（2）数据库厂商并没有完全按照 SQL 的标准设计数据库系统，导致不同的数据库系统的 SQL 语句有差别。例如，MySQL 几乎完全支持标准 SQL 语言，而 Microsoft SQL Server 使用的是 T-SQL 语言，T-SQL 中有一些非标准的 SQL 语句，因此在迁移时必须对这些语句进行语句映射处理。

（3）数据库迁移可以使用一些工具，例如，在 Windows 系统下，可以使用 MyODBC 实现 MySQL 和 SQL Server 之间的迁移，MySQL 官方提供的工具 MySQL Migration Toolkit 也可以在不同数据库间进行数据迁移。

小结

本章主要介绍了常见的存储系统维护和管理，以及存储系统优化的常见策略，还介绍了日常的 4 个数据库监控工具，包括 SolarWinds Database Performance Analyzer、PRTG、Idera Diagnostic Manager 和 SQL Power Tools。此外，本章还介绍了数据库的日常运维，包括环境部署、故障处理、性能优化、升级与迁移 4 个方面。

习题

（1）HDFS 不包含的角色为（　　）。

A. NameNode　　B. DataNode　　C. Client　　D. HRegionServer

（2）影响系统负载均衡的核心要素是（　　）。

A. 冗余纠错效率　　B. 网络拓扑结构　　C. 负载均衡的粒度　　D. 负载均衡算法

（3）常用的冗余备份机制不包括（　　）。

A．完整文件副本　　B．存储节点迁移

C．文件分块副本　　D．独立冗余磁盘阵列

（4）以下不属于数据库监控工具的是（　　）。

A．Idera Diagnostic Manager　　B．PRTG

C．MySQL Administrator　　D．Database Performance Analyzer

（5）连接数过多导致程序连接报错时，解决的方法可以是（　　）。

A．释放内存　　B．设置 swap 分区

C．增加内存监控　　D．设置 max_connections 参数

第 6 章 数据处理

“二十大”报告指出“坚持面向世界科技前沿、面向经济主战场、面向国家重大需求、面向人民生命健康，加快实现高水平科技自立自强”。智能计算平台的发展离不开先进数据处理技术的强大支撑，数据处理系统已广泛用于物联网、大数据、区块链以及智能制造等领域。因此，数据处理技术可以帮助智能计算平台紧跟市场发展步伐，不断取得突破。ETL 数据整合、数据标注与分类都是数据处理的重要组成部分，本章将对这两部分内容进行介绍。

【学习目标】

① 了解 ETL 的概念和常用工具。
② 熟悉 ETL 数据整合的过程和操作。
③ 熟悉 ETL 任务的监控和优化。
④ 了解图像数据标注的基础知识。
⑤ 了解文本数据标注的基础知识。
⑥ 了解语音数据标注的基础知识。

【素质目标】

① 激发学生的探究欲望。
② 提升学生的灵活应变能力。
③ 培养学生积极思考的习惯。

6.1 ETL 数据整合

ETL 是对数据进行抽取、转换和装载的过程，是共享或合并一个及以上企业的应用数据，创建具有更多功能的数据应用的过程。ETL 不仅仅是对一个企业部门、一个应用系统数据的简单整理，还是跨部门、跨系统的数据整合处理，ETL 在企业数据模型的基础上，构建合理的数据存储模式，建立企业的数据交换平台，满足各个应用系统之间的数据交换需求，提供全方位的数据服务，满足企业决策的数据信息支持需求。

6.1.1 ETL 常用工具

【微课视频】

用于 ETL 数据整合的工具有很多，主流的工具有 DataPipeline、Kettle、Oracle

Goldengate 和 Informatica，它们的特点如表 6-1 所示。

表 6-1 ETL 数据整合的主流工具及其特点

比较项目		DataPipeline	Kettle	Oracle Goldengate	Informatica
设计及架构	适用场景	用于数据融合、数据交换场景，专为超大数据量、高度复杂数据链路设计的数据交换平台	面向数据仓库建模，传统 ETL 工具	主要用于数据备份、容灾	面向数据仓库建模，传统 ETL 工具
	使用方式	全流程图形化界面，应用端采用 B/S 架构，Cloud Native 为云而生，所有操作在浏览器内就可以完成，不需要额外的开发和生产发布	C/S 客户端模式，开发和生产环境需要独立部署，任务的编写、调试、修改都在本地，需要发布到生产环境。线上生产环境没有界面，需要通过日志来调试	没有图形化的界面，操作皆为命令行方式，可配置能力差	C/S 客户端模式，开发和生产环境需要独立部署，任务的编写、调试、修改都在本地，需要发布到生产环境。学习成本较高，受过专业培训的工程师才能使用
	低层架构	分布式集群高可用架构，支持多节点扩展，支持超大数据量，架构容错性高。在节点之间自动调节任务分配，适用于大数据场景	主从结构属于非高可用架构，扩展性差，架构容错性低，不适用于大数据场景	可做集群部署，规避单点故障，依赖于外部环境，如 Oracle RAC 等	schema mapping 非自动；可复制性较差；更新换代不是很强
功能	CDC（Change Data Capture，改变数据捕获）机制	基于日志、基于时间戳和自增序列等多种方式可选	基于时间戳、触发器等	主要是基于日志	基于日志、基于时间戳和自增序列等多种方式可选
	对数据库的影响	基于日志的采集方式，对数据库无侵入性	对数据库表结构有要求，存在一定侵入性	源端数据库需要预留额外的缓存空间	基于日志的采集方式，对数据库无侵入性
	自动断点续传	支持	不支持	支持	不支持
	监控预警	可视化的过程监控，提供多样化的图表，辅助运维，故障问题可实时预警	依赖日志定位故障问题，属于后处理的方式，缺少过程预警	无图形化的界面预警	可以看到报错信息，信息相对笼统，定位问题仍需依赖分析日志
	数据清洗	围绕数据质量做轻量清洗	根据数据仓库的数据需求来建模计算，清洗功能相对复杂，需要手动设置	轻量清洗	支持复杂逻辑的清洗和转化
	数据转换	自动化的 schema mapping	手动配置 schema mapping	需手动配置异构数据间的映射	手动配置 schema mapping

续表

比较项目		DataPipeline	Kettle	Oracle Goldengate	Informatica
特性	数据实时性	实时	非实时	实时	支持实时。主流应用基于时间戳等进行批量处理，实时效率未知
	应用难度	低	低	中	高
	是否需要开发	否	是	是	是
	易用性	高	高	中	低
	稳定性	高	高	高	中
其他	实施及售后	原厂实施和售后服务	开源软件，需客户自行实施、维护	原厂和第三方的实施和售后服务	主要为第三方的实施和售后服务

在表 6-1 所示的主流工具中，Kettle 是比较受业界欢迎、使用人数较多且应用较广泛的 ETL 数据整合工具，深受用户的喜爱。比较主流的 ETL 工具和使用情况，Kettle 的优势如表 6-2 所示。

表 6-2　Kettle 的优势

序号	优势	描述
1	开源软件，无须付费，技术支持强	纯 Java 编写，即使商业用户也没有限制。出现问题可以到社区咨询，技术支持遍布全世界
2	图形界面，易用性	有非常容易使用的 GUI 图形用户界面（Graphical User Interface，GUI），基本上无须培训
3	部署简单，无须安装	纯 Java 编写，支持多平台，无须安装
4	强大的基础数据转换和工作流控制	Transformation 转换和 Job 作业两种脚本文件，强大的基础数据转换和工作流控制，有较好的监控日志
5	全面的数据访问和支持	支持非常广泛的数据库和数据文件，可以通过插件扩展
6	要求技能不高，上手容易	了解数据建模，熟悉 ETL 设计和 SQL 语句操作即可

Kettle 的最大优势是其开源和免费的特性。因为 Kettle 的应用成本主要是培训和咨询，前期投入较少，软件成本一直维持在较低水平，所以使用 Kettle 的用户和企业较多，其也获得了较多的好评。

6.1.2　ETL 数据整合操作

【微课视频】

ETL 中 3 个字母分别代表 Extract、Transform、Load，即抽取、转换、装载。有关 ETL 数据整合的操作，也是按照抽取、转换和装载的过程进行，将分布的、异构数据源中的数据抽取至临时中间层后，进行清洗、转换、集成等操作，最后将数据加载到目标数据库或数据文件中。使用 ETL 工具 Kettle 进行数据整合是建立转换工程，使用组件抽取、转换和装载有关数据，并建立任务工程，通过任务时间调度执行转换工程中的数据整合操作。

1. 数据整合过程

ETL 数据整合的具体过程如下。

（1）抽取。连接到不同的数据源，以便为后续的步骤提供数据。

（2）转换。位于抽取和装载之间，是进行具体数据处理的过程。转换过程中进行的操作有很多，通常包括移动数据、根据规则验证数据、数据内容和数据结构的修改、集成多个数据源的数据、根据处理后的数据计算派生值和聚集值、清洗、过滤脏数据等操作。

（3）装载。将数据装载到目标数据库和数据文件中的所有操作。

2. 数据整合的基本操作

数据整合可分为使用工具软件和编程两种方式，由于编程工作量大，耗费时间长，成本高，所以大多数场合采用工具软件进行数据整合。免费开源工具软件特别受用户的欢迎，Kettle 就是其中的代表。Kettle 功能非常强大，数据整合的操作多，范围广，以 Kettle 为例，描述其最基本的、也是重要的几个操作，具体如下。

（1）建立转换工程

在 Kettle 中，数据抽取、清洗、转换和装载等操作都是通过 Kettle 工具提供的组件（又称步骤）来实现的。而这些组件必须在转换工程中创建和运行，因此创建转换工程是在 Kettle 中最先进行的操作。

在转换工程的过程中，主要进行的操作是对转换工程进行设置，如设置转换工程的名称、命名参数、日志、日期和依赖等。

（2）转换

转换由一系列被称为组件的逻辑工作网络组成，其本质上是数据流。转换的主要组成部分是组件，以及组件之间的节点连接。

组件是转换的基础模块，例如，一个文本文件输入或一个表输出就是一个组件。组件的数据发送可以设置为轮流发送和复制发送。轮流发送将数据行依次发给每一个节点连接；复制发送将全部数据行发送给所有的节点连接。

在 Kettle 中，所有的组件都以并发的方式执行，当转换启动后，所有组件同时启动，从它们的节点连接中读取数据，并将处理过的数据写到下一步的节点连接，直到节点连接中不再有数据，就终止组件的运行。当所有的组件都终止运行时，整个转换就结束了。

节点连接是数据的通道，用于连接两个组件，使得数据能从一个组件传递到另一个组件。节点连接决定了贯穿在组件之间的数据流，组件之间的顺序不是转换执行的顺序。当执行一个转换时，每个组件都由独立的线程启动，并不断地接收和推送数据。组件是同步开启和运行的，组件初始化的顺序是不可知的。在一个转换中，一个组件可以有多个连接，数据流可以从一个组件流到多个组件。节点连接不仅允许数据从一个组件流向另一个组件，也决定了数据流的方向和所经过的组件。如果一个组件的数据输出到了多个组件，那么这份数据既可以是复制的，也可以是分发的。

可以看出，转换主要是针对数据的各种处理，一个转换可以包含多个组件。在 Kettle 中，有关 ETL 的操作都是通过组件和多个组件的组合实现的，常用的组件如下。

① 抽取数据的组件

用于抽取数据库的数据（例如，抽取 Oracle、MS SQL Server、IBM DB2 和 MySQL 等常用数据库的数据）或抽取文件的数据（例如，抽取 Excel、TXT 和 CSV 等文本文件的数据）。

② 转换组件

针对数据记录进行处理的组件，是以每条记录为处理对象，使用某种处理方法的组件。在 Kettle 中，常用的记录处理组件有记录排序、去除重复记录、替换 NULL 值、过滤记录、值映射、字符串替换和分组等组件。

针对数据字段进行处理的组件，是以处理对象为字段，并对其具体数据进行某种处理的组件。常用的字段处理组件有字段选择、增加常量、将字段值设为常量、剪切字符串、拆分字段、设置范围、计算器和增加序列等组件。

处理方法较为复杂的组件，是指处理方法复杂，对数据进行合并、计算、设置变量、使用公式计算、脚本处理的组件。典型的有记录集连接，多路数据合并连接，单变量统计，设置变量，获取变量、公式、JavaScript 代码等组件。

迁移和装载的组件，对经过清洗、转换的数据进行迁移和装载的组件。典型的有表输出、插入/更新等两种将数据迁移和装载到数据库中的组件，以及 Excel 输出、文本文件输出和 SQL 文件输出等将数据迁移和装载到文件中的组件。

有关转换的常用组件及其功能说明如表 6-3 所示。

表 6-3　常用转换组件及其功能说明

组件名称	功能说明
文本文件输入（text input）	读取不同文本文件中的数据，大多是符合约定格式的 TXT 文件
CSV 文件输入	抽取以纯文本形式存储数据的 CSV 文件中的数据
表输入（table Input）	利用连接和 SQL，从数据库中读取信息，自动生成基本的 SQL 语句
获取系统信息（get system info）	从 Kettle 环境中获取信息
生成随机数	随机生成不同数据类型的随机数，如随机整数、随机字符、标识码和认证码等
生成行（Generate Rows）	输出一定数量的行，默认为空。可选包括一定数量的静态字段
Cube 输入（文件反序列化）（De-serialize from file）	从二进制 Kettle Cube 文件中读取数据行记录。这个组件仅仅用于存储短期数据。不同版本之间文件的格式可能不一样
XBase 输入	读取 XBase family 派生的 DBF 文件
Excel 输入	读取 Excel 文件里的工作表数据
XML 输入	读取存储在 XML 文件中的数据。系统提供一个接口，用户可以读取文件名、XML 文件的数据、获取的字段等。也可以指定元素或属性字段

续表

组件名称	功能说明
获取文件名（Get File Names）	获取系统的文件名信息
文本文件输出（Text File Output）	将数据加载到文本文件中
表输出（Table output）	将数据加载到数据库表中
插入/更新（Insert/Update）	利用查询关键字在表中搜索行，如果行没有找到，就插入行；如果行被找到，且要被更新的字段没有任何改变，就什么也不做。如果字段不同，行就会被更新
更新（Update）	类似于插入/更新组件，除了对数据表不做插入操作之外，它仅仅执行更新操作
删除（Delete）	利用查询关键字在表中搜索行，如果行被找到，该行被删除
Cube output（序列化到文件）（Serialize to file）	将数据存储到一个二进制文件中
XML 输出	将数据加载到 XML 文件中
EXCEL 输出	将数据加载到 Excel 文件中
Access 输出（Microsoft Access Output）	创建一个新的 Access 数据库文件，并将数据加载到文件中
数据库查询（Database lookup）	在数据库表中查找值
流查询（Stream lookup）	从其他组件中查询信息
调用数据库存储过程（Call DB Procedure）	运行一个数据库存储过程，获取返回结果
HTTP 客户端（HTTP Client）	HTTP 客户端根据附带条件的基准 URL，进行一个简单的调用
字段选择（Select values）	选择字段，重命名字段，指定字段的长度或者精度
过滤记录（Filter rows）	构造比较条件，将不符合条件的数据记录过滤掉
排序记录（Sort rows）	指定字段，对数据记录进行排序
添加序列（Add sequence）	生成新序号，以便数据记录的序号能够按照新序号的顺序排列
行转列（Row Normaliser）	转动表，将数据记录的行转为列，进行标准化数据操作
拆分字段（Split Fields）	根据分隔符拆分字段
去除重复记录（Unique rows）	从输入流中移除重复的记录
分组（Group By）	通过定义分组的字段来计算值
设置为空值（Null if）	某个字符串的值等于某个指定的值，设置那个值为空
计算器（Calculator）	对数值型的字段数据进行加、减、乘和除等简单运算，以及进行乘方、开方、指数、对数、三角函数和统计等方面的运算
增加 XML（XML Add）	将 XML 文件中的行字段内容进行编码，以字符串字段的形式添加到行中

续表

组件名称	功能说明
增加常量（Add constants）	在数据记录中增加一个字段，并为字段设置一个固定的值
数值范围	根据给定下限和上限数值的区间范围，划分出多个数值范围
行转列（Row Denormaliser）	通过查询关键值来反向规格化数据，也可以立即转换数据类型
行扁平化（Flattener）	对预备处理的数据进行扁平化
值映射（Value Mapper）	对字段数据进行映射，从一个值映射到另一个值
被冻结的组件（Blocking step）	在上一个组件的最后一行数据到达之前，停止所有的数据输出；当最后一行数据到达后，只发送最后一行数据到下一个组件。使用这个组件，可以触发常用插件、存储过程和 JavaScript 程序
记录关联（笛卡尔输出）（Join Rows-Cartesian Product）	组合输入流中的所有行（笛卡尔输出）
数据库连接（Database Join）	使用先前组件的数据，指定查询参数，进行数据库查询
合并记录（Merge rows）	比较两个数据流数据记录，对数据记录进行合并
存储合并（Stored Merge）	按指定的关键字段排序，合并来自多个输入组件的数据记录
合并连接（Merge Join）	将来自两个不同组件的输入数据记录进行合并
多路数据合并连接	对两个以上的不同组件的多个数据记录集进行合并
JavaScript 值（JavaScript Value）	使用 JavaScript 语言做复杂的运算
改进的 JavaScript 值（Modified JavaScript Value）	与“Javascript Value”类似，是其改进版本，效率更高，也更容易使用
执行 SQL 语句（Execute SQL script）	设置在转换初始化的时候执行 SQL 脚本，也可以设置在组件的每个输入行执行 SQL 脚本
维度更新/查询（Dimension lookup/update）	更新维表和查询维表值
联合更新/查询（Combination lookup/update）	在一个 junk-dimension 表里存储信息
从结果获取记录（Get rows from result）	在一个任务中，返回先前组件生成的行
复制记录到结果(Copy rows to result）	在一个任务中将行数据（内存中的）传递给下一个组件
设置变量（Set Variable）	在一个任务中或者虚拟机中设置变量
获取变量（Get Variable）	获取一个变量，返回行或者附加值到输入行中
从以前的结果获取文件（Get files from result）	在转换、任务、文件细节、任务条目、组件等处理、使用或者创建一个文件时，文件被捕获并且附加到结果中
复制文件名到结果（Set files in result）	在某种情况下，操纵输出结果中的文件列表。例如，在 mail 任务条目中可以使用文件列表来关联邮件，在组件中指定用户要发送的邮件

续表

组件名称	功能说明
记录注射器（Injector）	利用 Kettle API 和 Java 来注射记录到转换中
套接字读入器（Socket Reader）	通过 TCP/IP 将数据从一个服务器向另一个服务器传输
套接字输写器（Socket Writer）	套接字输写器通过 TCP/IP 将数据从一个服务器向另一个服务器传输
聚合行（Aggregate Rows）	在所有行的基础上快速地聚集行
流 XML 输入（Streaming XML Input）	提供值的解析，它信赖 SAX 解析器，在大文件解析上能提供更好的性能。它与 XML 输入非常相似，仅仅在内容和字段制表符上略有不同
中止（Abort）	在观察输入的时候中止组件，它的主要用途是错误处理，在一定数量的行流过错误的连接时中止转换
Oracle 批量装载（Oracle bulk loader）	大批量加载数据到 Oracle 数据库中，使用正确的装载格式，然后调用 Oracle 的 SQL*Loader 数据加载工具将数据加载到指定的表中

转换操作中的组件的操作方式基本相同，基本操作如下。

① 建立组件。在转换工程中，将组件拖曳到转换工程的工作区中。

② 建立组件之间的连接。如果一个转换有多个组件，根据前后步骤，分别建立两个组件的连接，以便建立数据流的输出和输入。

③ 设置组件参数。在组件中，设置有关组件参数，获取或对获取的数据进行清洗、转换、迁移和装载等。

通过一个简单的例子，说明使用 Kettle 工具进行数据整合的基本操作。在 Kettle 转换工程中，从 Excel 文件中抽取数据，迁移并加载数据到数据库中，其界面如图 6-1 所示。

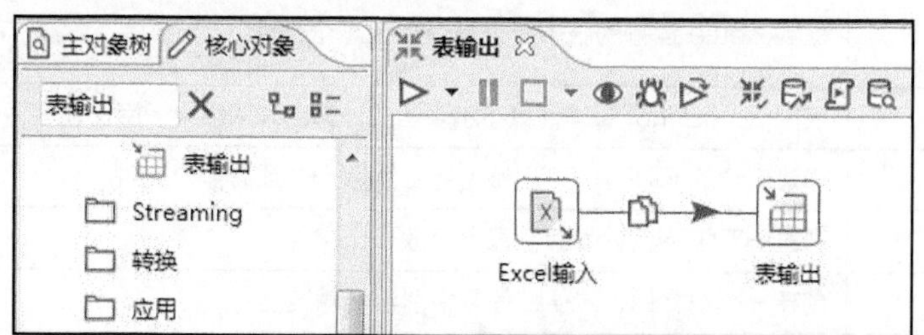

图 6-1　从 Excel 文件中抽取数据，迁移并加载数据到数据库中的操作界面

在图 6-1 所示的界面中，建立了一个名称为“表输出”的转换工程，从“核心对象”中，分别将“Excel 输入”和“表输出”组件拖曳到转换工程工作区中，并建立两个组件间的连接。之后，设置“Excel 输入”组件中的 Excel 文件参数和“表输出”组件参数。

（3）建立任务

一个转换是一个 ETL 的过程。但在实际工作中，大多数的数据整合不是一个转换能够完成的，而是经由多个转换组合完成的。考虑到 ETL 处理的多样性和复杂性，引入了任务的概念，将 ETL

处理过程分为一个个的任务。任务可以是一个只进行清洗、加载或转换的任务，也可以是多个转换任务的集合。

任务是比转换更高一级的处理流程，一个任务里包括多个任务项，一个任务项代表了一项工作。因为转换也是一个工作项，所以在一个任务里，可以有多个转换。建立任务的目的是为了更好地调度和执行转换任务。

有关任务的常用组件及其功能说明如表 6-4 所示。

表 6-4　任务的常用组件及其功能说明

组件名称	功能说明
开始（Start）	设置任务定时调度，可以不设置定时，直接执行，或者设置各种按时间间隔、日、周、月等的定时任务
Dummy	不做任何事情，主要功能是作为以测试为目的的占位符，或者在循环任务中使用
转换	设置需要执行的已定义好的转换工程
成功（OK）	任务的上一个子任务错误数量为 0 时，返回 true，表示任务运行成功
任务（Job）	执行一个已定义好的任务
Shell	在任务运行的主机上执行一段 Shell 脚本
发送邮件	发送带有可选文件附件的文本或 HTML 电子邮件，既可以用来宣告任务的失败，也可以用来宣告任务成功。无论成功或失败，均可以发送电子邮件提醒
SQL	使用 SQL 任务执行 SQL 脚本，多行脚本之间用“;”隔开
FTP	使用 FTP 任务从 FTP 服务器上获取一个或者多个文件
检查表是否存在（Table Exists）	检查数据库的表是否存在
检查字段是否存在	检查数据库中的表是否存在一个或多个字段
检查文件是否存在（File exists）	检验 Kettle 运行的服务器上是否存在某个文件
Javascript	使用 JavaScript 脚本计算布尔表达式计算出来的结果，用于确定下一步执行哪个任务
SFTP	通过安全的 FTP 在 FTP 服务器上获取一个或者多个文件
HTTP	通过 HTTP 从 Web 服务器上获取一个文件
Create a file	创建一个空文件，方便在任务中创建“触发器”
Delete a file	删除一个文件
Wait for file	使用 Wait for file 任务组件来等待获取的文件，并设置定期检查要获取的文件是否存在，可以设置无限期地等待文件，也可以设置等待超时的时间
File compare	用于比较两个文件的内容，控制任务的流程。当两个文件相同时，将返回成功，否则返回失败
Put Files with SFTP	通过 SFTP 安全协议将一个或者多个文件放到 FTP 服务器上
Ping a host	用 ICMP PING 一个主机
Wait for	在运行下一个任务之前等待一段时间

续表

组件名称	功能说明
Display Msgbox info	在任务中显示消息对话框，让用户很容易通过 GUI 查看处理的内容
Abort job	中断一个任务
XSL transformation	转换 XML 文档到其他文档（XML 或者其他格式文档，如 HTML、纯文本文档）
Zip files	指定创建一个标准的 ZIP 归档

以将抽取的 Excel 文件中的数据迁移并加载到数据库为例，其构建完成的任务工程界面如图 6-2 所示。

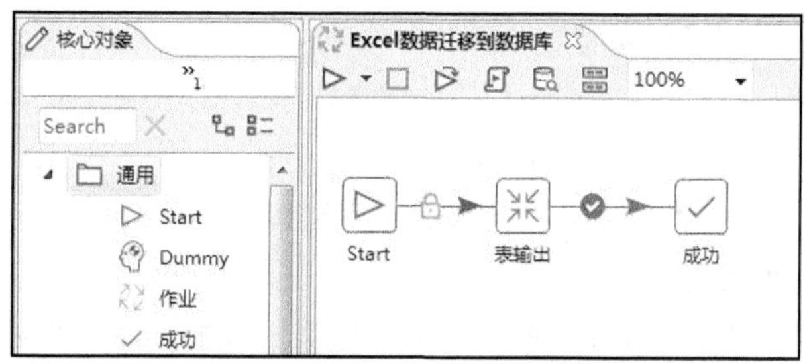

图 6-2　构建完成的任务工程界面

在图 6-2 所示的界面中，建立了一个名称为“Excel 数据迁移到数据库”的任务，从“核心对象”中，分别将“Start”“转换”“成功”组件拖曳到转换工程工作区中，并建立组件间的连接，设置“转换”组件为“表输出”转换工程，在“Start”组件中设置定时调度，之后就可以按照定时时间执行“表输出”转换工程中的转换操作。

6.1.3　ETL 任务流程监控、维护和优化

ETL 是通过建立任务流程、设置时间调度、调用相应的转换任务进行数据整合和处理的。任务的时间调度、前后任务流程的依赖关系、调度的策略和算法、成功和失败信息提示等，是 ETL 任务执行的重要内容。由于大多数 ETL 工具的监控功能较弱，所以一般是在任务工程中，在不同的任务和转换环节中生成相关日志信息，包括成功和失败信息，并将信息发送给项目管理人员对任务流程进行监控、分析，以便维护和优化 ETL 任务流程。

【微课视频】

1. 任务和调度

在任务中可以对转换或任务进行调度、设置定时任务等。正常情况下的任务调度是对整个 ETL 过程进行调度，提供分段提交处理和自动提交处理功能。

ETL 的任务大致分为以下几种类型。

（1）获取源数据。获取相应的源数据文件，ETL 系统才能够进行相应的处理。

（2）数据清洗。各源数据文件可能存在非法数据或冗余数据，或者数据规则标准不统一，必须对数据文件进行数据清洗，删除非法、冗余数据，统一数据规则标准，转换数据格式为符合项

目要求的格式。

（3）数据加载。将清洗后的数据加载至数据库的相应数据库表。

（4）数据合并。将各个分级机构相同类型的源数据合并到数据库的同一张数据表中。

（5）数据加工。面向生产，将数据转换、加工成面向分析主题的“分析型数据”。

调度维护的主要内容如下。

（1）公共参数维护：数据日期、本期开始日期、本期结束日期和期数等参数的设置和修改。

（2）下传文件信息维护：维护所有区域的下传文件名称、文件状态、文件数据日期和对应区域的归属关系。

（3）任务定义与维护：定义任务对应的 ETL 处理过程，生成任务编号，定义任务类型和任务的驱动关系，以及定义任务运行所需要的条件。

（4）调度异常处理：对调度过程中出现的异常情况进行处理，提供错误查找和出错重跑功能。

调度的日志管理主要管理记录以下内容。

（1）调度过程日志：管理调度中的主要过程和异常信息，如调度开始、调度完成、数据库操作异常和读写文件异常的日志。

（2）任务执行日志：管理任务执行信息的日志，提供该日志的查询、删除和执行状态重置功能。

（3）任务详细事件日志：管理任务执行中的详细事件的日志，如清洗记录条数、数据库具体操作情况等记录，提供对日志的查询、删除操作。

2. 前后流程的依赖

一个数据整合项目可以由多个任务流程完成，这些任务流程的执行顺序互相依赖，哪个在前、哪个在后存在着依存关系。不同类型任务的运行依赖如下。

（1）清洗类型的任务：其运行依赖于相应的下传文件的状态，必须在下传文件检查及登记后才能进行清洗任务的调度。

（2）加载类型任务：其运行依赖于相应的清洁文件是否由清洗程序生成，即相应的清洗任务是否正确地完成。

（3）数据转换类型任务：其运行依赖于相关数据是否齐备，即相应的数据加载任务是否正确运行完成。

（4）数据加工类型的任务：依赖于相应的转换任务是否正确运行完成。

（5）区域类型的任务：各区域之间的 ETL 处理可以并行进行，考虑系统资源的情况，可以事先设定最大并行数。

3. 合理的调度算法

在 ETL 中，任务的调度算法采取条件驱动的策略进行任务的调度，任务满足驱动条件便开始运行，结束标志是获得任务成功或者失败的信息通知。通过设计驱动条件，驱动相应的任务执行，当该任务满足预设的结果时，设置任务成功的信息通知，发送给用户；若任务不能满足预设的结果时，设置任务失败的信息通知，发送给用户，来进行任务的调度，驱动条件有以下 4 种类型。

（1）前导任务驱动

ETL 过程中的操作需要按一定次序进行，前导任务表示 ETL 过程中先进行处理的任务，任务的前导任务可以有多个。

（2）下传文件驱动

当下传文件没有下传完毕时，下传文件清洗不能进行，所以下传文件是清洗文件的驱动条件。当检测到下传文件已正确下传后，便可进行相应的清洗，驱动任务执行的下传文件同样可以有多个。

（3）时间驱动

当到达某个时间点时，任务开始执行。

（4）事件驱动

某个事件发生导致任务执行，如人工干预导致任务的执行。

在调度中，结束有两种方式，成功退出和失败退出，分别设计成功、失败退出的信息通知，用于通知用户。当失败退出时，用户根据有关通知、日志等信息，对流程进行分析，从而对任务调度进行新的调整，设计新的驱动条件和结束标志，维护好调度任务使任务正确地执行，以下是成功和失败退出方式的说明。

（1）成功退出

一般地，成功退出有以下两种方式。

① 分段提交方式。当分段提交的当次任务都正确完成，即任务运行状态临时表中登记的作业状态全部为完成时，退出 ETL 调度。

② 自动提交方式。当当期所有的任务都正确完成，即任务运行状态表中登记的作业状态全部为完成时，退出 ETL 调度。

（2）失败退出

失败退出有以下 5 种情况。

① 关键作业异常。当关键作业运行异常，导致剩下的作业不能继续运行时，退出 ETL 调度。

② 超过 ETL 时限。当超过预先设定的 ETL 时限时，退出 ETL 调度。

③ 数据库异常。当不能正常操作数据库时，退出 ETL 调度。

④ 操作系统异常。当发生操作系统异常，导致程序不能正常运行，如文件系统异常导致读写文件出错时，需要退出 ETL 调度。

⑤ 手工退出。需要人工干预 ETL 调度时，以手工操作的方式退出 ETL 调度。

Kettle 的转换组件为网状结构，而组件执行是并行的，其自身的监控功能比较弱，有的用户采用自主开发的 Java Web 程序，调度和监控 Kettle 客户端创建的任务和组件。也可以在设计转换组件、任务时，采用图形化消息对话框、多角度多口径统计以及短信邮件等方式对整个平台任务进行全方位监控，及时掌握哪些作业正在运行、错误原因、失败、警报等信息，对不能满足预期结果的任务进行重新维护和调度优化。

4. 日志和警报

ETL 日志分为以下 3 类。

（1）执行过程日志：在 ETL 执行过程中，每执行一个组件，就以流水账的形式记录每次运行的起始时间和影响的行记录数据。

（2）错误日志：当某个组件出错时记录错误日志，记录每次出错的时间、出错的组件以及出错的信息等。

（3）总体日志：记录 ETL 开始时间、结束时间以及是否成功的信息。如果使用 ETL 工具，那么 ETL 工具会自动产生一部分日志，这些日志可以作为 ETL 日志的一部分。

记录日志的目的是随时掌握 ETL 运行情况，如果出错了，可以知道哪里出错。如果 ETL 出错，那么不仅要形成 ETL 出错日志，还要向系统管理员发送警报。发送警报的方式较多，最为常见的方法之一是向系统管理员发送邮件，并附上出错的信息，方便管理员排查错误，以及通知相关的人员对错误进行分析和修复。

6.2 数据标注和分类

在计算机、算法与数据的合力推动，以及无人驾驶、人脸识别、语音交互等人工智能第三次浪潮的冲击下，人工智能技术的突破与行业落地焕发出源源不断的生机。尤为瞩目的是，在人工智能发展的灼热前景的背后，为人工智能发展提供数据燃料的数据标注正在成为一门新兴产业。

【微课视频】

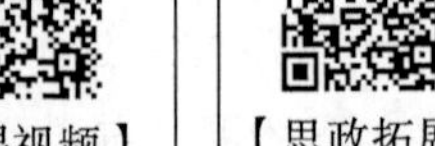

【思政拓展】

从 2010 年到 2017 年，ImageNet 项目每年都会举办一次大规模的计算机视觉识别挑战赛，各参赛团队通过编写算法来正确分类、检测和定位物体及场景。ImageNet 项目的成功改变了大众对人工智能领域的认知，即数据是人工智能研究的核心，数据比算法重要很多。从此，数据标注拉开了序幕。目前，学术界尚未对数据标注的概念形成一个统一的认识，受到较为广泛认可的是由王翀和李飞飞等人提出的定义，他们认为，标注是对未处理的初级数据，如图片、视频、文本、语音等进行加工处理，并将它们转换为机器可识别信息的过程。原始数据一般通过数据采集获得，随后的数据标注相当于对数据进行加工，然后将数据输送到人工智能算法和模型里完成调用。数据标注产业主要根据用户或企业的需求，对图像、文本、声音等对象进行不同方式的标注，从而为人工智能算法提供大量的训练数据。

对于数据标注，按照不同的分类标准，可以有不同划分。当以标注对象作为分类基础时，可以将数据标注细化为图像数据标注、文本数据标注和语音数据标注。不同数据标注分类方法的优缺点如表 6-5 所示。

表 6-5　数据标注分类及优缺点

分类方法	优点	缺点
图像数据标注	使人脸识别和无人驾驶等技术得到发展和完善	相对复杂、耗时
文本数据标注	减少了文本识别领域的人工工作量	人工识别过程复杂
语音数据标注	帮助人工智能领域中语音识别功能的完善	算法无法直接理解语音内容，需要进行文本转录

数据标注产业的发展促进了人工智能的蓬勃发展，其主要的应用场景如下。

（1）出行行业。对于出行行业而言，数据标注除用于汽车自动驾驶研发外，还结合物联网数据、交通网络大数据以及车载应用技术，进一步帮助规划出行路线和优化驾驶环境。数据标注在出行行业常见的应用有以矩形框或描点的方式对车辆进行标注、以矩形框或描点的方式标注人体轮廓、采集地址兴趣点、在地图上做出相应地理位置信息标记的 POI（Point of Interest）标记等。

（2）安防行业。目前，智能安防的发展如火如荼。随着安防应用适用性的进一步提升，数据处理速度与效率的提高，安防从被动防御向主动预警发展的需求增长，安防行业对数据标注的需求与日俱增。其中，人脸标注、视频分割、语音采集、行人标注等都是数据标注在安防行业中的重要应用。

（3）医疗行业。人工智能和大数据分析技术在医疗行业可以深入洞察医学知识和数据，帮助医生和患者解决在医学影像、新药研发、肿瘤与基因、健康管理等领域所面临的影像识别困难、药物研发成本巨大、癌症治疗效果不佳等难题。数据标注在医疗行业涉及的应用场景有手术工具标识、处方识别、医疗影像标注、语音标注等。

（4）金融行业。无论是身份验证、智能投资顾问，还是风险管理、欺诈检测等，以高质量的标注数据提高金融机构的执行效率与准确率，已经成为一大趋势。其中，文字翻译、语义分析、语音转录、图像标注等都是具有代表性的重要应用。

（5）服务行业。对各种服务数据进行人工智能处理是提高公共服务水平与效率的有效途径。在这个过程中，确定内容是否符合描述的内容审核，对具有相同意思的语句进行归类的语义分析，将音频转化为文字的语音转录以及查看视频是否符合要求的视频审核等都是数据标注在服务行业中的常见应用。

6.2.1 图像数据标注

图像标注（Image Captioning）包括图像标注和视频标注。图像标注一般要求标注人员使用不同的颜色对不同的目标标记物进行轮廓识别，然后给相应的轮廓打上标签，用标签来概述轮廓内的内容，以便使算法模型能够识别图像中的不同标记物。图像标注常用于为人脸识别、自动驾驶车辆识别等应用提供样本。

图像标注主要包括图像分类、物体检测、描点标注等任务。图像分类是从给定的标签集中选择合适的标签并分配给被标注的图像，通常一张图可以有很多分类/标签，如运动、读书、购物、旅行等。物体检测是从图像中选出要检测的对象，并通过标框标注的方式将物体标注出来，如对车辆进行物体检测，如图 6-3 所示。描点标注是指将需要标注的元素（如人脸、肢体）按照需求位置进行点位标识从而实现特定部位关键点的识别，如对人物的骨骼关节进行描点标注，如图 6-4 所示。

随着图像数据标注的不断发展，出现了大量的图像数据标注工具，常用的有 LabelImg、LabelMe、RectLabel、VOTT 和 ModelArts 等。其中，ModelArts 不仅可以进行图像数据的标注，还可以进行文本数据标注和语音数据标注。

图 6-3　对车辆进行物体检测

图 6-4　对人物的骨骼关节进行描点标注

图像数据标注需遵循一定的质量标准。机器学习中图像识别的训练是根据像素点进行的，因此，图像标注的质量好坏取决于像素点判定的准确性。标注像素点越接近标注物的边缘像素，那么标注质量越高，标注难度就越大；反之，则标注质量越差，标注难度也会越小。按照100%准确率的图像标注要求，标注像素点与标注物的边缘像素点的误差应该在 1 个像素以内。

目前，比较常用的图像数据标注质量评估算法有多数投票（Majority Voting，MV）算法、期望最大化（Expectation Maximization，EM）算法和 RY 算法，各算法的优缺点如表 6-6 所示。

表 6-6　图像数据标注质量评估算法及其优缺点

算法名称	优点	缺点
MV 算法	简单易用	没有考虑每个标注任务、标注者的不同可靠性
EM 算法	在一定意义下可以收敛到局部的最大化	数据缺失比例较大时，收敛速度比较缓慢
RY 算法	将分类器与 Ground-truth 结合起来进行学习	需要对标注专家的特异性和敏感性强加先验

由表 6-6 可知，相比于 EM 算法和 RY 算法，MV 算法的通用性更强，而 EM 算法和 RY 算法同样也可以为标注者提供一定的帮助。

6.2.2 文本数据标注

文本数据标注是指根据一定的标准或准则对文字内容进行诸如分词、语义判断、词性标注、文本翻译、主题事件归纳等注释工作。文本数据标注在生活中的应用比较广泛，主要包括名片自动识别、证照识别等。

目前，常用的文本数据标注有情感标注、实体标注、词性标注和其他文本类标注等。其中，情感标注需要判定一句话包含的情感，如 3 级情感标注（正向、中性、负向），要求高的情感标注会分成 6 级甚至 12 级。实体标注需要将一句话中的实体提取出来，如电视、足球、门等；有时还需要划分这句话的类别，如音乐、百科、新闻等；或标注出文本中的动作指令，如开门、播放等。词性标注需要判定一句话包含的词汇的词性，如动词、名词和形容词等，对一句话采用词性标注进行标注，如图 6-5 所示。在图 6-5 中，n、v、vn、a、uj 和 ul 分别代表句子中词语的词性，即 n 表示名词，v 表示动词，a 表示形容词，vn 表示动名词，uj 表示助词，ul 表示连词。

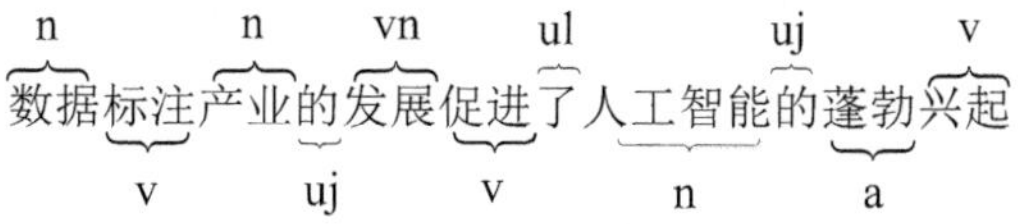

n n vn ul uj v
数据标注产业的发展促进了人工智能的蓬勃兴起
v uj v n a

图 6-5 词性标注

文本数据标注为目前的热门之一，随之出现了大量的文本数据标注工具。其中，主要的文本数据标注工具有 LabelBox、BRAT、DeepDive 和 ModelArts 等。

文本数据标注需要遵循一定的质量标准。由于文本标注中的任务较多，所以不同任务的质量标准各有不同。例如，中文分词的质量标准是标注好的分词与词典中的词语一致，不存在歧义；情感标注的质量标准要求对标注句子的情感分类级别正确；多音字标注的质量标准是借助专业性工具（如字典）标注一个字的全部读音；语义标注的质量标准是标注清楚词语或句子的真实语义。

当前用于文本数据标注质量评估的算法较多，主要的算法及其优缺点如表 6-7 所示。

表 6-7 文本数据标注质量评估算法及其优缺点

算法名称	优点	缺点
BLEU 算法	方便、快捷，结果有较大的参考价值	测评精度易受常用词干扰
ROUGE 算法	参考标注越多，待评估数据的相关性就越高	无法评价标注数据的流畅度
METEOR 算法	评估时考虑了同义词匹配，提高了评估的准确率	长度限制，被评估的数据量较小时，测量精度较高
CIDEr 算法	从文本标注质量评估的相关性上升到质量评估的相关性	对所有匹配上的词都同等对待，会导致部分词的重要性被削弱
ZenCrowd 算法	将算法匹配和人工匹配结合，在一定程度上实现了标注质量和效率的共同提高	无法自动为指定实体选择最合适的数据集

由表 6-7 可知，这 5 种算法都有自身独特的优点，可以为标注者提供很好的帮助。同时，每一个算法也有一定的缺点。因此，标注者在选择质量评估算法时，需要根据待标注数据的实际情况来选择合适的算法。

6.2.3 语音数据标注

语音数据标注是通过算法模型识别转录后的文本内容，并将其与对应的音频进行逻辑关联。语音数据标注的应用场景包括实时翻译、自然语言处理等。

语音数据标注的常用方法是语音转写、语音分割等。在语音转写中，标注人员需要在听一段语音后，将听到的语音转写出来，如图 6-6 所示。语音转写根据语种可以分为中文、外文、方言等，根据时长可以分为短语音和长语音，通常，1 分钟以下（通常为 3s 左右）的语音为短语音。语音长短、声音质量、有无预打标结果、是否需要切割等因素都会较大地影响语音转写的难度。语音分割是语音识别技术领域的一个重要子问题，是识别自然语言中的单词、音节或音素之间的边界的过程。正如大多数自然语言处理问题一样，进行语音分割必须考虑语境、语法和语义，即使如此，得到的结果往往只是概率分割而不是绝对的分类。

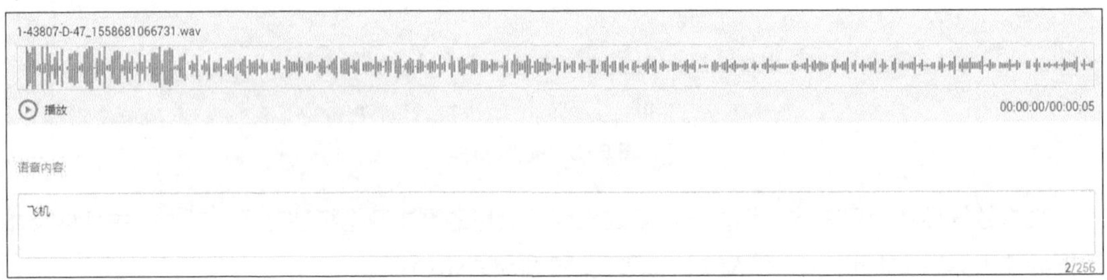

图 6-6 语音转写

语音数据标注与生活中的众多方面息息相关，为了满足人们的需求，出现了部分语音数据标注工具。其中，主要的语音数据标注工具有 CIA、Praat 和 ModelArts 等。

语音数据标注需遵循一定的质量标准。在进行语音数据标注时，标注员需要时刻关注语音数据发音的时间轴与标注区域的音标是否同步。标注与发音时间轴的误差要控制在 1 个语音帧以内。如果误差超过 1 个语音帧，那么很容易标注到下一个发音，从而产生更多的噪声数据。

目前，语音数据标注质量评估算法主要有词错误率（Word Error Rate，WER）算法和句子错误率（Sentence Error Rate，SER）算法，这两种算法的优缺点如表 6-8 所示。

表 6-8 语音数据标注质量评估算法及其优缺点

算法名称	优点	缺点
WER 算法	可以分数字、英文、中文等情况进行分别标注	数据量大的时候性能会特别差
SER 算法	对句子的整体性评估要略优于 WER 算法	句错误率较高

由表 6-8 可知，当数据量较大时，采用 SER 算法进行语音数据标注质量评估比较好。反之，当数据量较小时，采用 WER 算法进行语音数据标注质量评估比较好。

小结

本章介绍了数据处理中的 ETL 数据整合、数据标注和分类，其中 ETL 数据整合部分主要介绍了 ETL 的常用工具、ETL 数据整合的常用操作以及 ETL 任务流程的监控、维护和优化。数据标注和分类部分主要介绍了图像数据标注、文本数据标注和语音数据标注这 3 种数据标注类型。

习题

（1）ETL 数据整合是对数据进行抽取、（　　）和装载的过程。

A. 合并　　B. 转接　　C. 转换　　D. 置换

（2）ETL 数据整合中，有关转换的说法正确的是（　　）。

A. 一个转换里可以包含多个组件　　B. 一个转换里只有一个组件

C. 转换不包括数据抽取　　D. 转换不包括数据装载

（3）ETL 调度日志不包括的是（　　）。

A. 调度过程日志　　B. 任务执行日志

C. 系统操作日志　　D. 任务详细事件日志

（4）下面不属于图像数据标注质量评估算法的是（　　）。

A. RY 算法　　B. MV 算法　　C. SER 算法　　D. EM 算法

（5）下面属于文本数据标注主要的应用场景的是（　　）。

A. 人脸识别　　B. 证照识别

C. 语音识别　　D. 自动驾驶车辆识别

第 7 章 数据备份与恢复

数据备份用于在系统遇到紧急情况时提供进行恢复操作的数据，是保证系统长期稳定运行的后备保障。“二十大”报告指出“我们所处的是一个充满挑战的时代，也是一个充满希望的时代”，智能计算平台在保护其环境中的数据方面面临多重挑战，如数据量急剧增长。同时，新的法规不断出台，意味着智能计算平台对数据备份提出了更为严格的要求。本章将介绍数据备份的基本概念，备份的技术和解决方案，还将介绍 Linux 文件系统和 OceanStor 的备份与恢复。

【学习目标】

① 了解数据备份的基本概念。
② 了解数据备份的组网、介质和分类。
③ 了解快照技术和重删技术两种高级备份技术。
④ 掌握常规备份解决方案组网设计方法。
⑤ 熟悉 OceanStor 备份解决方案。
⑥ 掌握 Linux 文件系统和 OceanStor 的备份与恢复。

【素质目标】

① 培养学生正确的忧患意识。
② 培养学生严格要求的工作态度。
③ 形成严谨踏实的工作作风。

7.1 数据备份概述

【微课视频】

防止数据丢失的有效方法是实行数据备份。数据备份虽然很重要，但是却容易被忽视，在一些企业中，甚至是在网络管理中，仍然得不到足够的重视。数据备份是顺利且安全地恢复已经被破坏或已经丢失的数据库的基础性工作，可以理解为，没有数据库的备份，就没有数据库的恢复，所以企业应将数据备份和恢复的工作列为一项不可忽视的系统工作，为其网站选择相应的备份设备和技术，进行经济可靠的数据备份，从而避免可能造成的重大损失。

7.1.1 概念

数据备份是容灾的基础，是指防止因操作失误或系统故障导致数据丢失，而将全部或部分数据集合从应用主机的硬盘或阵列中复制到其他存储介质的过程。传统的数据备份主要采用内置或外置的磁带机进行冷备份，但是这种方式只能防止操作失误等人为故障，且恢复时间较长。随着技术的不断发展，数据的海量增加，不少企业开始采用网络备份。网络备份一般是通过专业的数据存储管理软件结合相应的硬件和存储设备实现的。

对数据的威胁通常难以防范，如果这些威胁变为现实，那么不仅会毁坏数据，而且会毁坏访问数据的系统。计算机里重要的数据、档案或历史纪录，对企业用户或个人用户，都是至关重要的，如果不慎丢失，会造成不可估量的损失，严重的会影响企业的正常运作，给科研、生产造成巨大的损失。

为了保障生产、销售、开发的正常运行，企业用户应当采取先进、有效的措施，对数据进行备份，防患于未然。

7.1.2 备份组网介绍

备份软件提供丰富的组网方式，供用户根据现网情况来灵活部署。目前很多备份软件都支持 LAN-Base 和 LAN-Free 两种最成熟的组网方式，但是这两种组网方式对业务服务器有性能的影响。而在 Server-Free 组网下，数据不需要经过业务服务器，从而可以避免备份任务对业务的影响。为了减轻备份网络压力，备份软件还提供重删压缩功能，减少备份数据在备份网络上传输的情况发生。除此之外，为了消除 LAN-Free 备份方式对应用服务器性能的影响，用户希望备份过程对应用服务器无影响，即实现 Server-Less 方式。

备份管理服务器、介质服务器和备份代理是备份软件的重要部件，它们可以独立部署，也可以集成部署在一台物理服务器上。部署方式主要取决于备份数据量、带宽和组网要求。如果备份数据量少，需要节约硬件资源，那么可以选择集中部署。

如果数据量比较大，那么对备份介质带宽要求会很高，需要独立部署多个介质服务器，甚至需要多台介质服务器协同分担负载；如果采用 LAN-Base 组网或采用多站点分布式备份，那么也需要单独部署介质服务器，即在每个分支站点部署介质服务，减少备份数据流在站点间的传输。

1. LAN-Base 备份组网结构

LAN-Base 备份组网如图 7-1 所示，在该系统中数据的传输是以网络为基础的。配置一台服务器作为备份服务器，由它负责整个系统的备份操作。备份介质接在某台服务器上，当数据备份时，备份对象将数据通过网络传输至备份介质，从而实现备份。

LAN-Base 备份组网结构的优点是充分利用已有网络，可节省投资，集中备份管理；对设备的要求较低。LAN-Base 备份组网结构的缺点是：占用较多现有网络带宽，备份性能受限，对主机应用有一定影响。

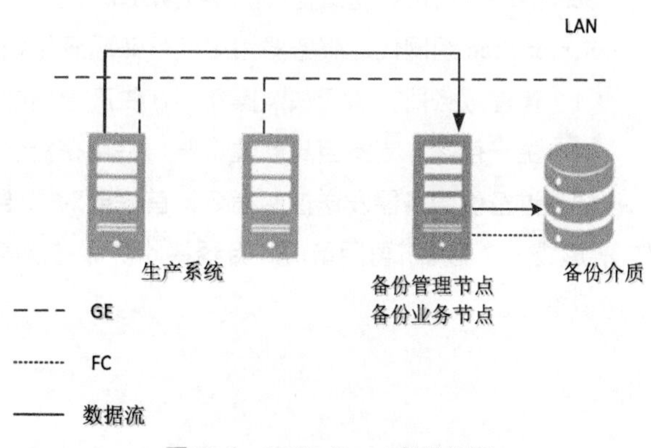

图 7-1　LAN-Base 备份组网

2. LAN-Free 备份组网结构

LAN-Free 备份组网如图 7-2 所示，它是建立在存储区域网（SAN）的基础上的。基于 SAN 的备份是一种彻底解决传统备份方式需要占用 LAN 带宽问题的解决方案。LAN-Free 备份组网采用一种全新的体系结构，将备份介质各自作为独立光纤节点，数据流不再经过网络，是一种无须占用网络带宽（LAN-Free）的解决方案。

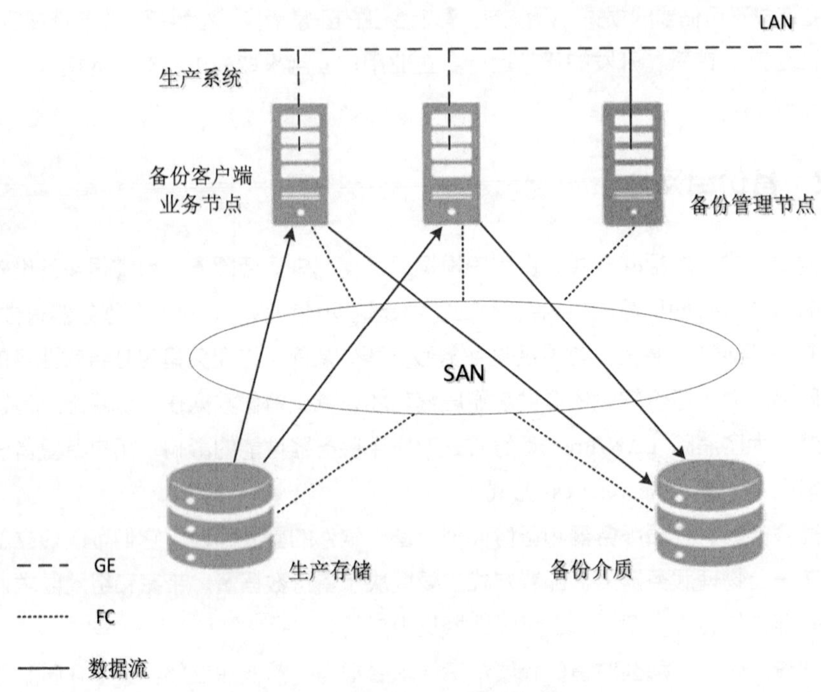

图 7-2 LAN-Free 备份组网

LAN-Free 备份组网结构的优点是对现有业务网络影响小，备份性能好。LAN-Free 备份组网结构的缺点是增加对网络的投资，对设备要求较高，对生产主机性能有影响。

3. Server-Free 备份组网结构

Server-Free 备份组网结构如图 7-3 所示。

Server-Free 组网代理服务器和生产存储需满足如下要求。

（1）代理服务器：执行快照操作，在生产存储中产生快照。

（2）生产存储：支持自身创建快照，并且在备份软件的同时，兼容此类型存储。

要通过备份服务器发送控制指令，首先要对需要备份的数据卷做一个快照（或者其他类似操作），形成一个副本，再用备份服务器将此快照卷挂载上，利用备份服务器将此卷上的数据备份至备份设备上。

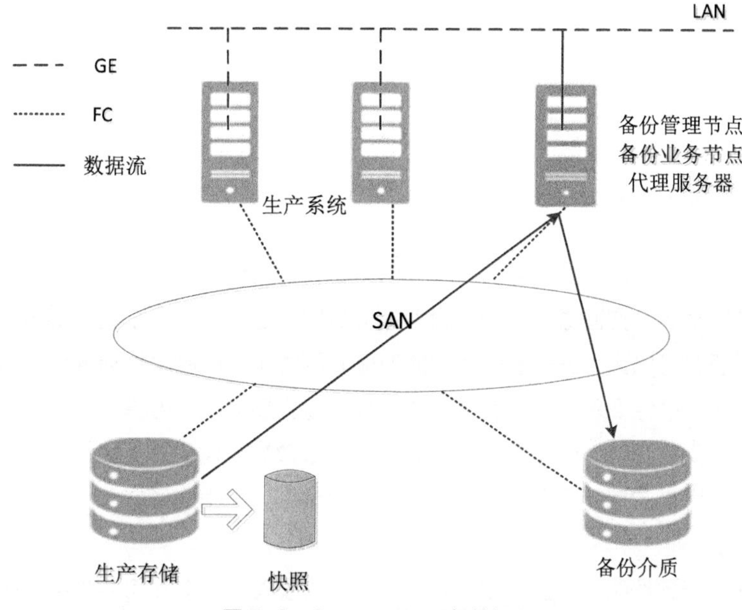

图 7-3　Server-Free 备份组网

Server-Free 备份组网结构的优点是对业务主机几乎无影响；对现有业务网络几乎无影响；备份性能好，依赖于 SAN 网络。Server-Free 备份组网结构的缺点是对网络的投资较大，对设备要求高。

4. Server-Less 备份组网结构

Server-Less 备份组网结构如图 7-4 所示。

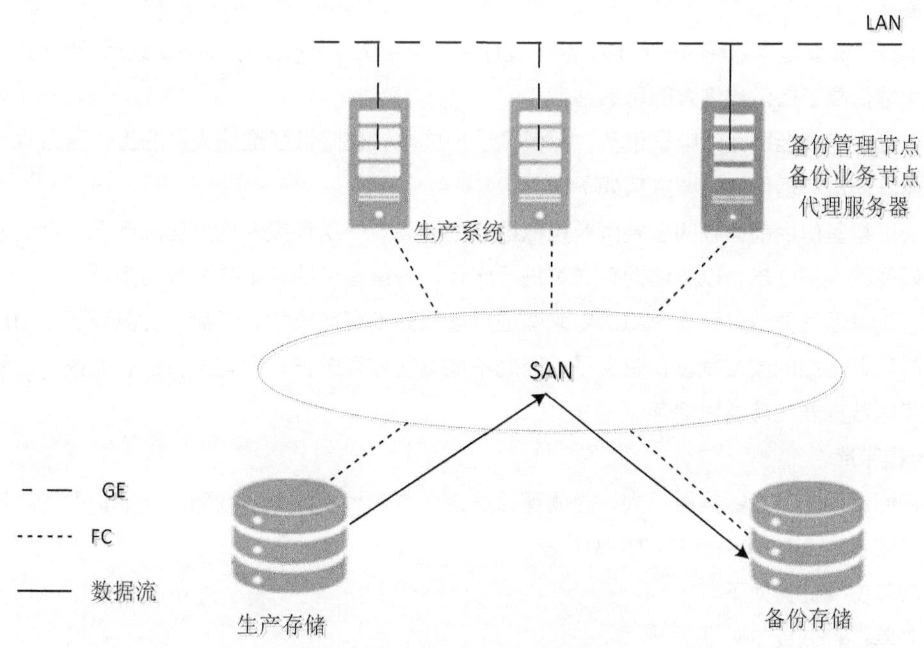

图 7-4　Server-Less 备份组网

Server-Less 备份技术是以全面释放网络和服务器资源为目的的，技术核心是在 SAN 的交换层实现数据的复制工作，这样的备份形式不仅无须经过网络，而且也不必经过应用服务器的总线，能够保证网络和应用服务器的高效运行。

7.1.3 备份介质

备份数据要有存放数据的安全容器，即备份介质。对备份介质的基本要求一般从存取速度、存储安全和存储容量 3 个方面进行考虑。存取速度是对备份介质的一个基本要求，使用存取速度非常高的备份介质，可以大大缩短备份数据的时间，同时也可以减少恢复数据的时间。存储安全是对备份介质的一个硬性要求，存储容量也是选择备份介质必须要考虑的一个方面，过大的存储空间会造成存储设备的浪费，过小的存储空间可能导致数据存储失败。因此，必须根据备份数据的大小，选择相应大小的存储介质，此外，还要兼顾成本。常用的备份介质如下。

1. 磁盘阵列

磁盘阵列适用于数据量大，备份窗口较小，对备份设备的性能和可靠性要求很高的场合，如数据中心。相关的产品如华为 OceanStor 系列存储。

磁盘阵列进行备份的主要优势如下。

（1）磁盘备份的性能基本上是磁带备份的 10 倍以上。迅速完成备份，尽快释放备份占用的资源对那些数据量庞大而备份时间窗口有限的用户，如银行来说是非常重要的。磁盘的恢复性能和备份性能基本相等，有助于用户在数据丢失时在最短的时间内恢复数据，减少业务中断的损失。而对一些需要大量历史数据的新兴业务，如数据挖掘和在线分析等，更高的数据恢复性能也具有重要的意义。

（2）由于磁盘是全封闭电子结构，整个过程中不需要人工干预，故障率要远远低于磁带设备，所以极大地提高了备份和恢复的可靠性。

（3）磁盘作为全密闭的电子设备，降低了维护成本，也降低了维护人员的工作压力。

磁盘阵列进行备份的主要劣势如下。

（1）磁盘备份目前面临的主要问题是磁盘价格较高，一次性投入仍然居高不下，但是如果考虑磁带设备的维护成本，以总体拥有成本进行比较，磁盘备份的成本并没高出多少。

（2）磁盘通常要通过建立 RAID 组来保证其读写效率和可靠性。磁盘一旦离开了 RAID 组和其读写阵列，上面的数据就没有意义了，因此不能离线保存数据。而有的行业，如银行业则明确规定其某些数据要能够离线保存。

2. 磁带库

磁带库适用于备份数据量不大，时间窗口宽裕，或希望将数据异地离线长期保存的场景，相关的产品如 HP MSL6060、IBM TS3310 等。

磁带库主要优势如下。

（1）单位存储成本较低。

（2）可实现数据和读写装置分离，可离线保存。

（3）容量扩展性好。

（4）出现时间长。

磁带库主要劣势如下。

（1）只能顺序读写，不能随机读写，备份或恢复的时间较长，不能满足迅速增长的备份数据量的需求。

（2）纯机械装置，硬件机械故障率较高。

（3）磁带介质本身较脆弱，容易受到外界环境的影响而失效，如温度、湿度和粉尘等。

（4）管理、维护成本较高。

（5）设备冗余性较差（通常只有大型磁带库有电源冗余）。

3. 虚拟磁带库

虚拟磁带库（Virtual Tape Library，VTL）可以融入现有磁带备份环境中，与磁带产品配合使用，构成一个集磁带和磁盘两种技术优势的解决方案，适用于需继承企业原有磁带的备份架构策略，又需提高备份速度的场景，相关的产品如华为 VTL6900。

虚拟磁带库的主要优势如下。

（1）无须更改原有磁带存储系统架构，可以继承企业原有的磁带备份策略。

（2）采用磁盘存储，读写性能较高。

（3）可采取压缩、重复数据删除等技术，使存储性能更高。

（4）管理方便。

虚拟磁带库的主要劣势如下。

（1）虚拟磁带库的存储介质为磁盘，这会导致单位存储成本较高。

（2）整体部署成本较高。

（3）不能像物理磁带库（一种存储设备，包含一个或多个磁带机、许多插槽、一个条形码阅读器以及一个用于装载磁带的自动机械臂）那样通过更换磁带来扩充容量，其容量扩展性能较真实磁带库差。

4. 光盘塔、光盘库

光盘库是一种带有自动换盘机构（机械手）的光盘网络共享设备。光盘库一般由放置光盘的光盘架、自动换盘机构和驱动器 3 个部分组成。

目前很多大型企业都有自己的专用多媒体信息，如企业宣传片、产品宣传片、企业介绍 VCD 和广告 VCD 等，以及一些重要的技术文档和资料的数据，均存放在各种 CD/VCD/DVD 光盘上，但在实际情况中，企业不可能为每位用户都配备一张光盘，因此涉及多媒体光盘的存放和网络共享问题。这时，企业可以考虑采用光盘库。光盘库适用于对速度要求不高、容量不大、不需要经常擦写的场景，如教育、档案、图书馆、广电等行业，相关的产品如 SonyPDJ-1080。

光盘库的主要优势如下。

（1）光驱、光盘的价格较低，具备成本优势。

（2）光盘介质保存时间长。

（3）对保存环境要求较低。

光盘库的主要劣势如下。

（1）读写速度低。光盘库一般配置 1～6 台 CD-ROM 驱动器，可容纳 100～600 片 CD-ROM 光盘。用户访问光盘库时，自动换盘机构首先将 CD-ROM 驱动器中的光盘取出，并放至盘架上的指定位置，再从盘架中取出所需的 CD-ROM 光盘，送入 CD-ROM 驱动器中。由于自动换盘机构的换盘时间通常在秒量级，所以光盘库的访问速度较低。

（2）容量比较低。通常一张光盘只有几十 GB 的容量。

（3）通常不可反复擦写。

（4）支持并发用户数量较少，通常可以支持几十个用户并发访问。

5. 云备份

云备份是个解决方案，通过集群应用、网格技术或分布式文件系统等功能，将网络中大量各种不同类型的存储设备通过应用软件集合协同工作，共同对外提供数据存储备份和业务访问的功能服务。可用于云备份的产品有 OceanStor 9000、FusionStorage 等。

云备份的主要优势如下。

（1）对于终端客户，部署简单。

（2）无须客户备份介质，备份系统。

（3）投资较小。

（4）扩容方便。

云备份的主要劣势如下。

（1）需要有将数据传输到云端的足够带宽。

（2）网络传输成本较高，速度较慢。

7.2 备份技术

备份技术（Redundancy Technique）是指利用备份系统实现数据备份和恢复的技术。通常各种操作系统都附带了备份程序，但随着数据的不断增加和系统要求的不断提高，附带的备份程序已经无法满足日益增长的需要。

【微课视频】

7.2.1 备份分类

备份类型如图 7-5 所示，主要包括完全备份、累积增量式备份、差异增量式备份。

（1）完全备份：又称为全量备份，是在某一个时间点上对所有数据进行完全复制，在从备份发起到备份结束的这个阶段中，若一个文件发生了改变，则改变的部分将在下次备份时进行备份。

（2）累积增量式备份：以上一次的完全备份为基准进行备份。若之前未进行任何备份，则备份所有文件。

（3）差异增量式备份：以上一次的备份为基准进行备份，与累积增量式备份的基准不同的是，差异增量式备份不限制上一次的备份级别。若之前未进行任何备份，则备份所有文件。

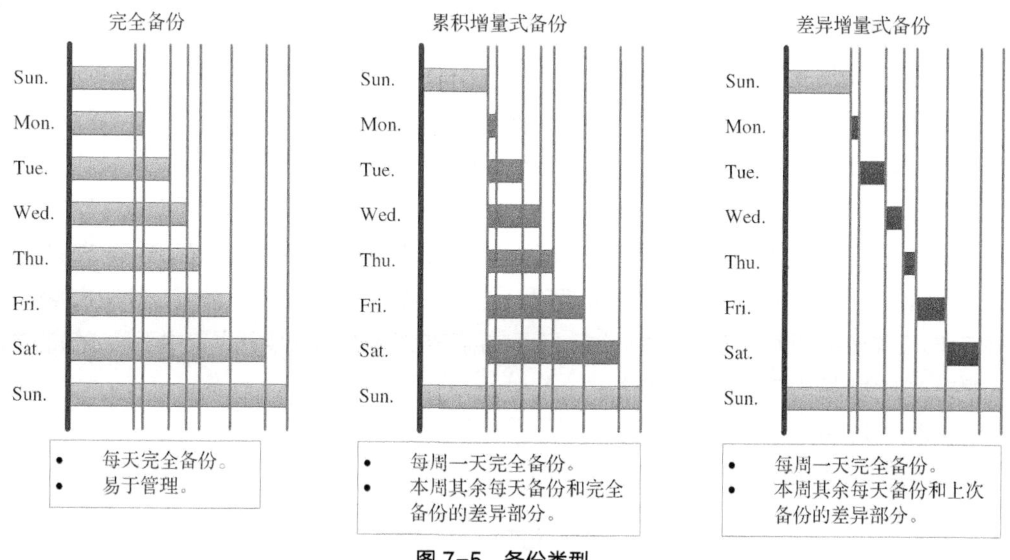

图 7-5 备份类型

这 3 种备份方式的优缺点对比如表 7-1 所示。

表 7-1 3 种备份方式的优缺点对比

备份方式	优点	缺点
完全备份	能够基于上一次的完全备份快速恢复数据，恢复窗口小	所占用的存储空间大，每次备份耗时长，备份窗口大
累积增量式备份	相对于完全备份来说，每次备份可以节约一个完全备份的存储空间，备份窗口较小，恢复窗口较小	恢复时必须依赖上一次完全备份和本次的累积增量式备份才能完整恢复数据，恢复时间较差异增量式备份较短
差异增量式备份	能够最大限度地节省存储空间，备份窗口小	数据恢复必须依赖上一次完全备份和每一次的差异增量式备份才能对数据进行完整恢复，恢复时数据重构较慢，恢复时间较长

此外，在备份类型分析当中还需要注意以下几点。

（1）应在同一策略中结合完全备份使用，但不要在同一个策略中结合使用差异增量式备份和累积增量式备份。

（2）默认情况下，若文件创建与完全备份或差异增量式备份间的时间间隔少于 5 分钟，则备份将成功，但也会备份其他文件，且差异增量式备份或累积增量式备份可能会产生意外结果。

（3）通常，应用环境对备份存储空间和备份窗口的要求较高，因此更多使用完全备份和差异增量式备份的结合。

7.2.2 高级备份技术

对高级备份技术主要以 OceanStor 备份技术为例进行说明，OceanStor 备份技术能够有效缩短备份时间，实现对业务零影响，可秒级恢复快照数据，还能进一步减少存储空间，节省带宽占用，降低整体投入成本。OceanStor 备份技术主要包括快照技术和重删技术。

1. 快照技术

存储网络行业协会（Storage Networking Industry Association，SNIA）对快照（Snapshot）的定义是：关于指定数据集合的一个完全可用复制，该复制包括相应数据在某个时间点（复制开始的时间点）的映像。快照可以是其所表示的数据的一个副本，也可以是数据的一个复制品。

快照的主要作用是进行在线数据的备份与恢复。当存储设备发生应用故障或文件损坏时，快照可以快速将数据恢复到某个可用的时间点的状态。快照的另一个作用是为存储用户提供另一个数据访问通道，当原数据进行在线应用处理时，用户可以访问快照数据，还可以利用快照进行测试等工作。所有存储系统，无论高中低端，只要应用于在线系统，快照就是其中不可或缺的功能。下面是对本地快照备份和快照副本保护的介绍。

（1）本地快照备份

本地快照备份架构如图 7-6 所示。

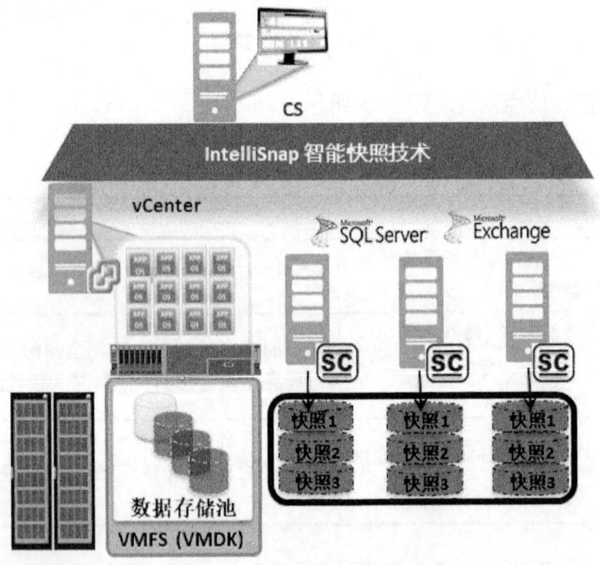

图 7-6　本地快照备份架构

本地快照备份机制如表 7-2 所示。

表 7-2　本地快照备份机制

保护			恢复	
本地阵列	索引的复制	应用一致性	本地阵列	基于应用的恢复
• 基于阵列本地格式； • 在阵列上创建	• 文件信息在索引缓存（index cache）进行索引； • 可检索的快照	• Log 管理； • DB Mount > Snap Mining（Obj）	• 卷恢复； • 通过 Clone/Mount 形式进行内容回写（copy back）	• DB 恢复（RPO）； • Log 恢复； • DB Mount > Obj Recovery Tool

本地快照备份的特点如下。

① 在快照之前对应用发起静默，再触发硬件存储快照，创建具有应用一致性的快照副本。快

照完成后，在本地对快照数据进行编目索引，或者对快照进行离线备份。

② 在恢复时，可以利用快照副本快速恢复数据库和应用，或恢复一个文件、Oracle 数据库的表空间以及某一张表，也可以通过快照挂载直接读取或恢复快照点的数据和应用。

（2）快照副本保护

快照副本保护架构如图 7-7 所示。

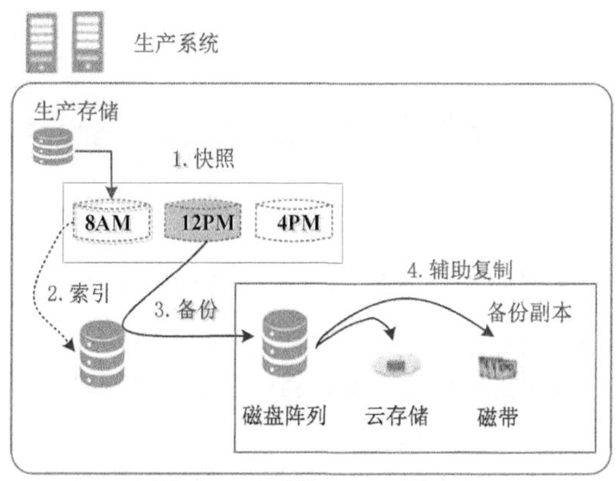

图 7-7　快照副本保护架构

快照副本保护机制如表 7-3 所示。

表 7-3　快照副本保护机制

保护			恢复
挂载路径的操作	索引的复制	在线内容感知、重删和加密	通过 CV 恢复操作
• 备份作业； • Containerized/Chunks； • 存储与位置无关	• 仅关联的文件被提取、索引或保护； • 全 SP 复制		• 依靠 APP IDA； • 跨服务器、BMR、颗粒度恢复

快照副本保护的特点如下。

① 在快照之前对应用发起静默，再去触发硬件存储快照，创建具有应用一致性的快照副本。快照完成后，在本地对快照数据进行编目索引，或者对快照进行离线备份，然后将快照备份副本复制到远端的磁盘、磁带或云存储，进行远端保护或做长期归档保留，作为后续数据查询和恢复的参考点。

② 通过快照备份副本进行数据备份，消除数据备份时间窗口，可以在不中断生产系统业务的情况下，做到数据的异地保存，提高了数据的可靠性。在恢复时，可以通过本地快照副本快速恢复数据库或应用，或者恢复一个文件、Oracle 数据库的表空间以及某一张表。

③ 可以在本地利用快照挂载直接读取或恢复快照点的数据或应用。如果本地快照损坏，可以通过远端的备份副本恢复数据，实现多重备份和多重恢复。

2. 重删技术

重删过程如图 7-8 所示。

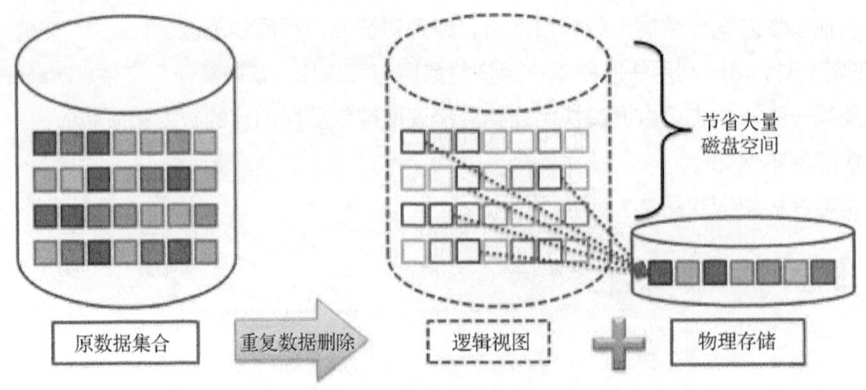

图 7-8　重删过程

重复数据删除过程为对需要存储的数据，以块为单位进行哈希比对；对已经存储的数据块不再进行存储，只是用索引来记录该数据块；对没有存储的新数据块，先进行物理存储，再用索引记录，这样相同的数据块在物理上只存储一次。通过索引，可以看到完整的数据逻辑视图，而实际上物理存储的数据却很少。

重删主要分为源端重删、目标端重删、全局删除、并行重删和基于重删的合成全备 5 种。

（1）源端重删

源端重删的流程如图 7-9 所示。

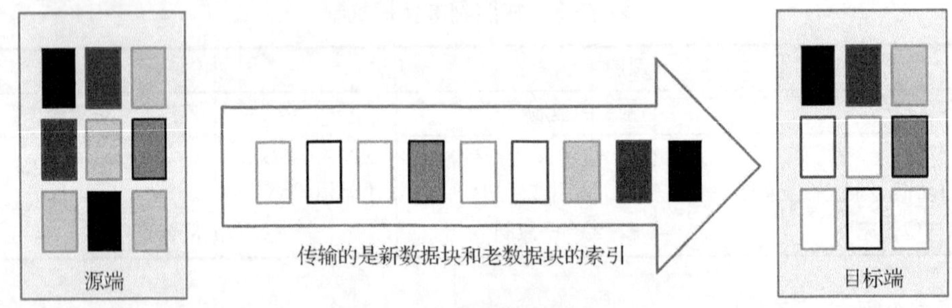

图 7-9　源端重删的流程

在数据从源端传输到目标端的过程中，在源端先对被传输的数据块进行哈希比对。如果该数据块先前已经被传输过，那么只需要传输哈希索引值；如果该数据块先前没有被传输过，那么传输的是该数据块，并记录该数据块的哈希值。

源端重删的优点是可节约传输带宽，缺点是要占用源端资源进行去重处理。

（2）目标端重删

在数据从源端传输到目标端的过程中，将数据块传送到目标端，在目标端进行去重操作。

在目标端有以下两种处理方式。

① 在线处理方式（In-Line）：在数据块存储之前进行去重处理，优点是占用存储空间较少，缺点是会影响数据传输性能。

② 后处理方式（Post-Processing）：先将数据块存储在缓存中，等系统空闲时再进行去重处理。优点是不影响数据传输性能，缺点是需要额外的存储空间。

（3）全局删除

全局删除的流程如图 7-10 所示。

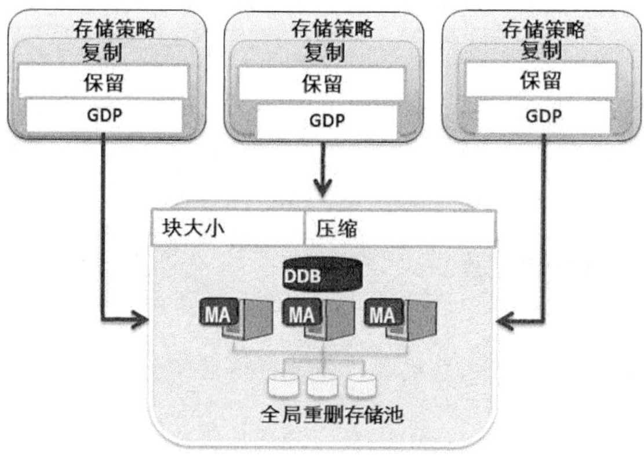

图 7-10　全局删除的流程

在图 7-10 中，DDB（Deduplication DataBase）表示重删数据库；GDP（Global Deduplication Policy）表示全局重删存储策略。

将重删目标从单个客户端（单个 MA（Media Agent））扩大到多个 MA，可进一步降低备份存储空间需求。多个具有不同存储策略的去重复制使用相同的去重池作为备份目标，其使用相同的 DDB、磁盘库和去重属性，但保留周期可以不一样。同一个全局重删存储策略可以关联独立存储策略的主复制和次级复制。

（4）并行重删

并行重删的流程如图 7-11 所示。

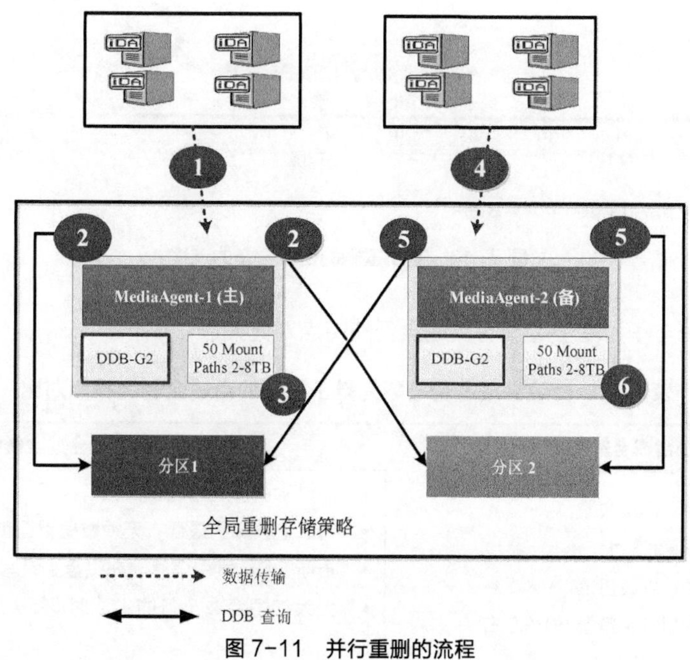

图 7-11　并行重删的流程

并行重删的具体流程如下。

① 客户端根据存储策略选择 MA，发送数据到 MA。

② MA 使用内部算法选择哪个分区以执行签名查找。如果所选的分区在其他 MA 上，那么可以通过网络进行查找。

③ 如果数据已经存在，那么在所选择的分区中更新 DDB，在 MA 访问的装载路径上更新元数据；如果数据是新的，那么在所选择的分区 DDB 中插入签名，将数据写入 MA 能存取的装载路径。

④ 在其他客户端利用重删网格重复类似操作。

⑤ 选择不同的 MA。

⑥ 数据总是写到选定的 MA，而签名查找可能在任意的分区上执行。

（5）基于重删的合成全备

基于重删的合成全备的流程如图 7-12 所示。

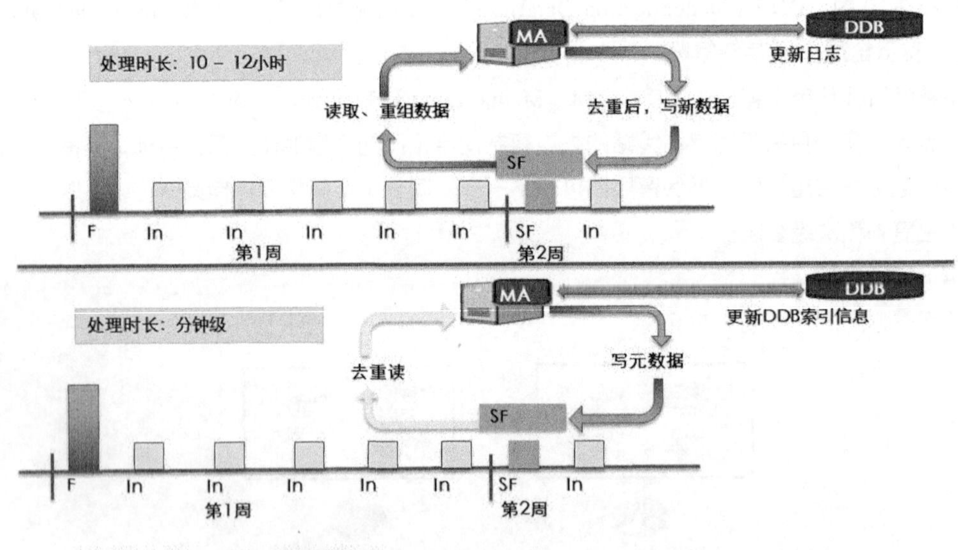

图 7-12　基于重删的合成全备的流程

传统合成全备与华为基于重删的合成全备的特点对比如表 7-4 所示。

表 7-4　传统合成全备与华为基于重删的合成全备的特点对比

传统合成全备特点	华为基于重删的合成全备特点
• 读取、重组数据和再次去重； • 耗时长、MA 资源消耗大； • 只有新的数据才写到磁盘上； • 合成全备会比常规的全备慢 50%左右	• 通过索引快速创建整合全备； • 将磁盘读降到最低，无须数据重组和再次去重； • 更新 DDB 索引信息，在磁盘上只写元数据； • 大大缩短合成全备的生成时间，从几个小时缩短到几分钟

7.2.3 华为 OceanStor 应用实例

通过某大学图书馆备份和某工作单位备份两个实例解释华为的 OceanStor 备份。

1. 某大学图书馆备份

某大学图书馆备份案例主要从业务挑战、解决方案和客户收益 3 个方面展开，具体内容如下。

【思政拓展】

（1）业务挑战

某大学图书馆备份业务上面对的主要难点有：现网应用以虚拟机平台为主，备份性能低；图书馆书籍分类数目多，缺乏统一的备份平台；另外还需要建立一个异地灾备中心，保证备份数据安全。

（2）解决方案

解决方案的流程如图 7-13 所示。

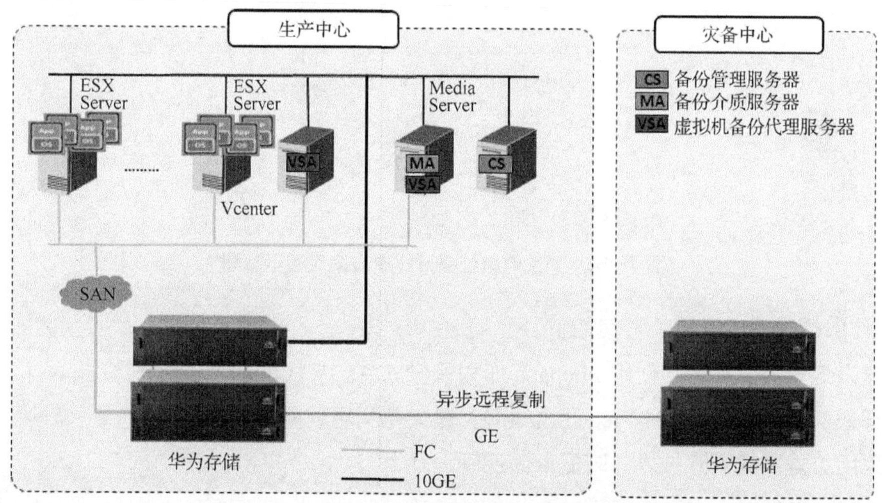

图 7-13　某大学图书馆备份解决方案流程示意图

某大学图书馆备份主要解决方案如下。

① 使用 LAN-Base 组网方式部署，采用 Enterprise 集中备份解决方案。

② 采用 Simpana 作为备份软件，华为存储作为本地备份介质及异地灾备中心备份介质。

（3）客户收益

通过上述解决方案，能给客户带来的收益有以下几点。

① 不需要在每台虚拟机上安装代理软件，可及时自动发现新增虚拟机，保证了虚拟机平台的高效备份。

② 采用重复数据删除技术，大大减少了存储资源的占用。

③ 通过远程复制技术，实现快速可靠备份。

2. 某工作单位备份

某工作单位备份案例主要从业务挑战、解决方案和客户收益 3 个方面展开，具体内容如下。

（1）业务挑战

某工作单位备份业务上面对的主要难点有：业务数据快速增长，管理工作困难；缺乏统一业务应用平台进行业务备份；同时希望建设一套备份系统，能实现业务备份平台与上下级单位进行数据交互。

（2）解决方案

解决方案的流程如图 7-14 所示。

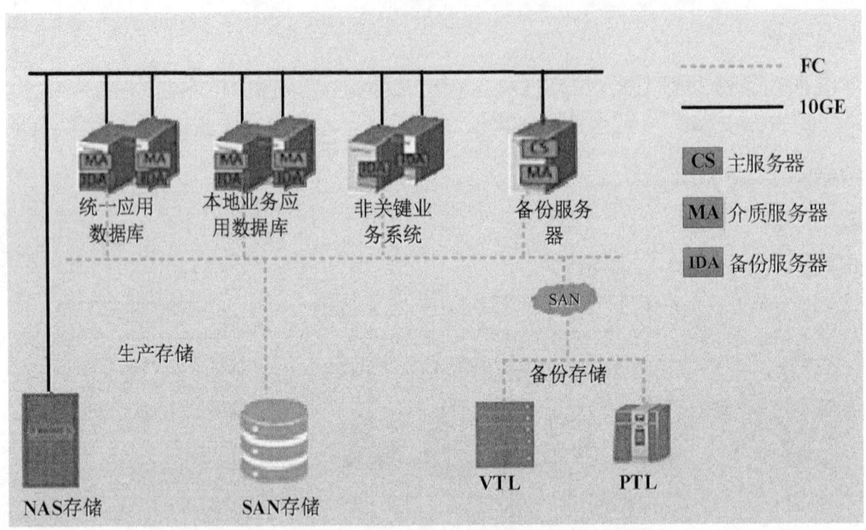

图 7-14　某工作单位备份解决方案流程示意图

某工作单位备份主要解决方案如下。

① 建设统一备份平台，使用 Simpana 作为备份软件，VTL6900 作为备份介质。

② 部署 LAN-Base、LAN-Free 混合组网，最大化利用现网资源。

③ 采用重复数据删除技术，降低存储空间消耗。

（3）客户收益

通过上述解决方案，能给客户带来的收益主要有以下几点。

① 实现统一业务数据库、本地业务应用数据库、应用服务器和非关键业务系统的高性能备份。

② 新建统一业务备份平台，完全满足上下级单位数据交互需求。

③ 对不断增长的数据进行统一备份管理，备份系统支持弹性扩展。

④ 重复数据删除降低了带宽及存储设备的消耗。

7.3 备份解决方案

随着科技的不断发展，数据呈指数级增长，重要数据的体量也日趋庞大。因此，如何保护好计算机系统里的数据，保障数据的完整性，并且完整地保存各阶

段的数据、信息内容，将是数据安全面临的重要挑战。因为关键业务不允许发生数据丢失，当发生存储设备宕机、设备损坏、人为误操作或发生数据逻辑错误时，数据会出现一定程度的丢失，对于关键业务，数据丢失会造成很大的损失，所以需要一套数据备份解决方案对关键业务进行全面保护。这套数据备份解决方案应能够对关键业务实施数据在线保护，保证关键业务服务器内的数据能够实现备份，并能够在关键业务宕机时，及时恢复关键业务，保证业务数据的安全，最大限度地减少因系统宕机或人为误操作造成的损失。

7.3.1 常规备份解决方案组网设计

数据备份是一种有效的数据保护手段，是最基础的保护措施。目前，各个企业可能已经对部分信息建立了数据安全保护机制，以防止由于客观因素及人为误操作等造成的数据、信息损坏甚至丢失。然而，应用实践经验的增加、设备产品信息的不断更新，造成了数据、信息的大幅度增长，原有的备份手段已不能满足现有的需求，这使得数据备份管理工作变得分散而困难。针对以上问题，介绍两种完整的备份方案，其具体内容如下。

1．一体化备份方案

一体化备份将所有备份服务组件集成于一台硬件服务器，部署简单，投资成本低，适用于备份需求相对简单、备份数据量相对较小的用户。一体化备份架构如图 7-15 所示。

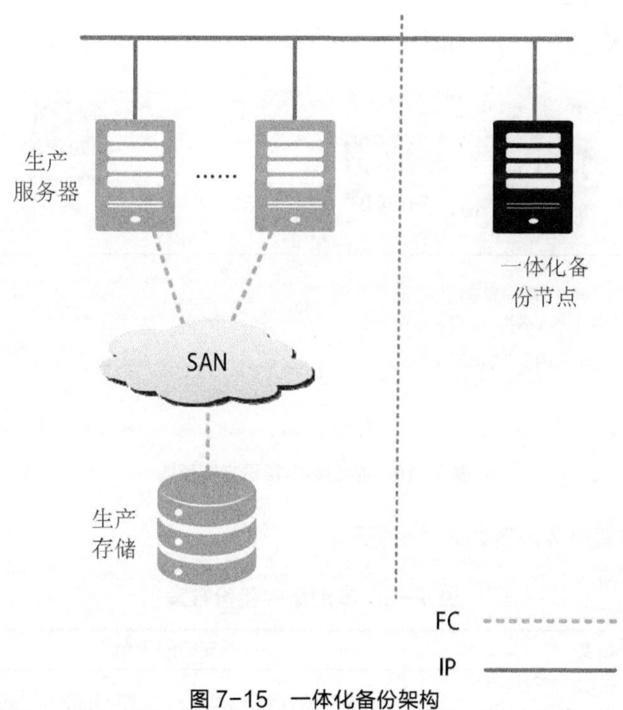

图 7-15　一体化备份架构

方案说明如下。

（1）整个备份系统包含备份代理、一体化备份节点和交换机（可选）三个组件。

（2）一体化备份节点提供备份管理服务、备份介质服务和备份介质，所有的备份策略制订与执行、备份数据的存储均由该设备承担。

（3）备份代理部署在生产服务器上，负责获取生产服务器上需要备份的数据并发送给一体化备份节点。

（4）支持多种备份方式、重复数据删除、细粒度恢复等特性，提供多用户管理、报表管理、集中告警管理等功能。

2. 集中备份方案

备份是为了数据恢复，而归档是为了法规遵从。如果始终保持两者的分离，那么管理数据量的增加势必会提高管理复杂性。所以有必要进行转型，将备份和归档融合，即集中备份。集中备份分为本地集中备份、本地和远程集中备份和多分支集中备份。

（1）本地集中备份

本地集中备份方案架构如图 7-16 所示。

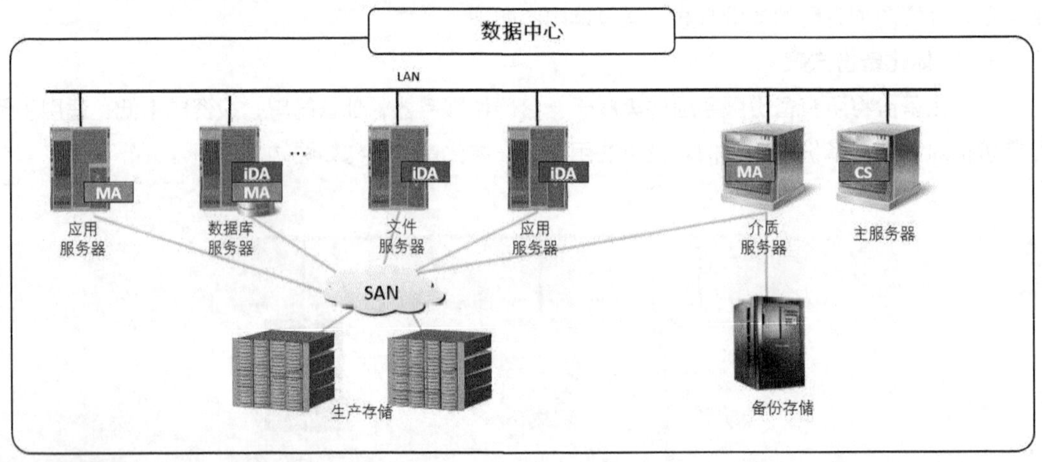

图 7-16　本地集中备份方案架构

本地集中备份方案具体内容如表 7-5 所示。

表 7-5　本地集中备份方案

方案亮点	支持的平台	适用场景
• 支持并行重删，节约备份存储空间； • 支持调用存储阵列的硬件快照进行数据备份，业务零影响，秒级恢复； • 全图形化 GUI 统一管理，无需编写任何脚本，操作维护简单	• 支持 Windows、Linux 和 UNIX 平台的文件和应用备份； • 支持 VMware、Hyper-V、FusionCompute 虚拟化平台备份	本地 DC 集中备份、运营商、企业等

（2）本地和远程集中备份

本地和远程集中备份方案架构如图 7-17 所示。

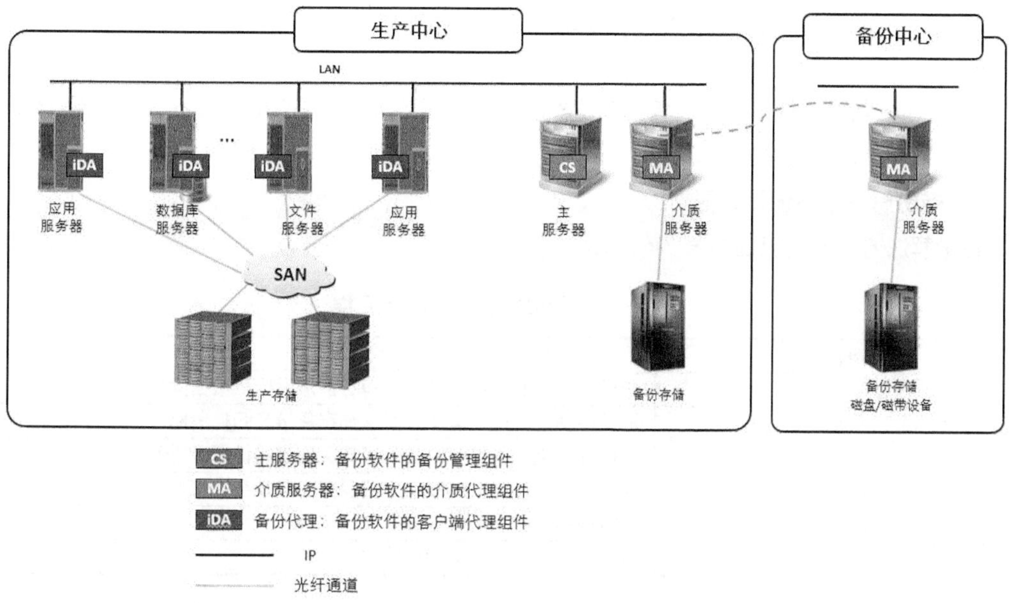

图 7-17　本地和远程集中备份方案架构

与本地集中备份方案相比，本地和远程集中备份方案的适用场景还有远程备份。

（3）多分支集中备份

多分支集中备份方案架构如图 7-18 所示。

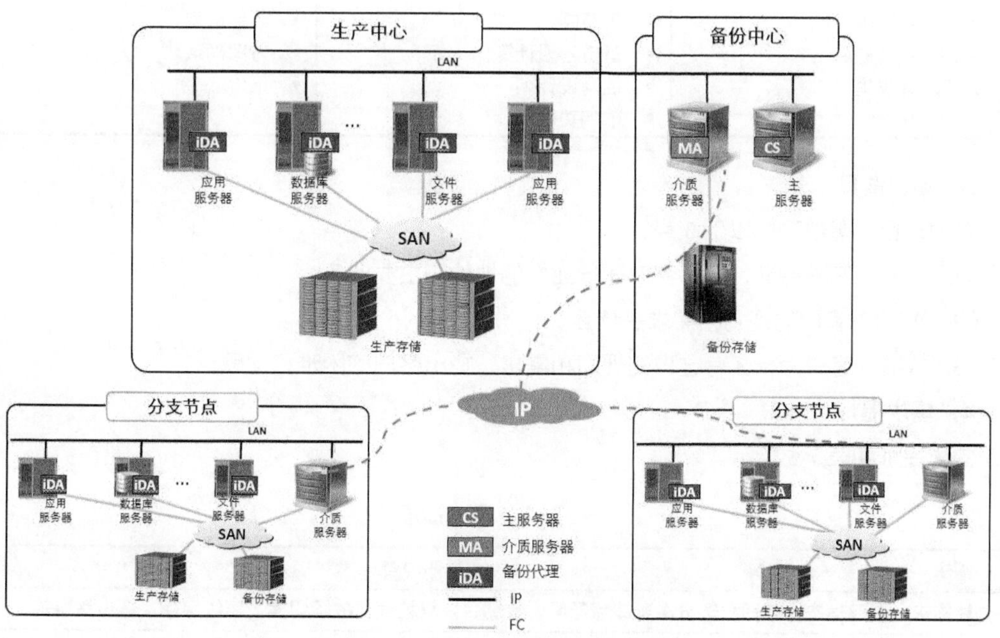

图 7-18　多分支集中备份方案架构

与本地集中备份方案相比，多分支集中备份方案的亮点还有多个备份域统一管理，运维管理成本降低 50%；适用场景还有统一管理。

7.3.2 OceanStor 备份解决方案

OceanStor 备份解决方案主要包括备份解决方案的设计流程及方法论，以及项目背景、客户需求提炼、现网环境收集等要素。OceanStor 备份解决方案的具体内容如下。

1. 备份解决方案设计流程

备份解决方案设计流程如表 7-6 所示。

表 7-6　备份解决方案设计流程

流程	内容
需求分析及信息搜集	分析现网情况和客户需求，确定备份目标和数据类型
备份及归档策略设计	根据不同的应用类型及数据量确定备份及归档策略
带宽及网络设计	根据数据量、备份策略及网络状况确定备份所需带宽
容量及存储策略设计	根据备份及存储策略确定后端存储容量及存储策略
备份系统迁移设计	确定迁移第三方备份系统的操作步骤
其他特性设计	确定报表、告警等附加功能配置

2. 备份解决方案设计方法论

备份解决方案设计方法论如表 7-7 所示。

表 7-7　备份解决方案设计方法论

调研	设计	配置
• 项目背景调研； • 客户需求与提炼； • 现网环境收集	• 兼容性确认； • 策略制订； • 备份容量计算； • 组网设计； • 附加功能设计	• 组件选型； • 方案确认； • 报价

3. 项目背景

针对项目，需要了解以下 3 点。

（1）Who：客户是谁，了解客户在行业中的地位和主要业务。

（2）What：客户的规划和需求是什么。

（3）Why：客户为什么有这样的规划和需求，找出客户的困难和问题。

4. 需求提炼

需求提炼如表 7-8 所示。

表 7-8　需求提炼

需求	具体内容
功能需求	包括本地或远程备份、多站点备份、重删、恢复粒度、故障切换、离线保存、备份策略等
性能指标	包括 RPO、RTO、备份窗口等

续表

需求	具体内容
运维需求	包括统一管理、自动备份、监控和告警、报表统计与分析、全 GUI 操作、分权、分域等
其他需求	包括认证资质要求、国产化要求等

5. 现网环境收集

现网环境收集如表 7-9 所示。

表 7-9　现网环境收集

收集信息	具体内容
网络信息	包括各站点内部组网、各站点内带宽情况、站点间带宽情况等
生产系统设备信息	包括有几个站点、每个站点分别有哪些设备等
备份对象	包括待备份数据类型和应用版本信息等
数据量	包括各类型的数据量大小、数据增量大小、数据量总和等

6. 兼容性设计

兼容性设计注意事项如下。

（1）需要确认备份源端的操作系统、文件系统的类型及版本。

（2）根据客户现网的文件系统特点，结合备份软件官方兼容性列表，得出备份方案的可行性。

（3）应用程序不在兼容性列表中：通过其他方式将应用数据导出为文件，再对文件进行备份。

（4）操作系统或应用程序版本太旧：使用备份软件的旧版本，要求更新操作系统或应用程序。

（5）操作系统或应用程序版本太新：等待软件更新。

7. 策略制订原则

OceanStor 备份解决方案在策略制订时需要遵循的原则如下。

（1）根据数据重要性衡量数据备份频率。

（2）根据变化量衡量任务执行时间。

（3）在备份窗口内保证同一时间段内备份使用的网络带宽充足。

（4）根据数据量大小衡量数据保留期限。

（5）在满足备份窗口充分利用带宽的前提下，尽量保证备份策略独立、时间分离。

8. 策略制订

策略制订如表 7-10 所示。

表 7-10　策略制订

业务系统重要性	备份频率	保留周期
高	每 4 小时 1 次全备	保留 1 天
中	每周 1 次全备、1 次增备	保留 1 个月
低	每月 1 次全备	保留 3 个月

注：建议值最终以客户的需求为准。

9. 备份容量

备份容量计算如表 7-11 所示。

表 7-11　备份容量计算

类型	备份容量计算	计算公式
前端容量	由初始数据量和数据增量决定	前端容量=初始容量+每天增量×天数
后端容量（无重删）	由备份频率和保存周期决定	• 后端容量（无重删）=（全备容量总和+增备容量总和）×（1+冗余比）={全备次数×初始容量+[全备次数×（全备次数－1）÷2]×增备数据量×（一个全备周期内的增备次数+1）+增备次数×增备数据量}×（1+冗余比）; • 冗余比推荐：10%～50%
后端容量（带重删）	与备份频率、保存周期、数据类型、数据变化率相关	• 后端容量（备份软件重删）=SUM（各类型数据重删前存储容量÷重删比）; • 后端容量（备份介质重删）=SUM（各类型数据重删前存储容量）÷重删压缩比
后端容量（带复制）	与复制份数、复制时是否带重删相关	• 复制时不带重删：后端存储容量 1=本站点数据备份所需存储容量+复制到本站点的数据量; • 复制时带重删：后端存储容量 2=本站点数据备份所需存储容量+复制到本站点的数据量÷重删比; • 一般文件系统的重删比：5～6.7

注：冗余比：预留空间，避免因其他原因造成备份空间用尽；重删比：前端数据量÷后端数据量（无压缩）；重删压缩比：前端数据量÷后端数据量（有压缩）。

10. 重删策略

重删功能选择如表 7-12 所示。

表 7-12　重删功能选择

功能分类	适用场景	详细说明
源端重删（备份软件重删）	• 客户端服务器资源充足; • 网络带宽紧张	在备份客户端上进行去重比较，网络中传输的是已去重的数据。优点是可节约传输带宽，缺点是要占用源端资源进行去重处理
目标端重删（备份软件重删）	• 客户端服务器资源有限; • 网络带宽充足	所有数据块传输到备份服务器，再进行去重对比。优点是不占用源端的资源，缺点是不能节省传输带宽
目标端重删（备份介质重删）	• 客户端服务器资源有限; • 网络带宽充足	所有数据块传输到备份设备，再进行去重对比。优点是不占用源端的资源，缺点是不能节省传输带宽

11. 带宽计算

常用的带宽计算方式主要有以下两种。

（1）第一种带宽计算

计算单次全备所需的带宽（主要有不带重删、源端重删和介质端重删 3 种情况），确认现网带宽是否满足要求，确定备份组网方式。

① 需求带宽（不带重删）=全备数据量÷备份窗口÷带宽利用率（带宽利用率一般取 0.8）。

② 需求宽带（源端重删）=全备数据量÷重删比÷备份窗口÷带宽利用率（重删比一般取 2）。

③ 需求带宽（介质端重删）=全备数据量÷备份窗口÷带宽利用率。

（2）第二种带宽计算

有复制需求时，计算复制所需的带宽（主要有不带重删和带重删两种情况），确认现网带宽是否满足要求。

① 需求带宽（不带重删）=复制数据量÷复制窗口÷带宽利用率。

② 需求带宽（带重删）=复制数据量÷重删比÷复制窗口÷带宽利用率。

若现网带宽不满足需求，则需要建议客户进行带宽扩容，或者增大复制窗口。

12. 组网设计

LAN-Base 组网在 GE 网络的实际最大传输速率不超过 100MB/s，如果需求带宽超过该值，那么建议采用 LAN-Free 组网。

在多业务系统的数据中心，可根据不同业务系统需要备份的数据量大小，采用 LAN-Base 和 LAN-Free 混合组网。

一台介质服务器的备份性能是 450MB/s，可根据此值计算介质服务器数目。

假如有大小为 1040GB 的文件，备份窗口为 6 小时，GE 网络，则计算所需带宽、确定备份组网的方式如下。

（1）需求带宽（不带重删）=1040GB÷6h÷0.8=61.6MB/s，可采用 LAN-Base 组网。

（2）需求带宽（源端重删）=1040GB÷2÷6h÷0.8=30.8MB/s，可采用 LAN-Base 组网。

（3）需求带宽（介质端重删）=1040GB÷6h÷0.8=61.6MB/s，可采用 LAN-Base 组网。

7.4 备份与恢复

近年来，以计算机和网络为基础的信息产业获得了空前的发展，人们越来越重视数据的安全性。数据备份和灾难恢复逐渐成为热点问题。由于各种客观原因，人们无法预测何时、何地会发生何种程度的灾难，也不可能完全防止、控制其发生。但高性能的数据备份与恢复方案能充分保护系统中有价值的信息，保证灾难发生时系统依旧可以正常工作。

【微课视频】

7.4.1 Linux 文件系统备份与恢复

Linux 是一个稳定而可靠的环境。但是任何计算系统中都可能出现无法预料的事件，如硬件故障、电源故障、人为破坏等，一些重要的数据丢失可能意味着致命的破坏，这时就有必要进行数据备份了。简而言之，数据备份就是将重要的数据复制一份至另外一个安全的位置，当数据发生损坏时可以通过备份的数据快速地对原有数据进行还原。

在 Linux 系统中，可以通过各种各样的方法执行备份，包括较为简单的命令行方式、相对复杂一些的脚本方式和精心设计的商业软件，备份可以保存在远程网络设备、磁带驱动器和其他可移动媒体上。

1．备份内容的选择

在 Linux 中通常需要备份两种类型的文件，分别是系统文件和配置文件。Linux 在备份内容的选择上要比 Windows 系统容易得多，Linux 中的配置文件都是基于文本的，在备份时只要将配置文件打包即可。

一般情况下，表 7-13 所示的目录是需要进行备份的。

表 7-13　需要备份的目录及目录内容介绍

目录	目录内容
/etc	包含系统的用户名与密码，所有核心配置文件如网络配置、系统名称、防火墙规则、组，以及系统中绝大多数的其他配置文件
/var	包含系统守护进程（服务）所使用的信息，如 DNS 配置、DHCP 租期、HTTP 服务器文件、数据库内容，以及默认用户邮件内容存放目录等
/home	包含所有普通用户的主目录，包含它们的个人设置、已下载的文件等内容
/root	root 用户的主目录，包含了 root 用户的各种信息文件
/opt	默认情况下许多非系统文件会安装在此处，如 OpenOffice、JDK 等软件
/boot	系统启动的相关文件，包括系统引导文件、GRUB 配置文件等
/usr/local	大部分软件的安装目录，部分软件默认安装在/opt 下

2．系统备份策略

系统备份策略主要包括完全备份和部分备份，具体内容如下。

（1）完全备份：对全部的系统文件进行备份，即备份整个“/”目录，常用于大型企业，备份时间相对较长，暂用备份资料较多，一般在安装好操作系统后，接入 Internet 之前进行完全备份，当系统发生故障时，通过备份文件即可还原整个操作系统。

（2）部分备份：部分备份是指只备份系统上的重要数据，当系统损坏，重新安装系统后还原文件即可；若文件损坏，则只需对相应的文件还原即可。相对于完全备份，部分备份的还原速度较快且占用资源较少。

3．Linux 备份恢复工具介绍

随着 Linux 应用的扩展，很多 Linux 的备份工具有了图形界面。Linux 的备份工具有许多，包含系统自带的、基于开发源代码的商业工具等，一些常用的备份恢复工具如表 7-14 所示。

表 7-14 Linux 常用备份恢复工具

工具	工具简介
Xtar	Xtar 是桌面环境下的图形化的 tar 工具，其具备了 tar 命令的所有特点，使得本来需要通过复杂的 tar 命令进行的备份恢复工作变得轻松，它几乎可以工作在任何平台下，可以备份各种文件系统，如 ext2、ext3、JFS 等，支持各种备份介质
KDat	KDat 是 Linux KDE 下的一款功能强大的工具，它使用了 GTK 图形库，具备友好的图形界面，可以实现压缩、解压缩、备份、恢复等功能，软件包名为 kdatadmin
Ghost for Linux	G4L 即 Ghost for Linux 的简称，它是一个开放源代码软件，是与 Norton Ghost 类似的硬盘及分区映像克隆工具，它可以将一个磁盘上的全部内容复制到另外一个磁盘，也可将整个磁盘或一个分区内容制作成镜像文件，当系统出现故障时，可以利用镜像文件及时地恢复。G4L 支持对创建的备份映像进行压缩处理，以便节省占用空间。G4L 也可以直接将镜像文件直接传输至 FTP 服务器上，方便用户下载，进行系统恢复
CD Creator	CD Creator 是 Red Hat Linux 自带的备份软件，它可以快速地将文件备份至 CD-R 中
dvdrecord	dvdrecord 是 Red Hat Linux 自带的命令行下的 DVD 刻录软件，常常用于不能启动图形化界面或远程刻录的场景。其具有刻录速度快等优点，如将 centos.dvd 刻录至光盘
MirrorDir	MirrorDir 是 Linux 下的一个开源软件，它可以对硬盘和分区进行镜像和恢复，MirrorDir 无图形界面，镜像和恢复速度较快，但不支持压缩，备份文件将占用大量空间
Partimage	Partimage 是一个支持压缩格式的备份软件，可以通过图形化界面和命令行两种方式进行操作，Partimage 主要支持的分区有 fat32、NTFS、ext2、ext3、ReiserFS、HPFS、JFS、XFS、UFS 等

7.4.2 OceanStor 备份与恢复

OceanStor 备份设备具有强大的数据保护能力，能够实现快速简便的部署，具有良好的可维护性和管理能力，并具有高性价比、高可用性、高可靠性的特征。OceanStor 备份与恢复的硬件、软件部署方案具体如下。

1. OceanStor 备份方案硬件部署

硬件部署方案如图 7-19 所示。

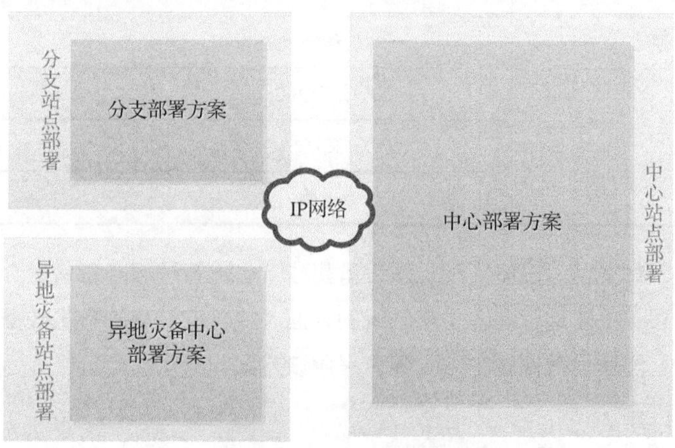

图 7-19 硬件部署方案

中心站点、分支站点和异地灾备站点都可以有自己的生产系统和备份系统，其中分支站点的数据先在本地做本地备份，再通过备份软件的远程复制备份到中心站点，中心站点数据可以通过备份软件的远程复制备份至灾备站点。按照组件的物理位置划分，可将部署方案分为中心站点部署、分支站点部署、异地灾备站点部署 3 个部分。

（1）中心站点部署

对于中心站点的部署，根据客户的需求可以选择一体式和分离式两种方案，方案具体内容如下。

① 一体式

一体式架构如图 7-20 所示。

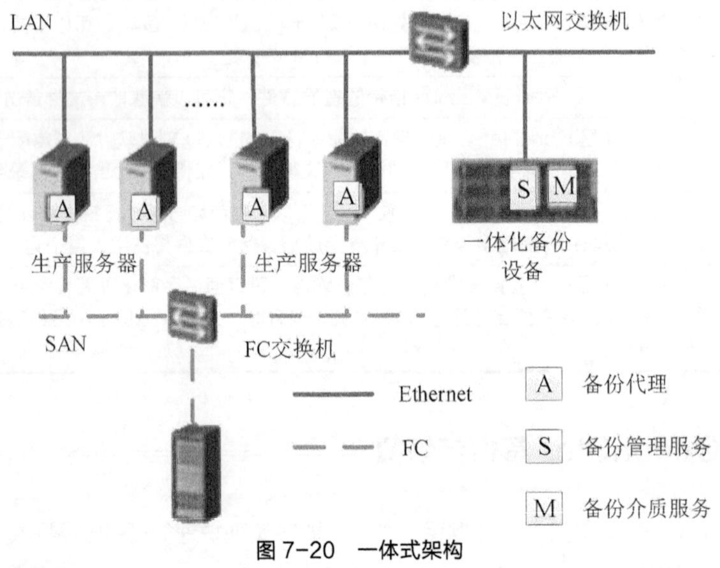

图 7-20　一体式架构

一体式配置规格如表 7-15 所示。

表 7-15　一体式配置规格

区域	硬件名称	说明
服务器、存储	一体式备份设备	必选
网络	10GE 交换机	可选
	GE 交换机	可选
	防火墙	可选

备份系统通过一体式备份设备实现，该设备集成了备份管理服务和备份介质服务，其中备份介质为一体式备份设备的本地存储。生产系统的数据（或分支站点的备份数据）通过一体式备份设备完成本地备份。当备份数据较少时，建议采用该方案。

② 分离式

分离式架构如图 7-21 所示。

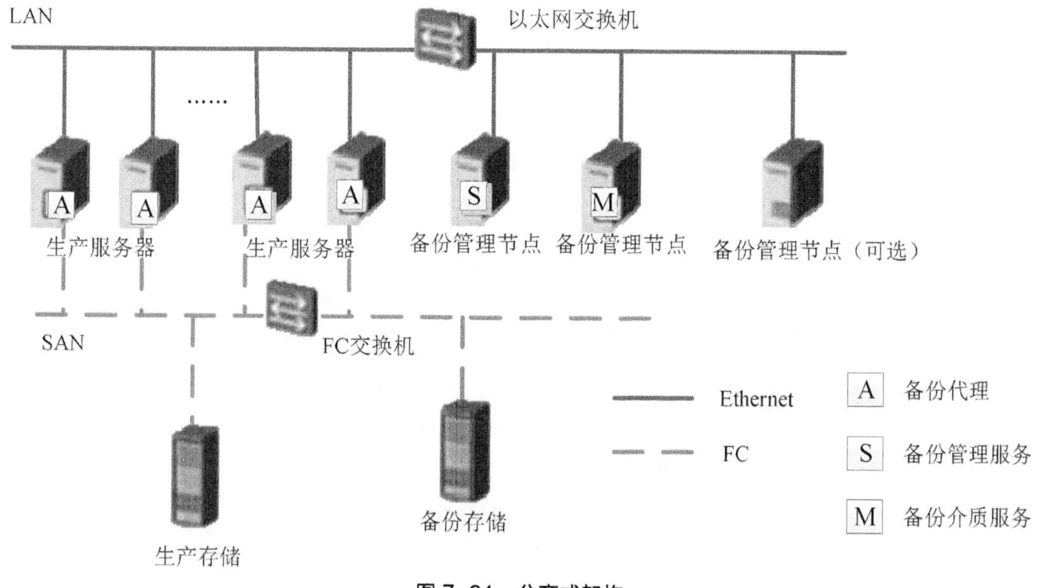

图 7-21　分离式架构

分离式配置规格如表 7-16 所示。

表 7-16　分离式配置规格

区域	硬件名称	说明
服务器存储	备份管理节点	必选
	备份业务节点	必选
	设备管理节点	可选
	备份存储	必选
网络	10GE 交换机	可选
	GE 交换机	可选
	FC 交换机	可选
	防火墙	可选

备份管理服务和备份介质服务分别部署在不同的服务器上，二者构成备份系统，其中备份介质为 SAN 存储。生产系统的数据（或分支站点的备份数据）可以通过备份系统备份到存储中。当备份数据量较大时，建议采用该方案。

（2）分支站点部署

对于分支站点的部署，根据客户的需求可以选择小分支和大分支两种方案，小分支即在分支站点只有生产系统的情况下，数据通过 LAN 网络备份到中心站点。大分支即在分支站点有自己备份系统的情况下，生产系统的数据可以通过备份系统来自动生成本地备份。两种方案的具体内容如下。

① 小分支

小分支架构如图 7-22 所示。

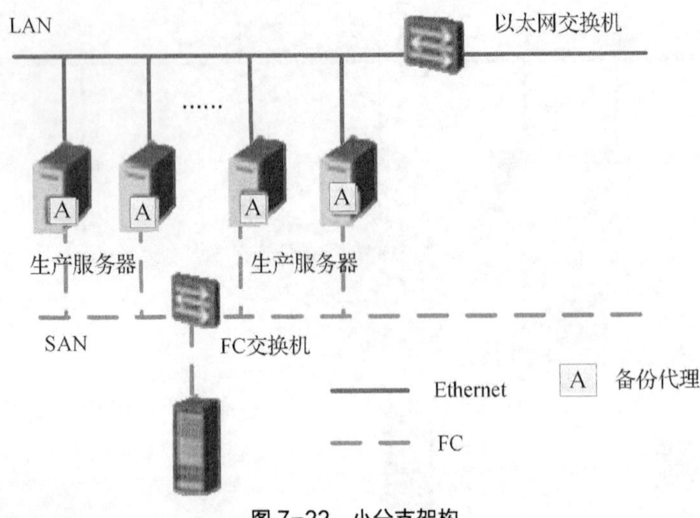

图 7-22 小分支架构

小分支配置规格如表 7-17 所示。

表 7-17 小分支配置规格

区域	硬件名称	配置规格	说明
网络	GE 交换机	Quidway 5300/S5700 GE 交换机组件	可选
	防火墙	Eudemon 1000E-X3/X5	可选

② 大分支

大分支架构如图 7-23 所示。

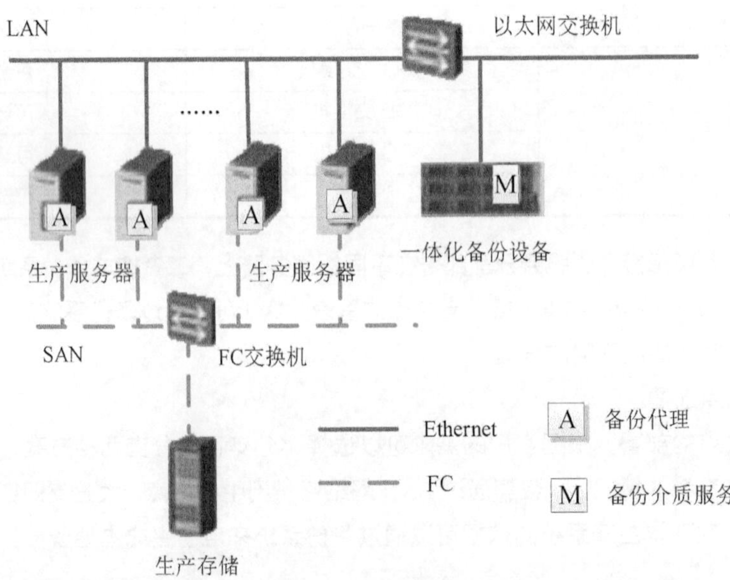

图 7-23 大分支架构

大分支配置规格如表 7-18 所示。

表 7-18　大分支配置规格

区域	硬件名称	说明
服务器、存储	一体化备份设备	必选
网络	10GE 交换机	可选
	GE 交换机	可选
	防火墙	可选

大分支和小分支的重要区别是大分支部署有自己的备份系统。生产数据通过一体化备份设备进行本地备份，然后再将本地副本远程复制到中心站点，在备份窗口内完成本地备份，远程复制不占用生产系统资源。

（3）异地灾备站点部署

对于异地灾备站点部署，对中心站点的数据通过备份软件复制至灾备中心，从而对备份数据进行再保护。异地灾备站点部署架构如图 7-24 所示。

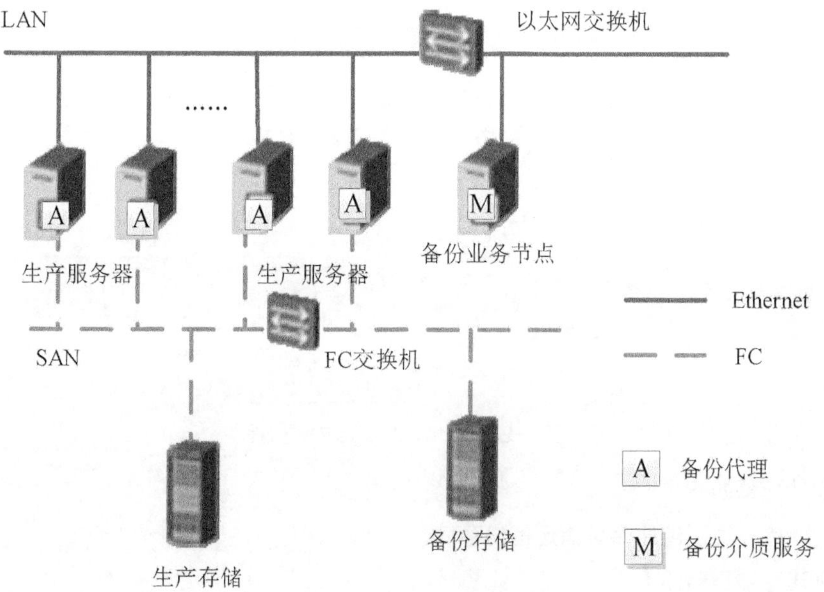

图 7-24　异地灾备站点部署架构

异地灾备站点部署配置如表 7-19 所示。

表 7-19　异地灾备站点部署配置

区域	硬件名称	说明
服务器、存储	备份业务节点	必选
	备份存储	必选
网络	10GE 交换机	可选
	GE 交换机	可选
	防火墙	可选

2. OceanStor 备份方案软件安装与配置

OceanStor 备份方案软件安装流程如表 7-20 所示。

表 7-20　OceanStor 备份方案软件安装流程

安装 Windows 操作系统	配置 IP 和 host 文件	安装与配置备份软件
• 安装 CommServer 操作系统; • 安装 MA 操作系统	• CommServer Host 文件; • MA Host 文件; • 客户端 Host 文件	• 配置操作系统防火墙; • 安装 CommServe; • 验证安装结果; • 安装 MA; • 验证安装结果; • 安装客户端代理; • 验证安装结果

注：须按顺序依次安装与配置。

CommServer 安装流程如图 7-25 所示。

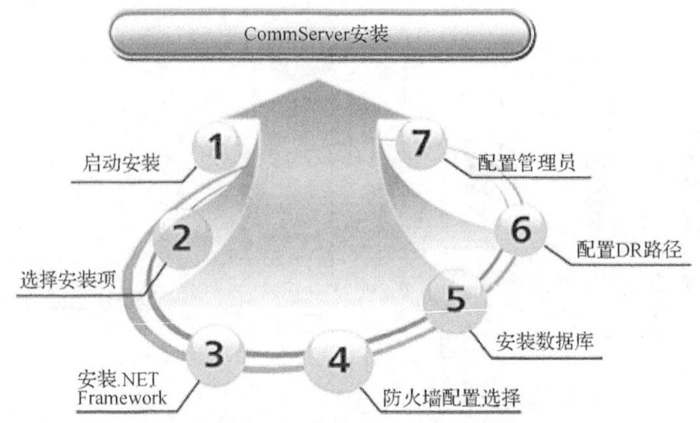

图 7-25　CommServe 安装流程

备份软件配置如下。

（1）创建库：通过创建库来指定备份存储。

（2）创建存储策略如下。

① 备份介质：包含备份介质的类型（VTL/PTL、SAN 存储、NAS 或云存储）、介质服务器的选择、备份路径的选择。

② 重删策略：客户端重删、全局重删、并行删除。

③ 保留策略：备份数据保留周期、保留循环。

④ 写流数：是 MA 到 Storage Media 的数据传输流数。

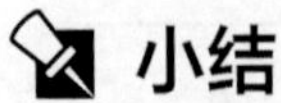 小结

本章主要介绍了数据备份的概念、组网结构、介质、分类和技术，并介绍了华为 OceanStor

应用实例。同时，介绍了常规备份解决方案组网设计和 OceanStor 备份解决方案。此外，还介绍了 Linux 文件系统备份与恢复和 OceanStor 备份与恢复这两种常见的备份与恢复方法。

习题

（1）下列备份组网结构的备份过程对应用服务器无影响的是（　　）。

A. LAN-Base　　B. LAN-Free　　C. Server-Free　　D. Server-Less

（2）下列不属于磁盘备份的优势的是（　　）。

A. 备份和恢复性能高　　B. 故障率低

C. 管理维护成本低　　D. 可以离线保存数据

（3）下列不属于重删技术的是（　　）。

A. 目标端重删　　B. 并列重删　　C. 全局重删　　D. 源端重删

（4）下列不属于 OceanStor 备份解决方案在策略制订时需要遵循的原则的是（　　）。

A. 根据数据量大小衡量数据保留期限

B. 根据数据重要性衡量数据备份频率

C. 在备份窗口内保证不同时间段备份使用的网络带宽充足

D. 根据变化量衡量任务执行时间

（5）安装与配置备份软件的流程不包括（　　）。

A. 安装操作系统　　B. 配置操作系统防火墙

C. 安装 CommServer　　D. 验证安装

第 8 章
机器学习基础算法建模

“二十大”报告指出“加强基础研究，突出原创，鼓励自由探索”。机器学习（Machine Learning，ML）是人工智能的一个分支，是专门研究计算机怎样模拟或实现人类的学习行为，以获取新的知识或技能，重新组织已有的知识结构，不断改善自身性能的一门科学技术。机器学习为智能计算提供了算法基础，是智能计算的关键技术之一。本章将介绍机器学习的一些基础算法，包含分类算法、回归算法、聚类算法、关联规则算法、智能推荐算法等。

【学习目标】

① 了解机器学习的概念。
② 了解分类、回归、聚类、关联规则、智能推荐等算法的概念。
③ 了解不同类型算法的使用条件与场景。
④ 熟悉各算法的实现步骤。
⑤ 掌握各算法的实现函数。

【素质目标】

① 树立正确的职业理想。
② 培养学生的求真求实意识。
③ 形成精益求精的工作作风。

8.1 机器学习

【微课视频】

人工智能包含了多个分支，如专家系统、机器学习、进化计算、模糊逻辑、计算机视觉、自然语言处理等，如图 8-1 所示。

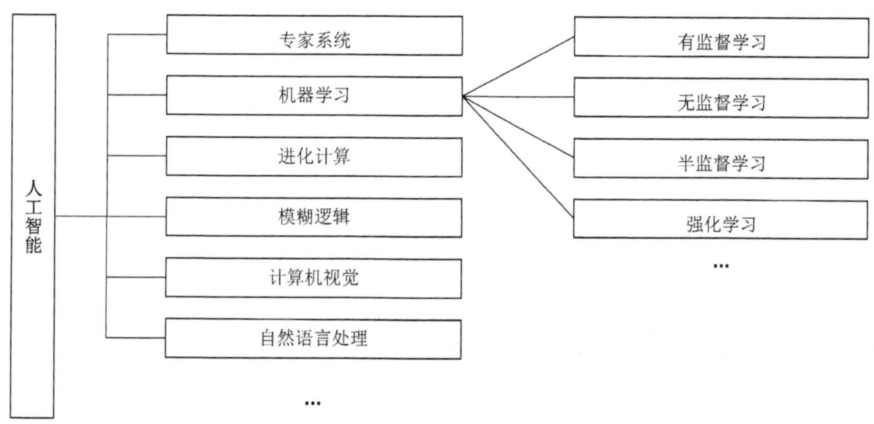

图 8-1　人工智能的分支

机器学习是人工智能的一个重要组成部分，也是人工智能的基础技术，其为人工智能提供解决问题的手段，是实现人工智能的一个重要途径。

8.1.1　机器学习的相关名词解释

机器学习实际上就是一种让计算机具有像人一样的学习能力的技术，是从堆积如山的数据（也可称为大数据）中找到有用知识的数据分析技术。同时，在机器学习中存在着大量的相关名词。

1. 机器学习的类别

根据处理数据的不同，机器学习可以分为有监督学习、无监督学习、半监督学习和强化学习。几乎所有类型的机器学习都有以下两个步骤。

（1）学习步骤，通过归纳分析训练样本集来建立分类模型，从而得到分类规则。

（2）预测步骤，先用已知的测试样本集评估分类规则的准确率，若准确率是可以接受的，则使用该模型对未知标签的待测样本集进行预测。

机器学习中的关键技术如表 8-1 所示。

表 8-1　机器学习中的关键技术

技术类别	关键技术
有监督学习	回归：线性回归、KNN 回归、Lasso 回归等； 分类：逻辑回归、KNN、朴素贝叶斯、SVM、决策树、多层感知机等
无监督学习	异常值检测、K-Means、DBSCAN、层次聚类等
半监督学习	半监督分类、半监督回归、半监督聚类和半监督降维等
关联规则	Apriori、FP-growth 等
集成学习	Boosting、Bagging 等
深度学习	全连接神经网络、卷积神经网络、循环神经网络、生成式对抗网络等
智能推荐	基于用户的协同过滤算法、基于物品的协同过滤算法等

（1）有监督学习

有监督学习是指计算机在已有数据标签信息的情况下，根据所给的知识和信息，学习出一个规则或模型的过程。预测步骤是根据学习到的规则或模型，为没有标签的知识和信息打上正确的标签的过程。

有监督学习的过程类似一位小朋友，他的父母告诉他什么是苹果，苹果有什么特征，然后这位小朋友通过听取父母的指导，总结出了识别苹果的规则，以后再拿出一个水果，小朋友就能够判断拿出的水果是不是苹果。

有监督学习的典型任务包括预测数值型标签的回归、预测分类型标签的分类、预测标签顺序的排序等。

（2）无监督学习

无监督学习是指计算机在无标签信息的情况下，直接根据所给的知识和信息，学习出一个规则或者模型的过程。预测步骤是根据学习到的规则或模型，为没有标签的知识和信息打上正确的标签的过程。

无监督学习过程类似一位小朋友，他的父母将许多苹果、梨、香蕉放在一起，小朋友自己将这些水果进行归类，总结出不同类别间的区别，之后再拿一个苹果、梨或香蕉，小朋友就能够判断出拿出的水果属于哪一个类别。

无监督学习的典型任务有聚类、异常值检测等。无监督学习和有监督学习最大的区别在于，学习步骤中的信息是否有标签信息，有标签的是有监督学习，无标签的则是无监督学习。

（3）半监督学习

半监督学习介于有监督学习和无监督学习之间，其学习步骤所使用的数据一部分是有标签的，另一部分则无标签，而且无标签数据的数量远远多于有标签数据的数量，半监督学习综合利用有标签和无标签的数据，学习出一个规则或者模型。与有监督学习相比，半监督学习的学习成本较低，且能达到较高的准确率。

半监督学习的目的就是有效地利用大量无标签的数据，使这些数据发挥更多的价值，因为数据本身就蕴藏着大量有价值的信息，标签只是帮助提取信息的手段之一，如果数据无标签，那么也可以通过其他方式从数据中获取有价值的信息。

半监督学习的典型任务有半监督分类、半监督回归、半监督聚类和半监督降维。

（4）强化学习

强化学习是指计算机在无标签信息的情况下，从一开始进行完全随机的操作，通过不断尝试，在错误中学习，最终找到规律，学习出一个规则或者模型的过程。预测步骤是根据学习到的规则或模型，为没有标签的知识和信息打上正确的标签的过程。

强化学习过程类似一位小朋友，他的父母将许多苹果、梨、香蕉放在一起，小朋友自己将这些水果进行归类，若归类正确，则他的父母奖励一颗糖，若归类错误，则他的父母拿走一颗糖，久而久之，他就会总结出不同类别间的区别，之后再拿一个苹果、梨或香蕉时，小朋友就能够判断出拿出的水果属于哪一个类别。

强化学习的典型任务有分类、回归、聚类、降维等。

2. 其他名词

本章涉及的机器学习名词除了有监督学习、无监督学习、半监督学习和强化学习等常用名词之外，还有特征与标签、训练与预测、特征工程、性能、样本不平衡、过拟合、损失函数和正则化等，具体介绍如下。

（1）特征与标签。在机器学习中，特征是指预测时使用的输入变量，标签是指样本的“答案”或“结果”部分。一个样本包含一个或多个特征，此外还有可能包含一个标签。如在垃圾邮件检测数据集中，特征可能包括主题行、发件人和电子邮件，而标签则可能是“垃圾邮件”或“非垃圾邮件”。

（2）训练与预测。训练是使受训方获得一项行为方式或技能的过程。在机器学习中，训练是指算法通过迭代等方式，给出当前任务最优模型的过程。而预测则是指训练后的最优模型接收特征、输出结果的过程。

（3）特征工程。在机器学习中，特征工程是数据处理的一项重要任务。特征工程是一个利用原始数据提取特征的过程，其作用是使这些特征能表征数据的本质特点，从而提升基于这些特征所建立模型的性能。特征提取效果越好，意味着构建的模型性能越出色。特征工程主要包括特征构建（Feature Construction）、特征选择（Feature Selection）、特征提取（Feature Extraction）。

（4）性能。性能通常用于衡量某种产品的功能优劣，包括效率、质量等方面。在机器学习中，性能旨在说明训练后得出的模型在预测时的表现，不同类别的算法得出的模型具有不同的性能评估方式。

（5）样本不平衡。样本不平衡是机器学习中很常见的一种现象，它是指数据集中各类别的标签出现的频率具有很大的差距，这种情况将会影响模型的预测效果。样本不平衡现象可通过类别权重或平衡采样等方式解决。

（6）过拟合。过拟合是机器学习算法的一种通病，它是指在模型训练迭代次数增加或不断优化，且训练精度或损失值继续改善的前提下，出现的测试精度或损失值不降反升的情况。目前，解决过拟合的方法有获取额外数据进行交叉验证、重新清洗数据和加入正则化项等。

（7）损失函数。损失函数是关于模型计算结果与样本实际结果的正负实数函数，其作用是解释模型在每个样本实例上的误差。损失函数的值越小，代表着预测值和实际值越相近，即模型的拟合效果越好。损失函数主要有 0-1 损失函数、平方损失函数、绝对损失函数和对数损失函数等。

（8）正则化。在机器学习中，很多被显式地用于减少测试误差的策略统称为正则化，其作用是减少泛化误差。正则化常被用于处理过拟合问题。目前，正则化函数有很多种选择，不同的选择对权重向量的约束不同，取得的效果也不同，常用的有 L0 范数、L1 范数和 L2 范数 3 种。

8.1.2 机器学习的应用领域

机器学习是人工智能的核心，也是使计算机具有智能的根本途径，已广泛应用于数据分析、计算机视觉、自然语言处理、生物特征识别、搜索引擎、医学诊断、信用卡欺诈检测、证券市场分析、DNA 序列测序、语音与手写识别、战略游戏和机器人等领域。

机器学习已在不知不觉中影响了人们的生产与生活，常见的 10 个机器学习实际应用如表 8-2 所示。

表 8-2　常见的 10 个机器学习实际应用

机器学习应用	简介
垃圾邮件检测	根据邮箱中的邮件内容，识别哪些邮件属于垃圾邮件，哪些属于正常的邮件，帮助使用者归类垃圾邮件和非垃圾邮件，目前各大邮箱都具备该功能
恶意软件识别	根据软件的行为特征，识别哪些软件属于恶意软件，帮助使用者区分恶意软件，避免计算机遭受攻击，如卡巴斯基实验室的恶意软件检测
邮编识别	根据信件上的手写邮编，识别出每一个手写字符所代表的数字，帮助程序阅读邮编，并依据邮编中的地理位置分发信件，已在各国邮局中广泛应用
语音识别	从用户的一段话中识别出用户想要表达的信息，帮助程序理解用户需求，改善人机互动，如手机的语音输入功能
人脸识别	从一堆包含面部信息的照片中识别出特定对象，帮助用户整理照片，或识别当前对象的身份，如高铁的人脸识别验票闸机
产品推荐	依据用户的商品浏览历史、收藏和购买清单，识别出哪类商品是用户感兴趣和真正需要的，帮助商家依据用户需求做出精准推荐，如各大电商平台的推荐系统
医学分析	依据病人的资料及相关的病例资料库，预测病人可能的患病类型，为专业医疗人士提供支持
股票分析	根据股票现有的和以往的价格波动情况，预测股票未来可能的价格走势，为金融分析提供支持
天气预报	根据当前气象监测数据和历史气象数据，预测未来几天的天气状况，为人们的出行与生产活动提供参考
客户细分	根据用户在试用期的行为模式和所有用户过去的行为，识别出哪些用户会转变成该产品的付款用户，帮助企业进行用户转化

8.2 分类算法

分类是人们认知事物的重要手段，如果能将某个事物的分类做得足够细，就意味着已经对这个事物有了足够的认知。例如，将某一个人从各个维度，如专业能力、人际交往、道德品行、外貌特点等方面都进行正确的分类，并且在每个维度的基础上还能再细分，如专业能力下的数据库管理能力、Java 编程能力、算法能力等，那么可以认为对这个人已经有了足够的了解。

分类算法是一种对离散型随机变量建模或预测的监督学习方法，反映的是如何找出同类事物共同具有的特征和不同事物之间的差异特征，是数据分析、机器学习和模式识别中一个重要的研究领域。分类算法的目的是从给定的人工标注的分类训练样本数据集中，学习出一个分类函数或者分类模型，也称为分类器（Classifier），当有新增的未分类的数据时，可以根据这个分类器进行预测，并将新数据映射至给定类别中的某一个类。

对于分类算法，输入的训练数据包含特征和标签，特征也称为属性，标签也称为类别。而所谓的学习，其本质是找到特征与标签间的关系或映射。所以，分类算法其实是求一个从输入变量（特征）到离散的输出变量（标签）之间的映射函数。当输入有特征而无标签的未知数据时，可以通过映射函数预测未知数据的标签。

常见的分类算法可以分为基本分类器和集成分类器两种类别，基本分类器有逻辑回归、KNN、朴素贝叶斯、SVM、决策树等算法，集成分类器有 Boosting、Bagging、Stacking 等算法，如图 8-2 所示。本节主要介绍基本分类器，集成分类器将在 8.4 节中介绍。

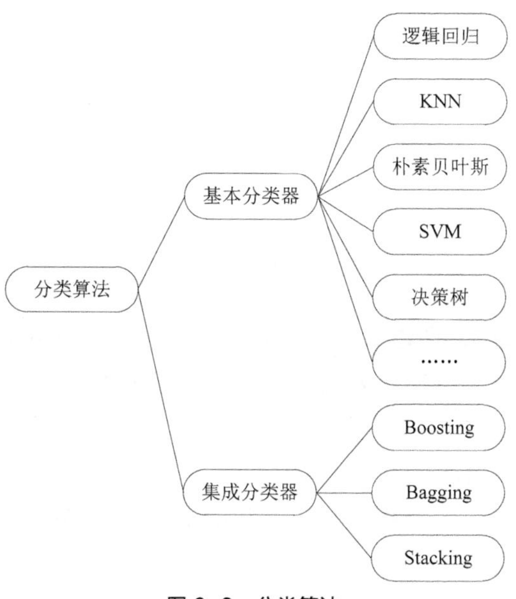

图 8-2　分类算法

8.2.1　逻辑回归

逻辑回归属于概率型非线性回归，既能实现二分类，也能实现多分类。对于二分类的逻辑回归，标签 y 只有“是”和“否”两个取值，记为 1 和 0。假设在特征 $x_1, x_2,\cdots, x_p$ 的作用下，标签 y 取 1 的概率是 p，则取 0 的概率是 $1-p$，逻辑回归研究的是 p 与特征 $x_1, x_2,\cdots, x_p$ 的关系。

y 取 1 和取 0 的概率之比为 $\frac{p}{1-p}$，称为事件的优势比（odds），对 odds 取自然对数即得逻辑变换 $\text{Logit}(p)=\ln\left(\frac{p}{1-p}\right)$。令 $\text{Logit}(p)=\ln\left(\frac{p}{1-p}\right)=z$，则 $p=\frac{1}{1+\mathrm{e}^{-z}}$ 为逻辑函数，如图 8-3 所示。

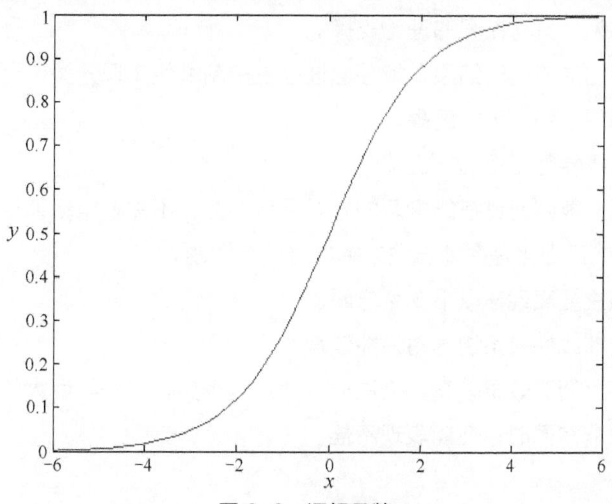

图 8-3　逻辑函数

当 p 在(0,1)之间变化时，odds 的取值范围是(0,+∞)，则 $\ln\left(\frac{p}{1-p}\right)$ 的取值范围是(−∞,+∞)。

逻辑回归模型是 $\ln\left(\frac{p}{1-p}\right)$ 与自变量之间的线性回归模型，如式（8-1）所示，可转换为式（8-2）。

$$\ln\left(\frac{p}{1-p}\right)=\beta_0+\beta_1 x_1+\cdots+\beta_p x_p+\varepsilon \tag{8-1}$$

$$\frac{p}{1-p}=\mathrm{e}^{\beta_0+\beta_1 x_1+\cdots+\beta_p x_p+\varepsilon} \tag{8-2}$$

β_0 表示在没有自变量时，即 $x_1, x_2,\cdots, x_p$ 全部取 0 时，y=1 与 y=0 概率之比的自然对数；β_i 表示某自变量 x_i 变化时，即 $x_i=1$ 与 $x_i=0$ 相比，优势比的对数值。

1．数据输入

逻辑回归输入数据的要求如下。

（1）特征为数值型，标签为概率值 0 或 1，在多分类情况下需要对标签进行独热编码处理。

（2）数据中不能存在空值。

（3）特征与标签之间存在线性相关性。

（4）特征需要进行标准化处理。

（5）应有较为平衡的正负样本比例。

2．算法输出

逻辑回归算法通过模型训练后的输出主要分为以下 2 个部分。

（1）训练后的模型，可用于预测未知标签的样本。

（2）决策系数（算法公式中的各个未知系数），可用于特征选择与重要性排序，值越大，重要性越高。

3．优缺点

逻辑回归的优点主要表现在以下 6 个方面。

（1）算法原理清晰，具有极强的理论支撑。

（2）模型以概率的形式输出结果，能够通过自主控制阈值实现分类。

（3）模型的可解释性强、可控度高。

（4）训练快，进行特征工程后，性能优秀。

（5）可扩展性强，能够通过在线学习的方式更新参数，不需要重新训练整个模型。

（6）具有 L1、L2 正则化等多种方法来解决过拟合问题。

逻辑回归的缺点主要表现在以下 3 个方面。

（1）面对多元或非线性决策边界时性能较差。

（2）处理样本不平衡时效果较差，无法很好地处理正负样本差异巨大的数据。

（3）在特征数量非常多时，性能表现不佳。

4．算法应用

由于逻辑回归具有易于解释、性能优秀的特点，所以在金融、广告、搜索等领域均有大量的应用，其主要应用方向有以下 3 个方面。

（1）通过为算法结果概率设定阈值的方式实现分类。

（2）特征选择与排序。使用算法得出的数学公式对输入特征进行排序，实现重要特征筛选。

（3）作为集成算法的基分类器。

5. 应用实例

Python 机器学习库 scikit-learn 的 linear_model 模块提供 LogisticRegression 函数，用于构建逻辑回归模型，基本使用语法如下。

```
sklearn.linear_model.LogisticRegression(penalty='l2', dual=False, tol=0.0001, C=1.0, fit_intercept=True, intercept_scaling=1, class_weight=None, random_state=None, solver='lbfgs', max_iter=100, multi_class='auto', verbose=0, warm_start=False, n_jobs=None, l1_ratio=None)
```

LogisticRegression 函数的主要参数及其说明如表 8-3 所示。

表 8-3 LogisticRegression 函数的主要参数及其说明

参数名称	说明
penalty	接收 str。表示惩罚项，可选择的值为"l1"和"l2"，默认为"l2"
solver	接收 str。表示优化的方法，可选择的值为"liblinear""lbfgs""newton-cg""sag"，默认为"liblinear"
multi_class	接收 str。表示分类方式的选择，可选择的值为"ovr""multinomial""auto"，默认为"auto"
class_weight	接收 str。表示模型中各类型的权重，可选择的值为"dict""balanced""None"，默认为"None"

8.2.2 KNN

KNN 是 K-Nearest Neighbor 的缩写，中文名是最近邻。KNN 假设给定一个训练数据集，其中实例的类别已定。分类时，对新的实例根据其 k 个最近邻的训练实例的类别，通过多数表决等方式进行预测，因此 KNN 不具有显式的学习过程。KNN 实际上利用训练数据集对特征向量空间进行划分，并将其作为分类的模型。其中，k 值的选择、距离度量及分类决策规则是 KNN 的 3 个基本要素。

【微课视频】

1. 数据输入

KNN 输入数据的要求如下。

（1）特征为数值型，标签为类别。

（2）数据中不能存在空值。

（3）如果使用常规的欧式距离计算，需要对特征进行标准化处理。

（4）较为平衡的正负样本比例。

2. 算法输出

KNN 算法的输出主要为训练后的模型，可用于预测未知标签的样本，直接得出样本的类别。

3. 优缺点

KNN 算法的优点主要表现在以下 4 个方面。

（1）算法原理清晰，具有极强的理论支撑。

（2）模型的可解释性强。

（3）模型无须训练。

（4）通过调节 k 值即可防止过拟合。

KNN 算法的缺点主要表现在以下 4 个方面。

（1）在特征数量非常多时，性能表现不佳。

（2）模型预测计算开销受样本限制，在样本数量较多时表现不佳。

（3）k 值选择需要较高的技巧。

（4）样本不平衡时预测偏差大。

4. 算法应用

KNN 算法的主要应用方向如下。

（1）通过算法对新样本进行分类。

（2）将存在缺失值的特征作为标签，可以进行缺失值插补。

（3）作为集成算法的基分类器。

5. 应用实例

Python 机器学习库 scikit-learn 的 neighbors 模块提供的 KNeighborsClassifier 类用于构建 KNN 模型，基本使用语法如下。

```
sklearn.neighbors.KNeighborsClassifier(n_neighbors=5, weights='uniform',
algorithm='auto', leaf_size=30, p=2, metric='minkowski', metric_params=None,
n_jobs=None, **kwargs)
```

KNeighborsClassifier 类的主要参数及其说明如表 8-4 所示。

表 8-4 KNeighborsClassifier 类的主要参数及其说明

参数名称	说明
n_neighbors	接收 int。表示 KNN 算法选取离测试数据最近的 k 个点，默认为 5
weights	接收 str。表示 K 近邻点对分类结果的影响，一般情况下选取 K 近邻点中类别数目最多的作为分类结果，这种情况下默认 k 个点的权重相等，但在很多情况下，K 近邻点权重并不相等，可能近的点权重大，对分类结果的影响也就大，可选择的值为“uniform”“distance”，其含义如下。 “uniform”：表示所有点的权重相等。 “distance”：表示权重是距离的倒数，意味着 k 个点中距离近的点对分类结果的影响大于距离远的点。 默认为“uniform”
algorithm	接收 str。计算 K 近邻点的算法，可选择的值为“ball_tree”“kd_tree”“brute”“auto”，其含义如下。 “ball_tree”：使用 BallTree 算法，建议数据维度大于 20 时使用。 “kd_tree”：使用 KDTree 算法，在数据维度小于 20 时效率高。 “brute”：暴力算法，线性扫描。 “auto”：自动选取最合适的算法。 默认为“auto”

续表

参数名称	说明
leaf_size	接收 int。用于构造 BallTree 和 KDTree，leaf_size 参数的设置会影响树的构造和询问的速度，同样也会影响树存储需要的内存，默认为 30
p	接收 int。表示度量的方式，可选择的值为 1 和 2，其含义如下。 1：使用曼哈顿距离进行度量。 2：使用欧式距离进行度量。 默认为 2

8.2.3 朴素贝叶斯

朴素贝叶斯算法（Naive Bayesian Algorithm）是应用最为广泛的分类算法之一。朴素贝叶斯算法在贝叶斯算法的基础上进行了相应的简化，即假定给定目标值时，特征之间相互条件独立。这意味着对于决策结果，没有哪个特征占有较大的比重，也没有哪个特征占有较小的比重。

1. 数据输入

朴素贝叶斯算法输入数据的要求如下。

（1）特征类型无要求。

（2）特征之间相互独立。

（3）允许缺失值。

（4）每个特征同等重要。

（5）较为平衡的正负样本比例。

2. 算法输出

朴素贝叶斯算法的输出主要为训练后的模型，可用于预测未知标签的样本，直接得出样本的类别。

3. 优缺点

朴素贝叶斯算法的优点主要表现在以下 3 个方面。

（1）算法原理清晰，具有极强的理论支撑。

（2）模型的可解释性强。

（3）预测过程计算开销小。

（4）支持增量计算，样本增量时无须重新训练。

朴素贝叶斯算法的缺点主要表现在以下 2 个方面。

（1）需要保证特征间相互独立，但在实际使用过程中很难保证。

（2）在特征数量较多时或者特征相关性较大时分类性能不佳。

4. 算法应用

朴素贝叶斯算法的主要应用方向如下。

（1）通过算法对新样本进行分类。

（2）作为集成学习算法的基分类器。

5. 应用实例

Python 机器学习库 scikit-learn 的 neighbors 模块提供的 naive_bayes 模块提供 3 种函数，用于构建朴素贝叶斯模型，分别是 GaussianNB（高斯朴素贝叶斯）、MultinomialNB（多项式分布贝叶斯）和 BernoulliNB（伯努利朴素贝叶斯），它们分别对应 3 种不同的数据分布类型，这 3 种函数适用的分类场景各不相同。通常，若样本特征的分布大部分是连续型，则比较适合使用 GaussianNB 函数；若样本特征的分布大部分是多元离散型，则比较适合使用 MultinomialNB 函数；若样本特征的分布是二元离散型或者很稀疏的多元离散型，则比较适合使用 BernoulliNB 函数。以 GaussianNB 函数为例，其基本使用语法如下。

```
sklearn.naive_bayes.GaussianNB(priors=None, var_smoothing=1e-09)
```

GaussianNB 函数的主要参数及其说明如表 8-5 所示。

表 8-5 GaussianNB 函数的主要参数及其说明

参数名称	说明
priors	接收 array。表示各类的先验概率。如果指定，则先验概率不会根据输入的数据集自动调整，默认为 None
var_smoothing	接收 float。表示所有特征中的最大稳定方差，默认为 1e-09

8.2.4 SVM

支持向量机（Support Vector Machine，SVM）的基本模型是定义在特征空间的间隔最大的线性分类器，它包括核函数，这使得它成为实质上的非线性分类器。支持向量机的学习策略是间隔最大化，可形式化为一个求解凸二次规划的问题，也等价于正则化的合页损失函数的最小化问题。支持向量机的学习算法是求解凸二次规划的最优化方法。

【微课视频】

支持向量机能对非线性决策边界进行建模，又有许多可选的核函数。在面对过拟合时，尤其在高维空间中，支持向量机有着极强的健壮性。但是支持向量机是内存密集型算法，选择正确的核函数需要相当的技巧，且不宜用于较大的数据集。

1. 数据输入

SVM 算法输入数据的要求如下。

（1）特征类型为数值型。

（2）特征不允许缺失值。

（3）使用常规线性核时需要进行标准化。

（4）较为平衡的正负样本数。

2. 算法输出

SVM 算法的主要输出内容如下。

（1）训练后的模型，可用于预测未知标签的样本，直接得出样本的类别。

（2）决策函数，可用于解读模型。

3. 优缺点

SVM 算法的优点主要表现在以下 2 个方面。

（1）可选择不同的核函数，达成不同的目的。

（2）不易过拟合，在高维空间中具有极强的稳定性。

SVM 算法的缺点主要表现在以下 2 个方面。

（1）核函数的选择需要技巧。

（2）特征数目较多时，训练过程计算开销大。

4. 算法应用

SVM 算法的主要应用方向如下。

（1）使用算法对新样本进行分类。

（2）作为集成学习算法的基分类器。

5. 应用实例

Python 机器学习库 scikit-learn 的 svm 模块提供 3 种函数用于构建 SVM 分类模型，分别是 SVC、NuSVC 和 LinearSVC。SVC 和 NuSVC 的方法基本一致，唯一的区别是损失函数的度量方式不同，NuSVC 使用 nu 参数，而 SVC 使用 C 参数。LinearSVC 不接收关键词 kernel。本书主要介绍 SVC，SVC 的基本使用语法如下。

```
    sklearn.svm.SVC(C=1.0, kernel='rbf', degree=3, gamma=0.0, coef0=0.0,
shrinking=True, probability=False, tol=0.001, cache_size=200, class_weight=None,
verbose=False, max_iter=-1, random_state=None)
```

SVC 函数的主要参数及其说明如表 8-6 所示。

表 8-6　SVC 函数的主要参数及其说明

参数名称	说明
C	接收 float。表示惩罚参数，默认为 1.0
kernel	接收 str。指定算法使用的核函数类型，可选择的值为"linear""poly""rbf""sigmod""precomputed"，其含义如下。 "linear"：线性核函数。 "poly"：多项式核函数。 "rbf"：径像核函数/高斯核。 "sigmod"：sigmod 核函数。 "precomputed"：核矩阵，表示算法本身计算好的核函数矩阵。 默认为"rbf"
degree	接收 int。这个参数只在 kernel 参数为"poly"时有效，表示多项式核函数的阶数 n，若选择的 kernel 参数是其他核函数，则会自动忽略该参数，默认为 3
gamma	接收 int。这个参数只在 kernel 参数为"rbf""poly""sigmod"时有效，表示核函数系数，若选择的 kernel 参数是其他核函数，则会自动忽略该参数，默认为 0.0
max_iter	接收 int。表示最大迭代次数，默认为-1
random_state	接收 int。表示伪随机数发生器的种子，在混洗数据时用于概率估计，默认为 None

8.2.5 决策树

决策树是一个树状结构，它包含一个根节点、若干中间节点和若干叶节点。根节点包含样本全集，叶节点对应决策结果，中间节点对应一个特征测试。从根节点到每个叶节点的路径对应一个判定测试序列，决策树的学习目的是产生一棵泛化能力强，或处理未见示例能力强的决策树，其基本流程遵循简单而直观的分而治之策略，决策树的生成是一个递归过程。一般决策树的结构示意图如图 8-4 所示。

【微课视频】

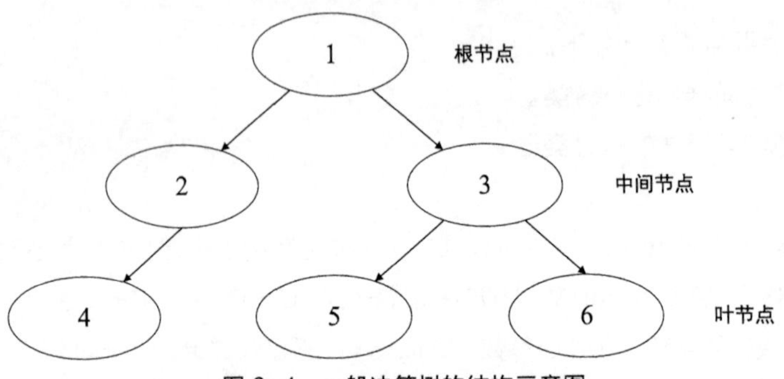

图 8-4　一般决策树的结构示意图

1. 数据输入

决策树算法输入数据的要求如下。

（1）特征类型无要求。

（2）允许缺失值。

（3）每个特征同等重要。

（4）较为平衡的正负样本比例。

2. 算法输出

决策树算法的主要输出内容如下。

（1）训练后的模型，可用于预测未知标签的样本，直接得出样本的类别。

（2）特征重要性排名，可用于特征工程。

（3）树状图，可用于可视化和理解模型。

3. 优缺点

决策树算法的优点主要表现在以下 4 个方面。

（1）决策树算法的结果易于理解和解释。

（2）做可视化分析时容易提取出规则。

（3）可同时处理标称型（一般在有限的数据中获取，而且只存在“是”和“否”两种不同结果的数据类型）和数值型数据。

（4）预测过程计算开销小。

决策树算法的缺点主要表现在以下 3 个方面。

（1）在特征太多而样本较少的情况下容易出现过拟合。

（2）忽略数据集中特征的相互关联。

（3）ID3 算法计算信息增益时结果偏向数值比较多的特征。

4. 算法应用

决策树算法的主要应用方向如下。

（1）通过算法对新样本进行分类。

（2）特征工程，筛选出重要的特征。

（3）作为集成学习算法的基分类器。

5. 应用实例

Python 机器学习库 scikit-learn 的 tree 模块提供了 DecisionTreeClassifier 函数用于构建决策树模型，基本使用语法如下。

```
    sklearn.tree.DecisionTreeClassifier(criterion='gini', splitter='best',
max_depth=None, min_samples_split=2, min_samples_leaf=1, min_weight_
fraction_leaf=0.0, max_features=None, random_state=None, max_leaf_nodes=None,
min_impurity_decrease=0.0, min_impurity_split=None, class_weight=None, presort=
'deprecated', ccp_alpha=0.0)
```

DecisionTreeClassifier 函数的主要参数及其说明如表 8-7 所示。

表 8-7　DecisionTreeClassifier 函数的主要参数及其说明

参数名称	说明
criterion	接收 str。表示特征选择的标准，可选择的值为“gini”“entropy”，其含义如下。 “gini”：基尼系数。 “entropy”：信息熵。 默认为“gini”
splitter	接收 str。表示节点划分时的策略，可选择的值为“best”“random”，其含义如下。 “best”：表示选用的 criterion 标准，选用最优划分特征来划分该节点，一般用于训练样本数据量不大的场合，因为选择最优划分特征需要计算每种候选特征的结果。 “random”：表示最优的随机划分特征，一般用于训练数据量较大的场合，可以减少计算量。 默认为“best”
class_weight	接收 dict。计算样本数据中每个类的权重，默认为 None

8.2.6 多层感知机

多层感知机（Multi-Layer Perceptron，MLP）由感知机推广，克服了感知机无法识别线性不可分数据的缺点。MLP 的主要特点是拥有多个神经元层，第一层为输入层，最后一层为输出层，中间层为隐层，如图 8-5 所示。MLP 是一种前向结构的人工神经网络，可映射一组输入向量到一组输出向量。MLP 可以看作是一个有向图，由多个节点层组成，每一层全连接到下一层。除了输入节点，每个节点都是一个带有非线性激活函数的神经元（又称处理单元）。一种被称为反向传播算法的监督学习方法常被用于训练 MLP。

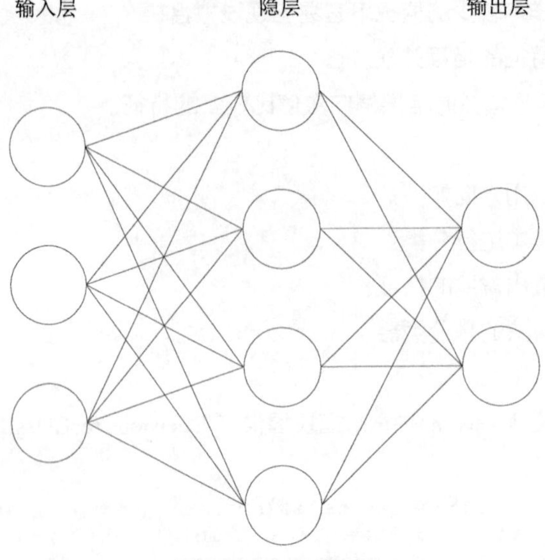

图 8-5　多层感知机

1．数据输入

多层感知机算法输入数据的要求如下。

（1）特征要求为数值型，标签要求为类别。

（2）不允许缺失值。

（3）特征需要进行标准化或归一化。

（4）较为平衡的正负样本比例。

2．算法输出

多层感知机算法的主要输出内容是训练后的模型，可用于预测具有未知标签的样本，直接得出样本的类别。

3．优缺点

多层感知机算法的优点主要表现在以下 3 个方面。

（1）模型以概率的形式输出结果，能够通过自主控制阈值实现分类。

（2）能够解决非线性问题。

（3）模型性能可以随着样本数量和特征数量的增加而提升。

多层感知机算法的缺点主要表现在以下 3 个方面。

（1）有隐藏层的 MLP 具有非凸的损失函数，它有多个局部最小值。因此，不同的随机权重初始化会导致不同的验证集准确率。

（2）需要调试一些超参数，如隐藏层神经元的数量、层数和迭代轮数。

（3）对特征归一化很敏感。

4．算法应用

多层感知机的主要应用方向如下。

（1）通过算法对新样本进行分类。

（2）超大型数据集分类任务。

5. 应用实例

Python 机器学习库 scikit-learn 的 neural_network 模块提供了 MLPClassifier 函数用于构建多层感知机分类模型，基本使用语法如下。

```
    sklearn.neural_network.MLPClassifier(hidden_layer_sizes=(100, ),
activation='relu', solver='adam', alpha=0.0001, batch_size='auto', learning_
rate='constant', learning_rate_init=0.001, power_t=0.5, max_iter=200, shuffle=
True, random_state=None, tol=0.0001, verbose=False, warm_start=False, momentum=
0.9, nesterovs_momentum=True, early_stopping=False, validation_fraction=0.1,
beta_1=0.9, beta_2=0.999, epsilon=1e-08, n_iter_no_change=10, max_fun=15000)
```

MLPClassifier 函数的主要参数及其说明如表 8-8 所示。

表 8-8　MLPClassifier 函数的主要参数及其说明

参数名称	说明
hidden_layer_sizes	接收 tuple。表示第 i 个元素的值代表着第 i 个隐藏层的神经元个数，默认为(100,)
activation	接收 str。表示隐藏层的激活函数，可选择的值为“identity”“logistic”“tanh”“relu”，其含义如下。 “identity”：空操作的激活函数，用于实现线性 bottleneck 特征。 “logistic”：logistic 函数。 “tanh”：双曲正切函数。 “relu”：线性整流函数。 默认为“relu”
solver	接收 str。表示优化权重的求解器，可选择的值为“lbfgs”“sgd”“adam”，其含义如下。 “lbfgs”：拟牛顿族的优化算法。 “sgd”：随机梯度下降法。 “adam”：基于随机梯度下降的优化算法。 默认为“adam”
max_iter	接收 int。表示最大迭代次数，默认为 200
random_state	接收 int。表示伪随机数发生器的种子，在混洗数据时用于概率估计，默认为 None

8.3 回归算法

在有监督学习中，若预测的变量是离散的，则称其为分类，若预测的变量是连续的，则称其为回归。

回归是一种统计学上分析数据的方法，目的在于了解两个或多个变量间是否相关、相关方向与强度，并建立数学模型以便观察特定变量以预测研究者感兴趣的变量。更具体的解释是，回归分析可以帮助人们了解在只有一个自变量变化时因变量的变化量。一般地，可以通过回归分析由给出的自变量估计因变量的条件期望。简而言之，建立方程模拟两个或者多个变量之间关系的过程称为回归。其中，被预测的变量称为因变量，被用于进行预测的变量称为自变量。

从 19 世纪初高斯提出最小二乘估计起，回归分析的历史已有 200 多年。从经典的回归分析方法到近代的回归分析方法，按照研究方法划分，回归分析研究的范围大致如图 8-6 所示。

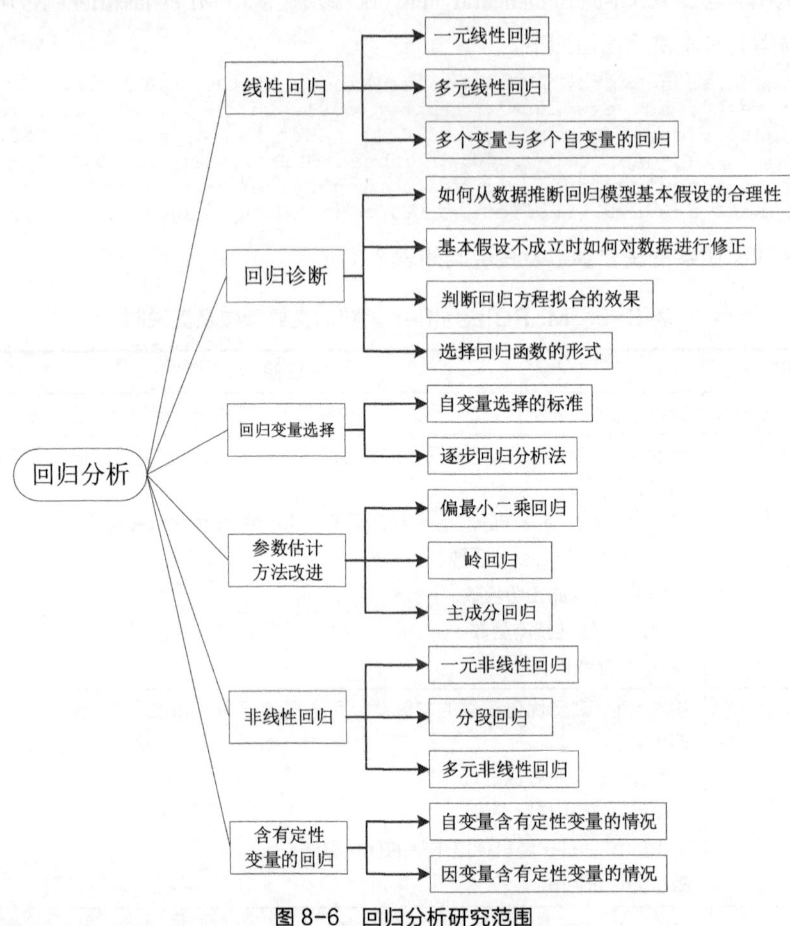

图 8-6　回归分析研究范围

在回归模型中，自变量与因变量具有相关关系，自变量的值是已知的，因变量是需要预测的。回归算法的实现步骤与分类算法基本相同，分为学习和预测 2 个步骤。学习是通过训练样本数据来拟合回归方程；预测则是利用学习步骤拟合出回归方程，将测试数据放入方程中求出预测值。常用的回归模型如表 8-9 所示。

表 8-9　常用的回归模型

回归模型名称	适用条件	算法描述
线性回归	因变量与自变量是线性关系	对一个或多个自变量与因变量之间的线性关系进行建模，可用最小二乘法求解模型系数
非线性回归	因变量与自变量之间不全是线性关系	对一个或多个自变量与因变量之间的非线性关系进行建模。若非线性关系可以通过简单的函数变换转化成线性关系，则用线性回归的思想求解；若不能转化，则用非线性最小二乘方法求解
Logistic 回归	因变量一般有 1 和 0（是与否）两种取值	是广义线性回归模型的特例，利用 Logistic 函数将因变量的取值范围控制在 0 和 1 之间，表示取值为 1 的概率

续表

回归模型名称	适用条件	算法描述
KNN 回归	自变量为连续型变量	是典型的惰性学习算法，基本不做学习，只是对数据做一个简单的存储，等新的数据（测试数据）进来以后，才开始学习。通过距离最近的点（最近邻）的均值计算目标变量的值
岭回归	参与建模的自变量之间具有多重共线性关系	改进的最小二乘方法
Lasso 回归	自变量之间具有多重共线性关系，或数据特征比数据量还要多，即非满秩矩阵	最初为了最小二乘法而被设计出来，构造一个一阶惩罚函数，获得一个精炼的模型，通过最终确定一些变量的系数为 0 进行特征筛选
主成分回归	参与建模的自变量之间具有多重共线性关系	主成分回归是根据主成分分析的思想提出来的，是对最小二乘法的一种改进，它是参数估计的一种有偏估计。可以消除自变量之间的多重共线性关系

本小节主要介绍线性回归、KNN 回归、Lasso 回归。

8.3.1 线性回归

线性回归是机器学习最基本的算法之一，是利用数理统计中的回归分析，确定两种或者两种以上变量之间相互依赖的定量关系的一种统计分析方法。线性回归的目标是在给定自变量的情况下，预测因变量的值。根据不同的自变量数量，可以将线性回归分为一元线性回归和多元线性回归。

【微课视频】

1. 一元线性回归

一元线性回归是描述两个变量之间相关关系的最简单的回归模型。自变量与因变量间的线性关系的数学结构通常用式（8-3）表示。

$$y = \beta_0 + \beta_1 x + \varepsilon \tag{8-3}$$

上面方程称为变量 y 对 x 的一元线性回归理论模型。一般称 y 为因变量，x 为自变量，β_0 和 β_1 是未知参数，称 β_0 为回归常数，β_1 为回归系数，ε 表示其他随机因素的影响。其中，两个变量 y 与 x 之间的关系用两部分描述：一部分是由于 x 的变化引起 y 线性变化的部分，即 $\beta_0 + \beta_1 x$；另一部分是由其他一切随机因素引起的变化，记为 ε。该式确切地表达了变量 x 与 y 之间的密切关系，但又不是由 x 唯一确定 y 的特殊关系。

（1）数据输入

一元线性回归输入数据的要求如下。

① 自变量可以是分类变量或连续变量，因变量必须是连续变量。

② 因变量与自变量之间是线性关系。

③ 自变量的数量只能是 1。

（2）算法输出

一元线性回归的主要输出内容如下。

① 训练后的一元线性方程。

② 包含真实值和预测值的样本。

（3）优点

一元线性回归的优点主要表现在以下 3 个方面。

① 建模速度快，不需要很复杂的计算。

② 由于已知的变量少且简单，所以预测准确率通常较高。

③ 对异常值很敏感。

（4）应用实例

Python 机器学习库 scikit-learn 的 linear_model 模块提供了 LinearRegression 函数，用于构建一元线性回归模型，基本使用语法如下。

```
    sklearn.linear_model.LinearRegression(fit_intercept=True,  normalize=False,
copy_X=True, n_jobs=1)
```

LinearRegression 函数的主要参数及其说明如表 8-10 所示。

表 8-10　LinearRegression 函数的主要参数及其说明

参数名称	说明
fit_intercept	接收 Boolean。表示是否计算该模型的截距，默认为 True

2. 多元线性回归

多元线性回归模型的目的是构建一个回归方程，利用多个自变量估计因变量，从而解释和预测因变量的值。多元线性回归模型中的因变量和大部分自变量为定量值，某些定性指标需要转换为定量值才能应用于回归方程。自变量与因变量间的线性关系的数学结构通常用式（8-4）表示。

$$y = \beta_0 + \beta_1 x_1 + \beta_2 x_2 + \cdots + \beta_n x_n + \varepsilon \tag{8-4}$$

其中，y 为因变量，$x_1,x_2,\cdots,x_n$ 为自变量，$\beta_0,\beta_1,\cdots,\beta_n$ 是 n+1 个未知参数，称 β_0 为回归常数，$\beta_1,\cdots,\beta_n$ 为回归系数，ε 表示其他随机因素的影响。

（1）数据输入

多元线性回归输入数据的要求如下。

① 自变量可以是分类变量或连续变量，因变量必须是连续变量。

② 因变量与自变量之间是线性关系。

③ 自变量数量不少于 2。

④ 自变量之间互相独立。

（2）算法输出

多元线性回归的主要输出内容如下。

① 训练后的多元线性方程。

② 包含真实值和预测值的样本。

（3）优点

多元线性回归的优点主要表现在以下两个方面。

① 可以根据结果给出每个变量的理解和解释，具有很好的可解释性，有利于决策分析。

② 由多个自变量的最优组合共同预测或估计因变量，与只用一个自变量进行预测或估计相比更有效，实际意义更大。

（4）应用实例

对于多元线性回归，同样可以使用 Python 机器学习库 scikit-learn 的 linear_model 模块的 LinearRegression 函数构建多元线性回归模型。

8.3.2 KNN 回归

【微课视频】

KNN 算法不仅可以用于分类，而且可以用于回归分析。KNN 回归的原理是从训练样本中找到与新数据点在距离上最近的预定数量的几个数据点，并从这些数据点中预测标签。这些数据点的数量可以是用户自定义的常量，也可以根据不同点的局部密度得到。距离可以通过任何方式来度量，标准欧式距离是最常见的选择之一。KNN 回归也适用于连续变量估计，KNN 回归的一种简单的实现方法是计算最近邻 K 的数值目标的平均值，另一种方法是使用 K 近邻的逆距离加权平均值。KNN 回归使用与 KNN 分类相同的距离函数，如使用反距离加权平均多个 K 近邻点，从而确定测试点的值。KNN 算法用于回归和分类的不同点在于，用于回归的目标数据是连续的，用于分类的目标数据是离散的。

1. 数据输入

KNN 回归输入数据的要求如下。

（1）目标数据为连续型。

（2）数据中不能存在空值。

2. 算法输出

KNN 算法的输出主要为训练后的模型，可用于预测未来值的样本，直接得出样本的预测值。

3. 优缺点

KNN 回归的优点主要表现在以下 3 个方面。

（1）既可以用于分类，也可以用于回归。

（2）与线性回归相比，优点为对数据没有假设，准确度高，对异常点不敏感。

（3）模型无须训练，无须拟合一个函数。

KNN 回归的缺点主要表现在以下 3 个方面。

（1）计算量太大，尤其是自变量数量非常多的时候。

（2）属于慵懒散学习方法，基本上不学习，导致预测时的速度比其他算法慢。

（3）对训练数据依赖度非常大，对训练数据的容错性较差。

4. 算法应用

KNN 算法通常在分类问题中应用较多，虽然其很少用于回归问题，但是对于连续的变量仍有很好的效果。

5. 应用实例

Python 机器学习库 scikit-learn 的 neighbors 模块提供的 KNeighborsRegressor 类用于构建 KNN

回归模型，基本使用语法如下。

```
    sklearn.neighbors.KNeighborsRegressor(n_neighbors=5, weights='uniform',
algorithm='auto', leaf_size=30, p=2, metric='minkowski', metric_params=None,
n_jobs=None, **kwargs)
```

KNeighborsRegressor 类的主要参数及其说明如表 8-11 所示。

表 8-11　KNeighborsRegressor 类的主要参数及其说明

参数名称	说明
n_neighbors	接收 int。表示选取距离测试数据最近的 k 个点，默认为 5
weights	接收 str。表示 K 近邻点对分类结果的影响，一般情况下，选取 K 近邻点中类别数量最多的作为分类结果，这种情况下默认 k 个点的权重相等，但在很多情况下，K 近邻点权重并不相等，可能近的点权重大，对分类结果影响大，可选择的值为“uniform”“distance”，其含义如下。 “uniform”：表示所有点的权重相等。 “distance”：表示权重是距离的倒数，意味着在 k 个点中，距离近的点对分类结果的影响大于距离远的点。 默认为“uniform”
algorithm	接收 str。计算 K 近邻点的算法，可选择的值为“ball_tree”“kd_tree”“brute”“auto”，其含义如下。 “ball_tree”：使用 BallTree 算法，建议数据维度大于 20 时使用。 “kd_tree”：使用 KDTree 算法，在数据维度小于 20 时效率高。 “brute”：暴力算法，线性扫描。 “auto”：自动选取最合适的算法。 默认为“auto”
leaf_size	接收 int。用于构造 BallTree 和 KDTree，leaf_size 参数的设置会影响树的构造和询问的速度，同样也会影响树存储需要的内存，默认为 30
p	接收 int。表示度量的方式，可选择的值为 1 和 2，其含义如下。 1：使用曼哈顿距离进行度量。 2：使用欧式距离进行度量。 默认为 2

8.3.3 Lasso 回归

Lasso 回归以缩小特征集（降阶）为思想，是一种收缩估计方法。Lasso 回归可以将特征的系数进行压缩并使某些回归系数变为 0，进而达到特征选择的目的，可以广泛地应用于模型改进与选择。通过选择惩罚函数，借用 Lasso 思想和方法达到特征选择的目的。模型选择本质上是寻求模型稀疏表达的过程，而这种过程可以通过优化一个“损失+惩罚”的函数来完成。

【微课视频】

Lasso 回归定义如式（8-5）所示。

$$\hat{\beta}(\text{lasso}) = \arg\min_{\beta}{}^2 \left\| y - \sum_{i=1}^{p} x_i \beta_i \right\|^2 + \lambda \sum_{i=1}^{p} |\beta_i| \tag{8-5}$$

其中，λ为非负正则参数，控制着模型的复杂程度，λ越大，对特征较多的线性模型的惩罚力度就越大，最终获得一个特征较少的模型，$\lambda\sum_{i=1}^{p}|\beta_i|$ 称为惩罚项。调整参数λ的取值可以采用交叉

验证法，选取交叉验证误差最小的λ值。最后，按照得到的λ值，用全部数据重新拟合模型即可。

1. 数据输入

在理论上，Lasso 回归对数据类型没有太多限制，可以接收任何类型的数据，而且一般不需要对特征进行标准化处理。

2. 算法输出

Lasso 回归的主要输出如下。

（1）训练后的 Lasso 回归方程。

（2）包含真实值和预测值的样本。

3. 优缺点

Lasso 回归的优点是可以弥补最小二乘法和逐步回归局部最优估计的不足，可以很好地进行特征的选择，并有效地解决各特征之间存在的多重共线性问题。缺点是如果存在一组高度相关的特征，Lasso 回归方法倾向于选择其中的一个特征，而忽视其他所有的特征，这种情况会导致结果的不稳定性。

4. 算法应用

当原始特征中存在多重共线性时，Lasso 回归不失为一种很好的方法，它可以有效地对存在多重共线性的特征进行筛选。在机器学习中，面对海量的数据，往往会用到降维，争取用尽可能少的数据解决问题，而用 Lasso 模型进行特征选择也是一种有效的降维方法。

5. 应用实例

Python 机器学习库 scikit-learn 的 linear_model 模块提供的 Lasso 类用于构建逻辑回归模型，基本使用语法如下。

```
    sklearn.linear_model.Lasso(alpha=1.0, fit_intercept=True, normalize=False,
precompute=False, copy_X=True, max_iter=1000, tol=0.0001, warm_start=False,
positive=False, random_state=None, selection='cyclic')
```

Lasso 类的主要参数及其说明如表 8-12 所示。

表 8-12　Lasso 类的主要参数及其说明

参数名称	说明
alpha	接收 float。表示与 L1 项相乘的常数，当为 0 时，算法等同于普通最小二乘法，默认为 1.0
fit_intercept	接收 boolean。表示是否计算此模型的截距，默认为 True
max_iter	接收 int。表示最大迭代次数，默认为 1 000

8.4 集成学习算法

机器学习的有监督学习算法的目标是学习出一个稳定的且在各个方面表现都较好的模型，但实际情况往往达不到理想状态，有时只能得到多个有偏好的模型（弱分类器，在某些方面表现较好）。集成学习是组合多个弱分类器，得到一个更好且更全面的强分类器，即将多个分类器聚集在一起，以提高分类的准确率。这些分类器可以是不同的算法，也可以是相同的算法。如果把单个分类器比作一个决策者，那么集成学习的方法就相当于多个决策者共同进行一项决策。

集成学习的作用主要有以下 3 个方面。

（1）分类器间存在一定的差异性，会导致分类的边界不同，可以理解为分类器是一个比较专精的专家，它有它自己一定的适用范围和特长。所以，通过一定的策略将多个弱分类器合并后，即可拓展模型的适用范围，降低整体的错误率，实现更好的效果。

（2）集成学习在各个规模的数据集上都有很好的策略。数据集过大时会导致训练模型太慢，而集成学习可以分别对数据集进行划分和有放回的操作，从而产生不同的数据子集，再使用数据子集训练不同的分类器，最终再将不同的分类器合并成为一个大的分类器。数据集过小时则会导致训练不充分，而集成学习可以利用 Bootstrap 方法进行抽样，得到多个数据集，分别训练多个模型后再进行组合。如此便可提高训练的准确度和速度，使得之前很难利用的数据得到充分的使用。

（3）当特征集存在多个异构的时候，很难对其进行融合，可以考虑使用集成学习的方式，为每个数据集构建一个分类模型，然后将多个模型进行融合。

目前，常见的集成学习算法主要有 Boosting 和 Bagging 两种。

8.4.1 Boosting

Boosting 方法是一种用于提高弱分类器准确度的方法，这种方法从原始训练数据出发，通过调整训练数据的概率分布（权值分布）来生成多个子分类器，多个子分类器是有序的，即一个分类器依赖于前一个分类器，每个分类器着重关注前一个分类器错误分类的样本，提升错误分类样本的权重，由于新的分类器重点关注错误分类的样本，在生成新分类器的过程中就会不断地降低误差，从而降低整个模型的偏差。比较典型的 Boosting 方法有 Adaboost 和 GBDT。

【微课视频】

1. Adaboost

Adaboost 是 Boosting 中较为典型的算法，基本思想是由训练数据的分布构造一个分类器，然后使用误差率求出这个弱分类器的权重，通过更新训练数据的分布，迭代进行训练，直至达到迭代次数或者损失函数小于某一阈值。由于 Adaboost 属于 Boosting，采用的是加权模型，对每个学习器的输出结果进行加权处理，只会得到一个输出预测结果，所以标准的 Adaboost 只适用于二分类任务。

（1）数据输入

Adaboost 算法的输入数据要求如下。

① 训练数据集。

② 各个弱分类器。

（2）算法输出

Adaboost 算法在模型训练后的输出为强分类器。

（3）优缺点

Adaboost 算法的优点主要表现在以下 4 个方面。

① 可以将不同的分类算法作为弱分类器。

② 很好地利用了弱分类器进行级联。

③ 具有很高的精度。

Adaboost 算法的缺点主要表现在以下 3 个方面。

① 容易受到噪声干扰。

② 训练时间过长。

③ 执行效果依赖于弱分类器的选择。

（4）算法应用

Adaboost 算法的主要应用方向如下。

① 用于特征选择。

② 用于做分类任务的 baseline。

③ 用于对 badcase 进行修正。

（5）应用实例

Python 机器学习库 scikit-learn 的 ensemble 模块提供的 AdaBoostClassifier 类用于构建 Adaboost 模型，基本使用语法如下。

```
sklearn.ensemble.AdaBoostClassifier(base_estimator=None, n_estimators=50, learning_rate=1.0, algorithm='SAMME.R', random_state=None)
```

AdaBoostClassifier 类的主要参数及其说明如表 8-13 所示。

表 8-13　AdaBoostClassifier 类的主要参数及其说明

参数名称	说明
base_estimator	接收 object。表示选择的分类学习器，默认为“None”时使用的学习器为“DecisionTreeClassifier”
n_estimators	接收 int。表示弱学习器的最大迭代次数，默认为 50
learning_rate	接收 float。表示每个弱学习器的权重缩减系数，取值范围为 0 到 1，默认为 1.0
algorithm	接收 str。选择 Adaboost 分类算法，可选择的值为“SAMME”“SAMME.R”，其含义如下。 “SAMME”：使用样本集分类效果作为弱学习器权重。 “SAMME.R”：使用样本集分类的预测概率大小作为弱学习器权重。 默认为“SAMME.R”

2. GBDT

梯度提升迭代决策树（Gradient Boosting Decision Tree，GBDT）是一种基于迭代的决策树算法，这种算法在实际问题中将生成多棵决策树，并将所有树的结果进行汇总，从而得到最终答案。所以该算法将决策树与集成思想进行了有效的结合。

GBDT 是由梯度提升（Gradient Boosting，GB）算法发展而来的。GB 算法的主要思想是，在之前建立模型的损失函数的梯度下降方向上建立新的模型。损失函数用于评价模型性能（一般为拟合程度+正则项），一般认为损失函数越小，性能越好。而让损失函数持续下降，可以使得模型不断调整，提升性能，其最好的方法是使损失函数沿着梯度方向下降。GBDT 在 GB 算法的基础上，通过损失函数的负梯度进行损失误差的拟合，从而解决分类回归问题。

（1）数据输入

GBDT 算法的输入数据如下。

① 训练数据集。

② 基于决策树算法的弱分类器。

（2）算法输出

GBDT 算法在模型训练后的输出为强分类器。

（3）优缺点

GBDT 算法的优点主要表现在以下 5 个方面。

① 预测的精度高。

② 适合低维数据。

③ 可以处理非线性数据。

④ 可以灵活处理各种类型的数据，包括连续值和离散值。

⑤ 使用一些健壮的损失函数，对异常值的健壮性非常强。

GBDT 算法的缺点主要表现在以下 3 个方面。

① 由于弱学习器之间存在依赖关系，所以难以并行训练数据。

② 数据维度较高时，会加大算法的计算复杂度。

③ 执行效果依赖于弱分类器的选择。

（4）算法应用

GBDT 算法几乎可用于所有回归问题，包含线性和非线性的回归问题，也可以用于二分类问题。

（5）应用实例

Python 机器学习库 scikit-learn 的 ensemble 模块提供的 GradientBoostingClassifier 类用于构建 GBDT 模型，基本使用语法如下。

```
    sklearn.ensemble.GradientBoostingClassifier(loss='deviance',
learning_rate=0.1, n_estimators=100, subsample=1.0, criterion='friedman_mse',
min_samples_split=2, min_samples_leaf=1, min_weight_fraction_leaf=0.0,
max_depth=3, min_impurity_decrease=0.0, min_impurity_split=None, init=None,
random_state=None, max_features=None, verbose=0, max_leaf_nodes=None,
warm_start=False, presort='deprecated', validation_fraction=0.1,
n_iter_no_change=None, tol=0.0001, ccp_alpha=0.0)
```

GradientBoostingClassifier 类的主要参数及其说明如表 8-14 所示。

表 8-14　GradientBoostingClassifier 类的主要参数及其说明

参数名称	说明
loss	接收 str。表示算法中的损失函数，可选择的值为“deviance”“exponential”，其含义如下。 “deviance”：对数似然损失函数。 “exponential”：指数损失函数。 默认为“deviance”
learning_rate	接收 float。表示每个弱学习器的权重缩减系数，取值范围为 0 到 1，默认为 0.1

续表

参数名称	说明
n_estimators	接收 int。表示弱学习器的最大迭代次数，默认为 100
subsample	接收 float。表示是否子采样，如果取值为 1，则使用全部样本，如果取值小于 1，则只有一部分样本会做 GBDT 的决策树拟合。选择小于 1 的比例可以减少方差，即防止过拟合，但是会加大样本拟合的偏差，因此取值不能太低。推荐为[0.5，0.8]，默认为 1.0

8.4.2 Bagging

Bagging 的全称是 Bootstrap Aggregation，基本思想是训练多个分类器，各个分类器之间不存在强依赖关系，再对计算结果求平均值。随机森林算法是其典型代表。

【微课视频】

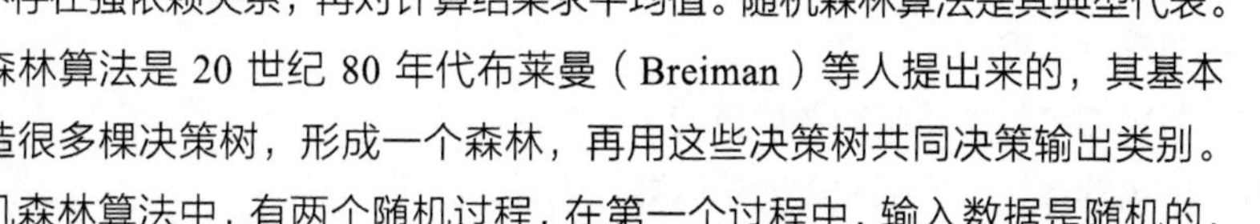

随机森林算法是 20 世纪 80 年代布莱曼（Breiman）等人提出来的，其基本思想是构造很多棵决策树，形成一个森林，再用这些决策树共同决策输出类别。在整个随机森林算法中，有两个随机过程，在第一个过程中，输入数据是随机的，从整体的训练数据中选取一部分用于构建一棵决策树，且数据是有放回的选取；在第二个过程中，每棵决策树的构建所需的特征是从整体的特征集随机选取的，这两个随机过程使得随机森林在很大程度上避免了过拟合现象的出现。

随机森林算法的过程如图 8-7 所示，具体如下。

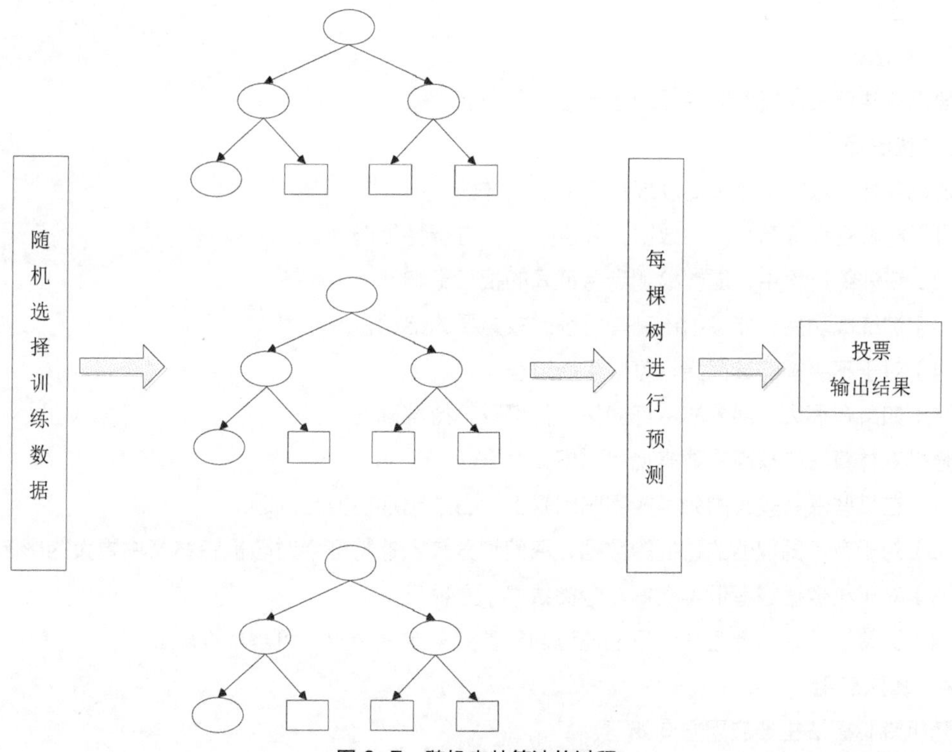

图 8-7　随机森林算法的过程

（1）从训练数据中选取 n 个数据作为输入。一般情况下，n 远小于整体的训练数据 N，这样就会造成一部分数据无法被获取，这部分数据称为袋外数据，可以使用袋外数据进行误差估计。

（2）选取了输入的训练数据后，需要构建决策树。构建的具体方法是每一个分裂节点从整体特征集 M 中选取 m 个特征进行构建，一般情况下 m 远小于 M。

（3）在构建每棵决策树的过程中，可以按照最小的基尼系数进行分裂节点的选取，然后进行决策树的构建。决策树的其他节点都采取相同的分裂规则进行构建，直至该节点的所有训练样本都属于同一类或达到树的最大深度。

（4）重复步骤（2）和步骤（3）多次，每次输入数据对应一棵决策树，即可得到随机森林，用于对预测数据进行决策。

（5）选择输入的训练数据后，多棵决策树也随之构建成功。对预测数据进行预测时，输入一个待预测数据，会有多棵决策树同时进行决策，最后采用多数投票的方式进行类别的决策。

构建随机森林时需要注意以下 3 点。

（1）在构建决策树的过程中是不需要剪枝的。

（2）整个森林的树的数量和每棵树的特征需要人为设定。

（3）构建决策树时，分裂节点的选择依据最小基尼系数或其他策略。

1. 数据输入

随机森林算法的输入数据如下。

（1）训练数据集。

（2）各弱决策树分类器。

2. 算法输出

随机森林算法在模型训练后的输出为强分类器。

3. 优缺点

随机森林算法的优点主要表现在以下 5 个方面。

（1）能够处理很高维度的数据，并且不需要进行特征选择。

（2）在训练过程中，能够检测到特征间的相互影响。

（3）训练成功后，能够给出哪些特征比较重要的结论。

（4）对于不平衡的数据集，可以平衡误差。

（5）如果有很大一部分的特征遗失，仍可以维持准确度。

随机森林算法的缺点主要表现在以下 4 个方面。

（1）在某些噪音较大的分类或回归问题上，容易出现过拟合问题。

（2）对于有不同取值的特征的数据，取值划分较多的特征会对随机森林产生更大的影响。

（3）对于小数据或者低维数据，分类效果不是很好。

（4）计算过程是个黑盒子，只能通过调整参数来改变结果，可解释性差。

4. 算法应用

随机森林算法主要应用方向如下。

（1）很容易处理含有类别、数值等不同类型特征的数据。

（2）适用于处理维度较高的数据集。

5. 应用实例

Python 机器学习库 scikit-learn 的 ensemble 模块提供的 RandomForestClassifier 类用于构建随机森林模型，基本使用语法如下。

```
    sklearn.ensemble.RandomForestClassifier(n_estimators=100, criterion='gini',
max_depth=None, min_samples_split=2, min_samples_leaf=1, min_weight_fraction_
leaf=0.0, max_features='auto', max_leaf_nodes=None, min_impurity_decrease=0.0,
min_impurity_split=None, bootstrap=True, oob_score=False, n_jobs=None,
random_state=None, verbose=0, warm_start=False, class_weight=None, ccp_alpha=0.0,
max_samples=None)
```

RandomForestClassifier 类的主要参数及其说明如表 8-15 所示。

表 8-15 RandomForestClassifier 类主要参数及其说明

参数名称	说明
n_estimators	接收 int。表示弱学习器的最大迭代次数，默认为 100
criterion	接收 str。表示特征选择的标准，可选择的值为“gini”“entropy”，其含义如下。 “gini”：基尼系数。 “entropy”：信息熵。 默认为“gini”
max_depth	接收 int。表示决策树的最大深度，默认为 None

8.5 聚类算法

聚类分析是在没有给定划分类别的情况下，根据数据相似度进行样本分组的一种方法。聚类模型可以将没有类别标记的数据聚集为多个簇，视为一类，是一种无监督的学习算法。在商业上，聚类可以帮助市场分析人员从消费者数据库中区分出不同的消费群体，并且概括出每一类消费者的消费模式或消费习惯。同时，聚类分析也可以作为其他数据分析算法的一个预处理步骤，如异常值识别、连续型特征离散化等。

聚类的输入是一组未被标记的样本，聚类根据数据自身的距离或相似度将它们划分为若干组，划分的原则是组内样本距离最小化而组间（外部）距离最大化，如图 8-8 所示。

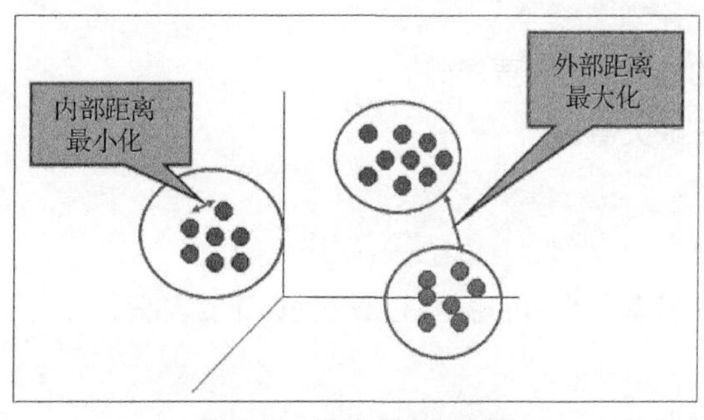

图 8-8 聚类原理示意图

聚类方法类别如表 8-16 所示。

表 8-16　聚类方法类别

算法类别	包括的主要算法
原型聚类	K-Means 算法（K-平均），K-Means++算法（快速 K-平均）和 LVQ 算法（学习向量量化）
层次聚类	BIRCH 算法（平衡迭代归约和聚类），CURE 算法（代表点聚类）和 CHAMELEON 算法（动态模型）
密度聚类	DBSCAN 算法（基于高密度连接区域），DENCLUE 算法（密度分布函数）和 OPTICS 算法（对象排序识别）
网格聚类	STING 算法（统计信息网络），CLIOUE 算法（聚类高维空间）和 WAVE-CLUSTER 算法（小波变换）

本节主要介绍原型聚类、层次聚类、密度聚类。

8.5.1　原型聚类

原型聚类算法假设聚类结构可以通过一组原型来刻画，通常算法会先对原型进行初始化，再对原型进行迭代更新求解。不同的原型表示和不同的求解方式会产生不同的算法，其中，较有代表性的算法是 K-Means 聚类算法。

【微课视频】

K-Means 聚类算法是一种基于中心的划分方法，输入聚类个数 k，以及包含 n 个数据对象的数据库，输出满足误差平方和最小标准的 k 个聚类。算法步骤如下。

（1）从 n 个样本数据中随机选取 k 个对象作为初始的聚类中心。

（2）分别计算每个样本到各个聚类中心的距离，将样本分配到距离最近的聚类中心类别中。

（3）所有样本分配完成后，重新计算 k 个聚类的中心。

（4）将新的聚类中心与前一次计算得到的 k 个聚类中心比较，若聚类中心发生变化，则转步骤（2），否则转步骤（5）。

（5）当中心不发生变化时，停止并输出聚类结果。

聚类的结果依赖于初始聚类中心的随机选择。在实践中，为了得到较好的结果，通常以不同的初始聚类中心多次运行 K-Means 算法。在所有样本分配完成后，重新计算 k 个聚类的中心时，对于分布连续的数据，聚类中心取该簇的均值。

1. 数据输入

K-Means 聚类算法的输入数据和要求如下。

（1）数据中不能存在缺失值。

（2）聚类簇的数量。

2. 算法输出

K-Means 聚类算法在模型训练后的输出主要分为以下 2 部分。

（1）聚类中心。

（2）含标签的样本数据集。

3. 优缺点

K-Means 聚类算法的优点主要表现在以下 2 个方面。

（1）原理简单，实现容易。

（2）具有出色的速度和良好的可扩展性。

K-Means 聚类算法的缺点主要表现在以下 5 个方面。

（1）聚类中心的个数 *k* 需要事先给定，但在实际使用中 *k* 值的选定是非常难以估计的，多数情况下，事先并不知道给定的数据集应该分成多少个类别。

（2）需要人为地确定初始聚类中心，不同的初始聚类中心可能导致完全不同的聚类结果。

（3）结果不一定全局最优，只能保证局部最优。

（4）对噪声和离群点敏感。

（5）不易发现非凸面形状的簇或大小差别很大的簇。

4. 算法应用

K-Means 聚类算法常用的场景是在不清楚数据有几种类型时，尝试性地将数据进行分类，并根据每类数据的不同特征，决定下一步计划。

5. 应用实例

Python 机器学习库 scikit-learn 的 cluster 模块提供的 KMeans 类用于构建 K-Means 模型，基本使用语法如下。

```
    sklearn.cluster.KMeans(n_clusters=8, init='k-means++', n_init=10, max_iter=
300, tol=0.0001,precompute_distances='auto', verbose=0, random_state=None,
copy_x=True, n_jobs=1,algorithm='auto')
```

KMeans 类的主要参数及其说明如表 8-17 所示。

表 8-17 KMeans 类的主要参数及其说明

参数名称	说明
n_clusters	接收 int。表示分类簇的数量，无默认值
max_iter	接收 int。表示最大的迭代次数，默认为 300
n_init	接收 int。表示算法的运行次数，默认为 10
init	接收特定 str。“k-means++”表示该初始化策略选择的初始均值向量相互之间距离较远，它的效果较好；“random”表示从数据中随机选择 *k* 个样本作为初始均值向量；或者提供一个数组，数组的形状为（n_clusters,n_features），该数组作为初始均值向量，默认为“k-means++”
precompute_distances	接收 boolean 或者“auto”。表示是否提前计算好样本之间的距离，“auto”表示若 n_samples×n>12million，则不提前计算，默认为“auto”
tol	接收 float。表示算法收敛的阈值，默认为 0.000 1
n_jobs	接收 int。表示任务使用的 CPU 数量，默认为 1
random_state	接收 int。表示随机数生成器的种子，默认为 None
verbose	接收 int。0 表示不输出日志信息；1 表示每隔一段时间打印一次日志信息，如果大于 1，则打印日志信息更频繁，默认为 0

8.5.2 层次聚类

层次聚类是聚类算法的一种，通过计算不同类别数据点间的相似度来创建一棵有层次的嵌套聚类树。在聚类树中，不同类别的原始数据点是树的最底层，树的顶层是聚类的根节点。例如，某家企业可以把所有的雇员组织成较大的簇，如主管、经理和职员，然后可以进一步划分为较小的簇，如职员簇可以划分为高级职员、一般职员和实习人员等子簇，所有的簇形成了层次结构，因而可以很容易地对各层次上的数据进行汇总或特征化。

【微课视频】

层次聚类算法根据层次分解的顺序分为自下而上法和自上而下法，即凝聚的层次聚类算法和分裂的层次聚类算法（Agglomerative 和 Divisive）。自下而上法规定一开始每个个体（object）都是一个类，根据 linkage 寻找同类，最后形成一个“类”；自上而下法则相反，一开始所有个体都属于一个“类”，根据 linkage 排除异己，最后每个个体都成为一个“类”。这两种方法没有孰优孰劣之分，只是在实际应用中需要根据数据特点和实际想要的“类”的个数，来考虑是自上而下法更快还是自下而上法更快。根据 linkage 判断“类”的方法有最短距离法、最长距离法、中间距离法、类平均法等，其中类平均法被认为是较为常用且好用的方法，一方面因为其良好的单调性，另一方面因为其空间扩张/浓缩的程度适中。

1. 数据输入

层次聚类算法的输入数据和要求如下。

（1）数据不能存在缺失值。

（2）聚类簇距离度量函数。

2. 算法输出

层次聚类算法在模型训练后的输出主要为含标签的样本数据集。

3. 优缺点

层次聚类算法的优点主要表现在以下 3 个方面。

（1）距离和规则的相似度容易定义，限制少。

（2）无须预先制订聚类数。

（3）可以发现每一类的层次关系。

层次聚类算法的缺点主要表现在以下 3 个方面。

（1）计算复杂度太高。

（2）算法很可能聚类成链状。

（3）对噪声和离群点敏感。

4. 应用实例

Python 机器学习库 scikit-learn 的 neighbors 模块提供的 AgglomerativeClustering 类用于构建层次聚类模型，基本使用语法如下。

```
    sklearn.cluster.AgglomerativeClustering(n_clusters=2, affinity='euclidean',
memory=None, connectivity=None, compute_full_tree='auto', linkage='ward',
distance_threshold=None)
```

AgglomerativeClustering 类的主要参数及其说明如表 8-18 所示。

表 8-18　AgglomerativeClustering 类的主要参数及其说明

参数名称	说明
n_clusters	接收 int。表示聚类数，默认为 2
affinity	接收 str。表示样本点之间距离的计算方式，一般情况下选取 K 近邻点中类别数量最多的作为分类结果，这种情况下默认 k 个点的权重相等，但在很多情况下，K 近邻点权重并不相等，可能近的点权重大，对分类结果影响大。可选择的计算方式包括“euclidean”“l1”“l2”“manhattan”“cosine”“precomputed”，其含义如下。 “euclidean”：欧式距离。 “L1”：L1 准则。 “L2”：L2 准则。 “manhattan”：曼哈顿距离。 “cosine”：余弦距离。 “precomputed”：距离矩阵。 默认为“euclidean”
linkage	接收 str。表示链接标准，即样本点的合并标准，可选择的值为“ward”“complete”“average”，其含义如下。 “ward”：使用两个集合方差。 “complete”：使用两个集合中点。 “average”：使用点距离的平均值。 默认为“ward”

8.5.3　密度聚类

【微课视频】

密度聚类也称为基于密度的聚类，密度聚类假设聚类结构能通过样本分布的紧密程度确定。密度聚类算法大体流程为：从样本密度的角度来考察样本之间的连续性，并基于连续性不断扩展聚类簇，以获得最终结果。其中，最具有代表性的是 DBSCAN 聚类算法。

DBSCAN 是一种基于密度的空间策略来进行聚类的算法。通过初始化邻域半径 ε 与最小点集数量 Minpts，来实施条件判断（核心点、边界点、噪音点等），从而进行迭代聚类。其中，核心点是在以该对象为中心的领域半径 ε 内，包含的对象的个数至少满足最小点集个数 Minpts；边界点为包含在核心点的领域半径内，但不是核心点的对象；噪音点为既不是核心点也不是边界点的对象。当对象 p 与对象 q 处于同一领域内，且对象 q 为核心点时，称 p 由 q 密度直达。对于对象 x_i 和 x_j，如果存在序列 $p_1, p_2, \ldots, p_T$，满足 $p_1 = x_i, p_t = x_j$ 和 $t \in T$，且 p_{t+1} 由 p_t 密度直达，则称 x_j 由 x_i 密度可达。

DBSCAN 算法的基本步骤如下。

（1）初始化 DBSCAN 算法的邻域半径 ε 与最小点集数量 Minpts。

（2）选择一个初始点，判断是否是核心点，对于每一个核心点，任意选择一个未处理过的核心点，通过密度可达的原理对样本进行聚类从而生成簇。

（3）迭代重复以上步骤，直至所有的核心点都处理完成。

1. 数据输入

DBSCAN 聚类算法的输入数据和要求如下。

（1）数据不能存在缺失值。

（2）邻域半径ε。

（3）最小点集数量 Minpts。

2. 算法输出

DBSCAN 聚类算法通过模型训练后的输出主要为含标签的样本数据集。

3. 优缺点

DBSCAN 聚类算法的优点主要表现在以下 3 个方面。

（1）自适应的聚类，不需要提前设定 k 值大小。

（2）对噪声不敏感。这是因为算法能够较好地判断离群点，并且即使错判离群点，对最终的聚类结果也没太大影响。

（3）能发现任意形状的簇。这是因为算法是靠不断连接邻域的高密度点来发现簇的，只需要定义邻域大小和密度阈值，就可以发现不同形状、不同大小的簇。

DBSCAN 聚类算法的缺点主要表现在以下 3 个方面。

（1）对领域参数（邻域半径ε与最小点集数量 Minpts）的设置敏感。

（2）数据样本集越大，收敛时间越长。

（3）对于密度不均匀、聚类间分布差异大的数据集，聚类质量较差。

4. 应用实例

Python 机器学习库 scikit-learn 的 cluster 模块提供的 DBSCAN 类用于构建 DBSCAN 聚类模型，基本使用语法如下。

```
    sklearn.cluster.DBSCAN(eps=0.5, min_samples=5, metric='euclidean', metric_
params=None, algorithm='auto', leaf_size=30, p=None, n_jobs=None)
```

DBSCAN 类的主要参数及其说明如表 8-19 所示。

表 8-19　DBSCAN 类的主要参数及其说明

参数名称	说明
eps	接收 float。表示同一个簇中样本的最大距离，默认为 0.5
min_samples	接收 int。表示一个簇需要包含的最少样本数，默认为 5
algorithm	接收 str。计算找出 K 近邻点的算法，可选择的值为“ball_tree”“kd_tree”“brute”“auto”，其含义如下。 “ball_tree”：使用 BallTree 算法，建议数据维度大于 20 时使用。 “kd_tree”：使用 KDTree 算法，在数据维度小于 20 时效率高。 “brute”：暴力算法，线性扫描。 “auto”：自动选取最合适的算法。 默认为“auto”
p	接收 int。表示度量的方式，可选择的值为 1 和 2，其含义如下。 1：使用曼哈顿距离进行度量。 2：使用欧式距离进行度量。 默认为 None

8.6 关联规则算法

关联规则又称关联分析，是在交易数据、关系数据或其他信息载体中，查找存在于项目集合或对象集合之间的频繁模式、关联、相关性或因果结构的算法，也可以理解为关联规则是发现交易数据库中不同商品（项）之间的联系的算法。

关联规则的目的是从大量数据中发现项集之间的关联。关联规则的一个典型例子是购物篮分析。该过程通过发现顾客放入其购物篮中的不同商品之间的联系，分析顾客的购买习惯，从数据中分析出如“由于某些事件的发生而引起另外一些事件的发生”之类的规则，通过了解哪些商品频繁地被顾客同时购买，可以帮助零售商制订营销策略。例如，“67%的顾客在购买啤酒的同时也会购买尿布”，因此通过合理的啤酒和尿布的货架摆放或捆绑销售可提高超市的服务质量和效益。

关联规则中常用的名词定义如下。

（1）事务。每一条交易记录称为一个事务。

（2）项。交易的每一个物品称为一个项，如啤酒、尿布等。

（3）项集。包含零个或多个项的集合称为项集，如{啤酒，尿布}。

（4）k-项集。包含 k 个项的项集称为 k-项集，例如，{啤酒}称为 1-项集，{啤酒，尿布}称为 2-项集。

（5）支持度计数。一个项集出现在几个事务中，那么它的支持度计数就是几。例如，{啤酒，尿布}出现在事务 001、003 和 004 中，所以它的支持度计数是 3。

（6）支持度。支持度计数除以总的事务数。例如，总的事务数为 4，{啤酒，尿布}的支持度计数为 3，所以它的支持度是 3÷4=75%，说明有 75%的人同时买了啤酒和尿布。

（7）频繁项集。支持度大于或等于某个阈值的项集就称为频繁项集。例如，阈值设为 50%时，因为{啤酒，尿布}的支持度是 75%，所以它是频繁项集。

（8）前件和后件。对于规则{啤酒}→{尿布}，{啤酒}称为前件，{尿布}称为后件。

（9）置信度。对于规则{啤酒}→{尿布}，{啤酒，尿布}的支持度计数除以{尿布}的支持度计数为这个规则的置信度。例如，规则{啤酒}→{尿布}的置信度为 3÷3=100%。说明 100%买了啤酒的人也买了尿布。

（10）强关联规则。大于或等于最小支持度阈值和最小置信度阈值的规则称为强关联规则。关联规则分析的最终目标就是要找出强关联规则。

常见的关联规则算法主要有 Apriori 和 FP-growth 两种。

8.6.1 Apriori 算法

【微课视频】

关联规则的目标包括两项：发现频繁项集和发现强关联规则。找到频繁项集后，才能发现强关联规则。Apriori 算法是发现频繁项集的一种方法，其两个输入参数分别是最小支持度和数据集。Apriori 算法首先会生成所有单个物品的项集列表，接着扫描交易记录来查看哪些项集满足最小支持度的要求，那些不满足最小支持度要求的集合会被去除；然后对剩下的集合进行组合，生成包含两个元素的项集，再重新扫描交易记录，去除不满足最小支持度的项集。该过程重复进行，直至所有项集被去除。

1. 数据输入

Apriori 算法的输入数据如下。

（1）数据集合。

（2）最小支持度和阈值。

2. 算法输出

Apriori 聚类算法在模型训练后的输出主要为最大的频繁 k-项集。

3. 优缺点

Apriori 聚类算法的优点主要表现在以下 2 个方面。

（1）原理简单，容易理解。

（2）数据要求低。

Apriori 聚类算法的缺点主要表现在以下 2 个方面。

（1）每一步产生候选项集时循环产生的组合过多，无法排除不应该参与组合的元素。

（2）每次计算项集的支持度时，都对数据库中的全部记录进行了一遍扫描比较，需要很大的 I/O 负载。

4. 算法应用

Apriori 算法主要应用方向如下。

（1）购物篮数据分析。

（2）商品促销分析。

（3）网购商城里的推荐系统。

5. 应用实例

Python 机器学习库 scikit-learn 的 neighbors 模块提供的 apriori 类用于构建逻辑回归模型，基本使用语法如下。

```
    mlxtend.frequent_patterns.apriori(df, min_support=0.5, use_colnames=False,
max_len=None)
```

apriori 类的主要参数及其说明如表 8-20 所示。

表 8-20　apriori 类的主要参数及其说明

参数名称	说明
df	接收 dataframe。表示数据集，无默认值
min_support	接收 str。表示最小支持度，默认为 0.5
use_colnames	接收 boolean。表示是否使用元素名字作为列名，默认为 False
max_len	接收 int。表示最大物品组合数，默认为 None

8.6.2 FP-growth 算法

【微课视频】

使用 Apriori 算法进行关联规则分析，需要进行多次全表扫描，因而使用超大型数据集时会非常缓慢，效率低下。FP-growth 算法可以有效地解决这个问题。

FP-growth 算法巧妙地将树形结构引入算法中，它采取分治策略，将提供频繁项集的数据库压缩到一棵频繁模式树（FP-Tree）中，但仍保留项集关联信息。FP-growth 算法与 Apriori 算法相比，最大的不同有以下两点。

（1）不产生候选项集。

（2）只需要遍历两次数据库，大大提高了效率。

1. 数据输入

FP-growth 算法的输入数据如下。

（1）数据集合。

（2）最小支持度和阈值。

2. 算法输出

FP-growth 算法在模型训练后的输出主要为最大的频繁 k-项集。

3. 优缺点

FP-growth 算法的优点主要表现在运行效率，相较于 Apriori 算法，FP-growth 算法只需扫描两次数据库，可以很大程度地提升效率，并且避免产生大量候选项集。

FP-growth 算法的缺点主要表现在以下 3 个方面。

（1）算法要递归生成条件 FP-tree，所以内存消耗大。

（2）只能用于分析单维的布尔关联规则。

（3）只能生成频繁项集，不能用于发现关联规则。

4. 算法应用

FP-growth 算法主要应用方向如下。

（1）在多种文本文档中查找频繁单词。

（2）购物交易。

（3）医学诊断。

（4）大气研究。

8.7 智能推荐算法

【微课视频】

在信息过载的时代，智能推荐的任务是联系用户和信息，帮助用户发现对自己有价值的信息，同时使这些有价值的信息能够展现在对此感兴趣的用户面前，从而实现信息消费者和信息生产者的双赢。

协同过滤算法是一种较为著名和常用的智能推荐算法，它基于对用户历史行为数据的分析，发现用户的喜好偏向，并对用户可能喜好的产品进行推荐。协同过滤算法主要有以下几个实现方向。

（1）根据用户共同喜好进行推荐。

（2）根据用户喜欢的物品，推荐相似物品。

（3）根据以上条件进行综合推荐。

因此，常用的协同过滤算法分为两种，即基于用户的协同过滤算法和基于物品的协同过滤算法，特点可以概括为“物以类聚，人以群分”，算法据此特点进行预测和推荐。

基于用户的协同过滤算法，是通过用户的历史行为数据，如商品购买、收藏、内容评论或分享等，发现用户喜欢的商品或内容，再对这些喜好进行度量和打分。根据不同用户对相同商品或内容的态度和偏好程度，计算用户之间的关系。向有相同喜好的用户进行同样的商品推荐。例如，A 和 B 两个用户都购买了 x、y、z 三本图书，并且给出了 5 星好评，那么 A 和 B 属于同一类用户，可以将用户 A 看过的图书也推荐给用户 B。

基于物品的协同过滤算法与基于用户的协同过滤算法相似，将物品和用户互换，通过计算不同用户对不同物品的评分得到物品间的关系，基于物品间的关系对用户进行相似物品的推荐。这里的评分代表用户对商品的态度和偏好。例如，用户 A 同时购买了商品 x 和商品 y，那么说明商品 x 和商品 y 的相关度较高。当用户 B 也购买了商品 x 时，可以推断他也有购买商品 y 的需求。

1. 数据输入

协同过滤算法的输入数据如下。

（1）数据集合。

（2）用户评分。

2. 算法输出

协同过滤算法在模型训练后的输出主要为相似度。

3. 优缺点

协同过滤算法的优点主要表现在以下 3 个方面。

（1）能够过滤难以进行自动内容分析的信息，如艺术品、音乐等。

（2）共享其他人的经验，避免了内容分析的不完全和不精确，并且能够基于一些复杂的、难以表述的概念（如信息质量、个人品味）进行过滤。

（3）有推荐新信息的能力，可以发现内容完全不相似的信息，以及用户潜在的兴趣偏好。

协同过滤算法的缺点主要表现在以下 2 个方面。

（1）由于数据非常稀疏，在形成目标用户的用户集时，往往会造成信息的丢失，从而导致推荐效果的降低。

（2）面对日益增多的用户、数据量的急剧增加，算法的扩展性问题（即适应系统规模不断扩大的问题）成为制约推荐算法实施的重要因素。

4. 算法应用

协同过滤算法主要应用方向如下。

（1）电影和视频推荐。

（2）个性化音乐推荐。

（3）图书推荐。

（4）广告推荐。

小结

本章介绍了机器学习的基础概念和种类，以及基础算法，包含分类算法、回归算法、聚类算法、关联规则算法、智能推荐算法等，着重介绍了各个算法的输入、输出、优缺点、算法应用和实例，能让读者对机器学习各类算法有初步的了解。

习题

（1）以下关于机器学习的描述，不正确的是（　　）。

A．机器学习可以分为有监督学习、无监督学习等几种类型

B．机器学习包含学习和预测两个步骤

C．机器学习是人工智能的核心，也是使计算机具有智能的根本途径

D．目前无法通过机器学习来识别哪些邮件属于垃圾邮件

（2）分类算法学习的本质是找到（　　）间的关系或映射。

A．特征与标签　　B．特征与特征　　C．因变量与自变量　D．类别与输出变量

（3）以下关于回归算法的描述，不正确的是（　　）。

A．回归算法预测的变量是连续的

B．被预测的变量称为因变量，被用于进行预测的变量称为自变量

C．回归算法自变量的值是已知的，因变量是需要预测的

D．回归算法的实现分为学习、预测和部署 3 个步骤

（4）以下关于集成学习算法的描述，正确的是（　　）。

A．Adaboost 是 Bagging 中较为有代表性的算法

B．GBDT 算法的预测精度高，能够很好地并行训练数据

C．随机森林算法能够处理很高维度的数据，并且不用做特征选择

D．集成学习通过组合多个强分类器，得到一个更好且更全面的强分类器

（5）协同过滤算法主要（　　）实现。

A．根据用户们的共同喜好进行推荐

B．根据用户喜欢的物品，推荐相似物品

C．根据与用户有共同喜好的人和用户喜欢的物品进行综合推荐

D．以上描述都正确

第 9 章 人工智能模型开发测试

“二十大”报告指出“实践没有止境”，智能计算平台应用开发也需要通过实践来验证。智能计算平台应用开发的开发部分不仅包含了机器学习算法建模，还包含了人工智能模型开发测试。人工智能模型开发可进一步提升智能计算平台的系统智能性，而人工智能模型开发测试则可以确保系统的质量。本章将介绍人工智能模型开发的 6 个阶段，并从测试用例、测试方法、测试计划和测试报告 4 个方面介绍人工智能模型的测试。

【学习目标】

① 熟悉人工智能模型开发的 6 个阶段。

② 熟悉人工智能模型的测试过程。

【素质目标】

① 培养学生实践能力。

② 引导学生完善知识结构。

③ 提升学生的分析能力。

9.1 人工智能模型开发

人工智能模型开发的生命周期由商业理解、数据理解、数据准备、数据建模、模型评价和模型部署这 6 个阶段组成，如图 9-1 所示。这 6 个阶段的顺序并非是严格不变的，根据项目的不同会进行不同程度的调整，这取决于每一阶段或某一个阶段的某一特定任务的结果，这个结果是下一阶段必需的。如模型评价发现建模结果不理想，可回溯至数据准备阶段重新选择新的数据构建新的模型。

【微课视频】

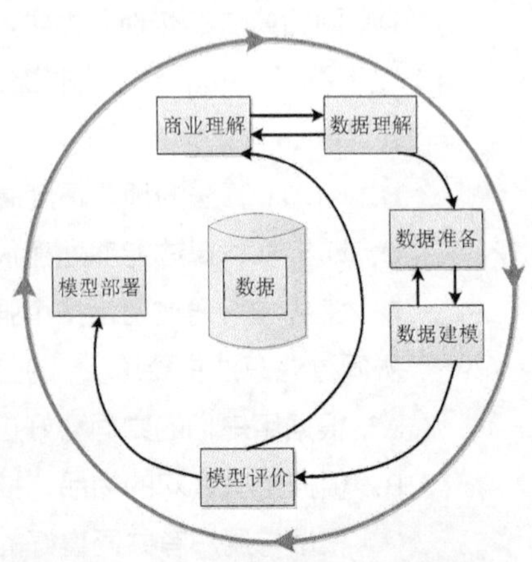

图 9-1 人工智能模型开发的生命周期

在图 9-1 中，各个箭头表示不同阶段之间重要和频繁的关联依赖。其中，最外圈的循环箭头形象地表达了人工智能模型开发本身的循环特性。人工智能模型开发不是一次部署完成就结束的活动，在项目进行期间和方案部署过程中获得的经验教训，都有可能触发新的更值得关注的商业问题。

9.1.1 商业理解

在商业理解阶段要明确需达到的项目目标，并将其转化为人工智能模型开发的主题。要从商业角度对业务部门的需求进行理解，并将对项目需求的理解转化为人工智能模型开发的定义，拟定实施项目的初步方案。具体包括确定商业目标、评析环境、确定项目目标和制订项目计划 4 个部分，如图 9-2 所示。

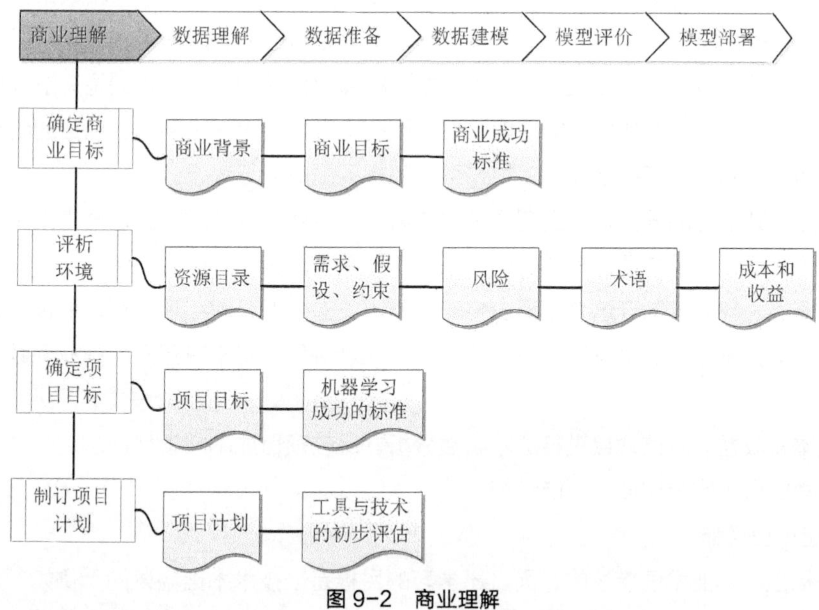

图 9-2 商业理解

1. 确定商业目标

数据分析师的第一个目标是从商业角度来全面理解客户真正想要达到的目标。通常，客户会提出很多目标，数据分析师不得不对这些目标进行权衡。数据分析师的目的是在一开始找到影响项目结果的重要因素，如果忽视这个步骤，那么最有可能产生的结果是花费了大量的精力却没有解决关键问题。因此，确定商业目标就显得尤为关键。

通过确定商业目标，将得到以下 3 个结果。

（1）商业背景。商业背景将记录项目开始时了解到的公司商业环境相关的信息。

（2）商业目标。商业目标将从商业角度描述客户的主要目标。除了主要商业目标外，客户通常还有大量需要解决的其他相关的商业问题。例如，公司主要的商业目标是通过模型来判别该公司的客户是否会流向竞争公司，其他相关的商业问题有可能是哪些因素会影响这些客户的停留，是如何影响的。

（3）商业成功标准。可以从商业角度的各种观点来制订项目成功的标准。有些标准相当具体并能被客观度量，如某种程度上客户流失的减少。还有一些是主观性的标准，需要指明是哪些人做出了主观判断。

2. 评析环境

评析环境主要是对整个项目的环境进行分析，如可利用的资源、约束、制订的假设及其他在确定商业目标和项目计划时应该考虑的因素。确定商业目标后，需要通过评析环境，将所有细节转化为“有血有肉”的内容。

通过评析环境，将得到以下 5 个结果。

（1）资源目录。列出项目可用的全部资源，包括人员（商业专家、数据专家、技术支持人员、机器学习职员等）、数据（固定抽取的数据、实时访问现场仓库或操作型数据）、计算资源（硬件平台）和软件（人工智能模型开发工具、其他相关软件）。

（2）需求、假设和约束。项目的需求包括完成项目的时间表、项目结果和数据安全方面的可理解性和质量把控，以及法律问题等。项目的假设可能是有关数据的假设，它们可以在人工智能模型开发过程中被检验；也可能是与作为项目基础的商业相关的假设，它们是无法被检验的，如果这种假设是项目结果正确性验证的前期条件，则列出它们是极其重要的。项目的约束可能是资源可用性方面的限制，也可能是技术上的约束，都需要提前进行考虑。

（3）风险。列出可能导致项目延期或失败的风险或事件，以及风险出现时应该采取的行动。

（4）术语。编辑一个与项目有关的术语表，包括两个部分：与商业相关的术语表，它是项目进行商业理解的一部分，制订这个术语表将对参与人员的知识获取和项目培训提供很大的帮助；与人工智能模型开发相关的术语表，方便参与人员熟悉流程，对于有疑问的商业问题还需配以实例进行解释。

（5）成本和收益。对该项目进行成本收益分析，比较项目成本与项目成功后为公司带来的可能收益。这里的分析比较应该尽可能详细。

3. 确定项目目标

商业目标是以商业术语描述的，而机器学习的目标是以技术术语描述的。例如，商业目标可能是增加总销售额，而机器学习的目标也许是给出客户过去三年的购买信息、客户信息（年龄、收入、城市等）和项目明细价格，预测客户会购买多少商品。

通过确定项目目标，将得到以下两个结果。

（1）项目目标：描述该项目的预计输出，该输出将使商业目标得以实现。

（2）机器学习成功的标准：是以技术术语定义项目成功的标准；与商业成功的标准一样，也许需以主观方式来描述这些标准，此时，应该标识是哪些人做出了这个主观判断。

4. 制订项目计划

项目计划是为了达到项目目标进而实现商业目标的确定计划，该计划应该详细列出项目实施阶段需要进行的一系列步骤，包括最初对工具和技术的选择。

通过制订项目计划，将得到以下两个结果。

（1）项目计划。列出项目需要经历的各个阶段，以及每个阶段的详细计划，包括持续时间、需要的资源、输入、输出和关联性。这里要尽可能将机器学习过程中会大量重复的步骤交代清楚，如建模和评估阶段的重复。分析时间进度和风险之间的关联也是很重要的，在项目计划中应该明显地标记这些分析的结果，并对风险给出理想行动建议。在某种意义上，项目计划是一个动态文档，在每个阶段结束时，需要对进展和成果情况进行重审，由此对项目计划做相应的更新。同时，指出重审点也是项目计划的一部分。

（2）工具与技术的初步评估。商业理解阶段结束后，项目要完成对工具与技术的初步评估，例如，要选择一种能为项目各阶段提供多种方法的机器学习工具，因为工具和技术的选择可能影响整个项目，所以尽早对其做评估就显得较为重要了。

9.1.2 数据理解

数据理解是找出可能的影响主题的因素，确定这些影响因素的数据载体、数据体现形式和数据存储位置。数据理解从数据收集开始，然后熟悉数据。具体包括收集原始数据、描述数据、探索数据和检验数据质量 4 个部分，如图 9-3 所示。

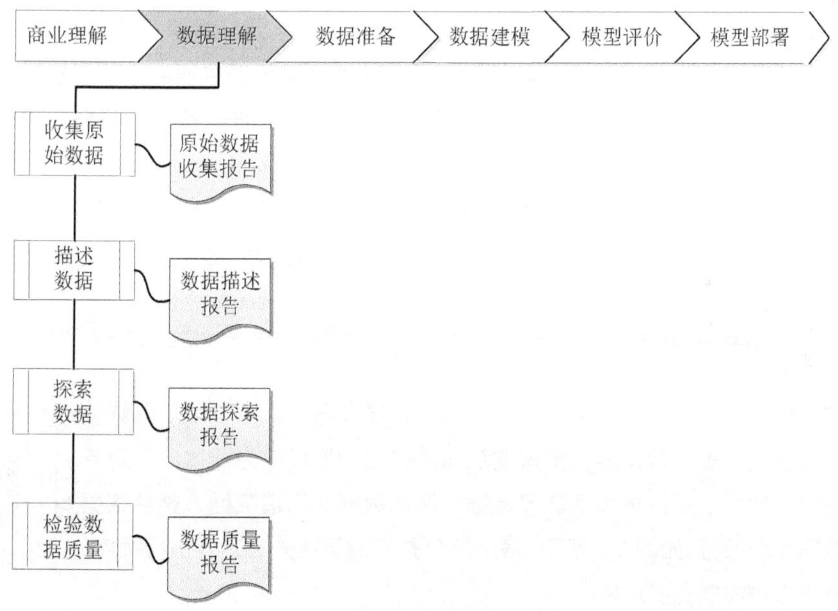

图 9-3 数据理解

1. 收集原始数据

收集原始数据是在项目范围内，收集项目所需的分析数据（或数据的访问方式）。初步收集数据时可能需要为理解数据进行必要的数据加载操作，如果需要使用特殊的工具来辅助数据理解，那么更好的做法是将数据导入该工具中，可通过 ETL 等工具进行数据的收集。

通过收集原始数据，将得到原始数据收集报告。报告需要列出获取的全部数据集，包括它们在项目中被使用到的部分、获取的方法以及遇到的问题。记录遇到的问题和解决方案有助于项目未来的迁移或推进类似的项目。

2. 描述数据

描述数据主要是审查数据并给出数据的描述性报告。

通过描述数据，将得到数据描述报告。报告需要描述已获得的数据，包括数据格式、数据质量（如数据的记录总数、各个表的特征数及特征的标识、其他被发现的外在数据特征等）等，更重要的是判断收集到的数据是否满足项目目标的分析。

3. 探索数据

探索数据是采用查询、可视化、报告等方式对数据进行探索分析，这些分析可能直接面向项目目标，也可能有助于撰写或精炼数据描述与质量报告，或者将结果反馈到数据转换和其他数据准备工作中做进一步的分析。通常采用图形化的方法对数据进行探索分析，图形化的结果更为直观，也更方便形成报表。

通过探索数据，将得到数据探索报告。报告需要描述数据探索的结果，包括初步的发现以及这些发现对于项目后续阶段的影响。如果数据合适，那么可以将揭示数据特征的一些图表写入报告，以便做更进一步的检查。

4. 检验数据质量

检查数据的质量，是对数据更进一步的探索，以便最终确定数据是否能用于项目目标分析。可以通过一些问题进行检验，例如，数据是否能完整地覆盖全部需要考虑的情况，数据中是否有缺失值等。如果这些问题被提出来，并且能很好地被回答，那么可以对数据质量有更深入的了解。

通过检验数据质量，将得到数据质量报告。报告需要列出数据质量检验的结果，若存在质量问题，需要列出可能的解决办法。通常质量问题的解决办法在很大程度上依赖于数据和商业知识。

9.1.3 数据准备

数据准备是将收集到的数据进行变换、组合，建立符合机器学习工具软件格式和内容要求的宽表。数据准备阶段要从原始数据中形成作为建模分析对象的最终数据集。数据准备具体包括选择数据、清洗数据、构造数据、整合数据和格式化数据 5 个部分，如图 9-4 所示。各个部分并不需要预先规定好执行顺序，且数据准备工作可能需要多次执行。

【微课视频】

1. 选择数据

选择数据主要确定用于分析的数据。确定的标准包括与项目目标的相关性、质量和技术限制（如数据容量或数据类型的限制）。需要注意的是，数据选择包括了表中特征（列）的选择和记录（行）的选择。

通过选择数据，将得到包含/排除数据的原则。该原则需要列出被包含进来的和被排除出去的数据，并给出理由。

2. 清洗数据

清洗数据是借助选用的分析技术，提升数据质量到指定层次，这涉及数据清洗子集的选择、缺失值的插补和异常值的处理等。

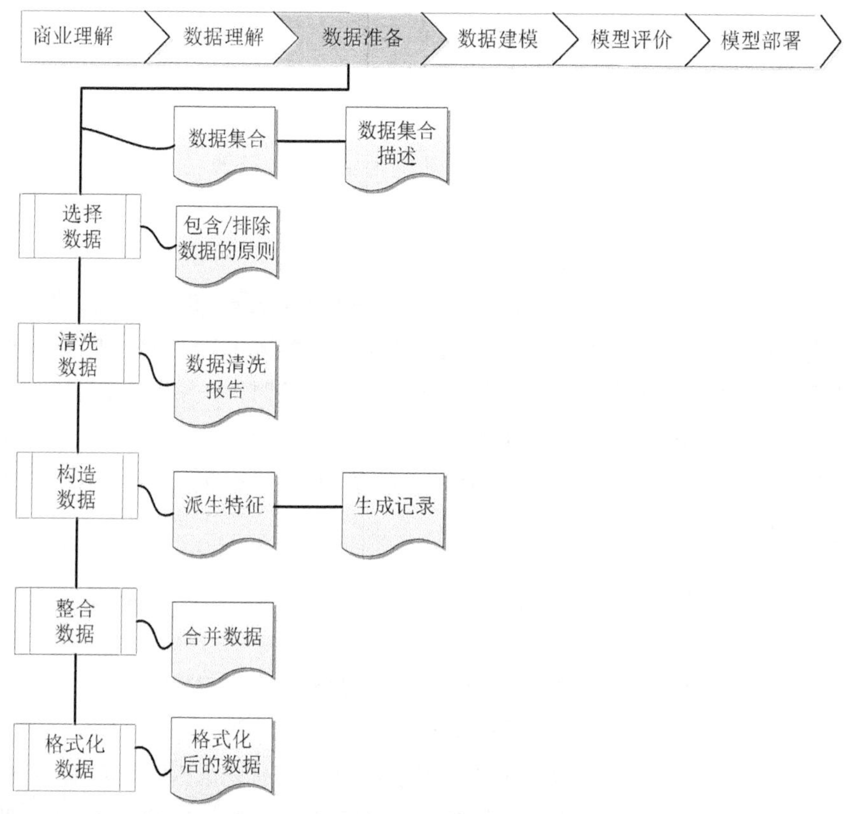

图 9-4 数据准备

通过清洗数据，将得到数据清洗报告。报告需要描述在数据理解阶段得到的检验数据质量报告中数据质量问题的解决策略和行动。

3. 构造数据

构造数据主要包括构造性的数据准备操作，如派生特征、全新记录的生成、现有特征的值转换等。

通过构造数据，将得到以下两个结果。

（1）派生特征：指在同一记录中的一个或多个现有特征基础上构造出来的新特征。

（2）生成记录：描述全新记录的生成与创建，例如，生成过去几年没有购买商品的顾客记录，原始数据中可能不存在这种记录，因而需要额外生成。

4. 整合数据

整合数据是根据提供的方法，从多个表或记录组合的信息中，构造出新的记录或值。

通过整合数据，将得到合并数据。合并数据是指将表示相同对象的两个或多个表合在一起。例如，某零售连锁店有一个表描述各个分店的一般特征（如面积、所处商业区的类型等），另一个表记录销售的概要数据（如利率、同上一年相比的销售百分比变化等），还有一个关于周边地段的人口统计学信息的表，这些表都有一条与每个分店相关的记录，将源表的特征组合在一起，就可以合并成一个新表，仅用一条记录就可以表示一个分店。

整合数据操作会涉及聚合。聚合是指通过汇总从多条记录或多个表的信息中计算新值的操作。

例如，把一个每条记录对应每笔购买的顾客购买信息的表转换成一个新表，其中每条记录对应每个顾客，特征则是购买次数、平均购买额、购买促销商品的比例等。

5. 格式化数据

格式化数据主要是指对数据进行的不改变数据含义的句法修改，这可能需要通过建模工具实现。

一些工具对特征顺序有特别的要求，如第一个特征是每条记录的唯一标识，或最后一个特征是模型需要预测的结果特征。改变数据集中记录的顺序也许是很重要的。建模工具可能要求记录按照结果特征值排序。一般情况是，数据集记录最初是以某种顺序方式排列的，但建模算法却需要将它们以相当随机的方式进行排序，例如，当使用神经网络时，一般是使用随机排列的记录。有些工具能自动完成这种处理，而不需要用户干预。此外，还有一些格式化操作纯粹需要对数据进行句法改变以满足特殊建模工具的需求，例如，在逗号分割数据文件中将包含在文本特征内的逗号移除，将全部的值裁减到 32 个字符以内。

9.1.4 数据建模

数据建模是应用软件工具，选择合适的建模方法，处理准备好的数据宽表，找出数据中隐藏的规律。在数据建模阶段，将选择和使用各种建模方法，并将模型参数进行优化。对同样的项目问题和数据准备，可能有多种机器学习方法可供选用，此时可优先选择提升度高、置信度高、简单而易于总结业务政策和建议的机器学习方法。在数据建模过程中，还可能会发现一些潜在的数据问题，要求退回到数据准备阶段。数据建模具体包括选择建模技术、生成测试设计、建立模型和评估模型 4 个部分，如图 9-5 所示。

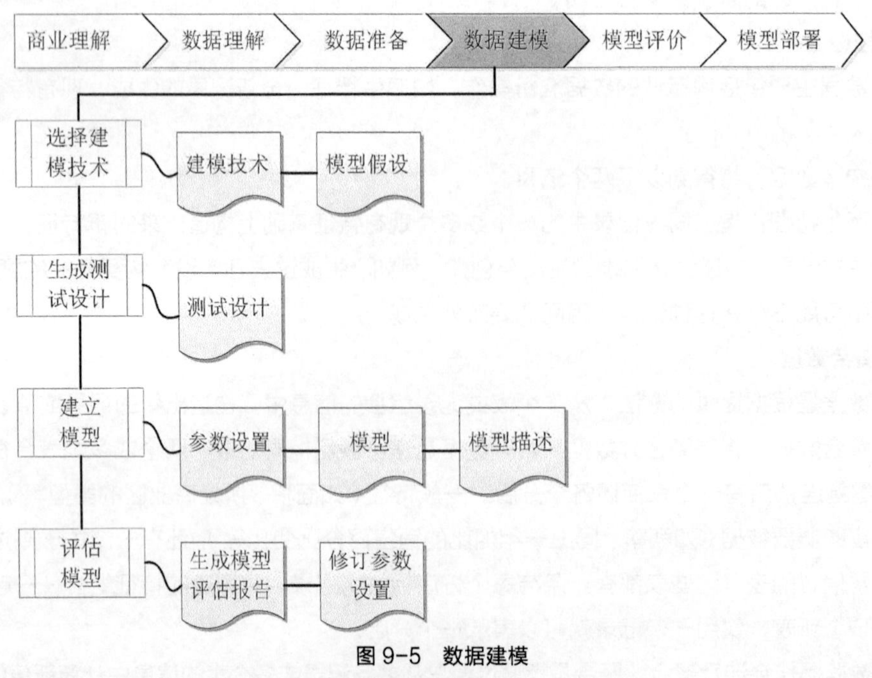

图 9-5 数据建模

1. 选择建模技术

数据建模的第一步，是选择将要使用的建模技术。尽管在商业理解时，可能已经选择过一个建模工具，但是这里的任务是指选择具体的建模技术，如C4.5决策树、随机森林或反向传播构造的神经网络。若有多种技术可用，则按每种技术分别执行本任务。

通过选择建模技术，将得到以下两个结果。

（1）建模技术：对将要使用的建模技术进行文档化介绍。

（2）模型假设：很多建模技术需要对数据进行特殊的假设，例如，全部特征具有相同的统计分布、不允许缺失值、类别特征是数值型等。

2. 生成测试设计

在实际构建模型之前，需要制订一个测试模型质量和有效性的程序或机制，例如，在有监督机器学习任务（如分类）中，常使用准确率作为衡量机器学习模型的质量指标，因此，一般需要把数据集分成训练集和测试集，在训练集上建立模型，在测试集上评估模型质量。

通过生成测试设计，将得到测试设计。该设计需要描述训练、测试和评估模型的确定计划，计划的主要部分是确定如何分割可用数据集为训练集和测试集。

3. 建立模型

建立模型是在建模工具中运行准备好的数据集，以创建一个或多个模型。

通过建立模型，将得到以下3个结果。

（1）参数设置：许多模型工具都有大量需要调整的参数，列出这些参数及其设置值，还有选择这些参数设置的基本原则。

（2）模型：由建模工具产生的实际模型。

（3）模型描述：描述最终生成的模型。将模型的解释整理成报告，并记录理解其含义的过程中可能会遇到的问题。

4. 评估模型

评估模型是数据分析师根据领域知识、机器学习的成功标准和既定的测试设计来解释模型的过程。评估模型任务会影响接下来的模型评价阶段。一般数据分析师判断模型应用和发现技术的成果过于技术化，因而应与商业分析师和商业领域专家接触，以商业环境中的方式来讨论得到的机器学习结果。需要注意的是，评估模型只考虑模型，而模型评价阶段同时还要考虑项目进程中产生的其他所有结果。

通过评估模型，将得到以下两个结果。

（1）生成模型评估报告：报告需要概述评估模型的结果，列出全部生成模型的质量特性，如准确率、召回率和F1值等，以及模型之间的质量等级比较次序。

（2）修订参数设置：根据模型评估，修订参数设置并调整其值以完成下轮建立模型的任务。通常需要反复地进行模型建立和评估，直到确信已找到较好的模型为止。在文档中需记录所有这些修订和评估。

9.1.5 模型评价

模型评价是从商业角度和技术角度进行模型结论的评估，要求检查建模的整个过程，以确保模型没有重大错误，并检查是否遗漏重要的业务问题。具体包括评价结果、重审过程和确定下一步 3 个部分，如图 9-6 所示。

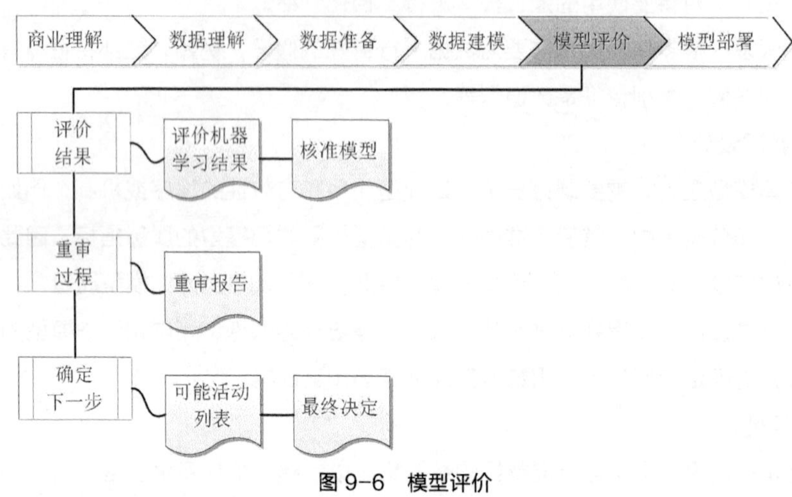

图 9-6 模型评价

1. 评价结果

数据建模中的模型评估任务处理的是模型准确度和一般性等因素，而模型评价里的评价结果任务评价的是模型适合商业目标的程度，有时还需要找到一些商业理由来说明某个模型的不足。在时间和预算许可的情况下，另一个非必需的评估是在实际应用中同步运行测试应用来测试模型。而且在评价结果过程中也评价其他机器学习的结果，从模型得到的机器学习结果必须与最初的商业目标相关，而其他的发现内容却不必与它有关，但是却能为将来揭示一些业务或技术上的额外的难处和信息。

通过评价结果，将得到以下两个结果。

（1）根据商业成功标准评价机器学习的结果。使用商业成功标准术语概述对结果的评价，包括项目是否满足既定商业目标的最终声明。

（2）核准模型。在有关商业成功标准的模型评价之后，满足给定标准的模型可以认为是被核准认可的模型。

2. 重审过程

项目进行到这里，得到的结果模型似乎有望令人满意和符合商业需要了，在此时对机器学习项目做一个全面的重审是很适时的，以确定是否有任何重要因素或任务被无意识地忽略了。重审也涉及一些质量确认问题，如是否正确地建立了模型。

通过重审过程，将得到重审报告。报告需要概述重审过程的内容，并特别注明是否存在被忽略的任务或应该重复进行的任务。

3. 确定下一步

根据评价结果和重审过程，需要确定项目下一个阶段该如何推进，需要决定是结束并适时进入模型部署阶段，还是继续数据准备或数据建模步骤，或者创建新的机器学习项目。确定下一步这个任务也包括了影响决策的遗留问题和预算的分析。

通过确定下一步，将得到以下两个结果。

（1）可能活动列表：列出潜在的下一步的活动，并给出支持或反对的所有理由。

（2）最终决定：描述如何合理进行下一步活动。

9.1.6 模型部署

模型部署又称为模型发布，建立模型本身并不是机器学习的目标，虽然模型使数据背后隐藏的信息和知识显现出来，但机器学习的根本目标是将信息和知识以某种方式组织和呈现出来，并用来改善运营和提高效率。当然，在实际的机器学习工作中，根据不同的公司业务需求，模型部署的具体工作可能简单到提交机器学习报告，也可能复杂到将模型集成到公司的核心运营系统中。模型部署具体包括规划部署、规划监控与维护、生成最终报告和回顾项目 4 个部分，如图 9-7 所示。

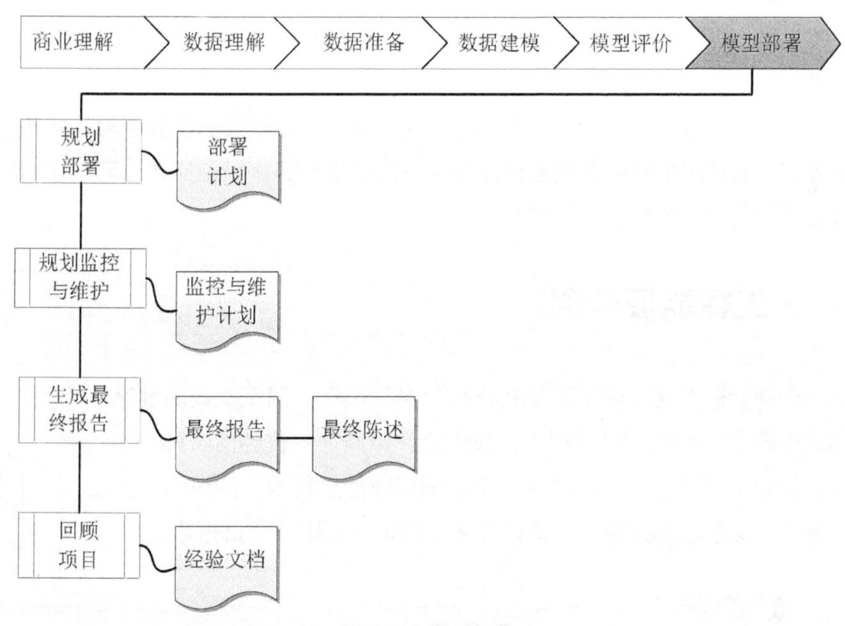

图 9-7 模型部署

1. 规划部署

为了把机器学习结果部署到商业环境中，需要利用评估结果来给出部署的策略。若某个一般性程序已经被认为可以创建相关模型，则为了后面的部署，需要在文档中记录该程序。

通过规划部署，将得到部署计划。计划需要概述部署的策略，包括必要的步骤及如何执行这些步骤。

2. 规划监控与维护

机器学习结果成为日常商业运作的一部分时，监控和维护会成为很重要的问题。细致准备维护策略有助于避免机器学习结果被长期不正确地应用。为监控机器学习结果的部署，项目需要一个详细计划来监控过程。该计划需要考虑部署的具体类型。

通过规划监控与维护，将得到监控与维护计划。计划需要概述监控和维护策略，包括必要的步骤和如何执行这些步骤。

3. 生成最终报告

项目完成之后，项目小组需要撰写一份最终的报告。根据部署计划的不同，如果某一任务还在进行中，则这份报告可能仅对项目的部分过程进行概述；如果全部任务都已完成，则这份报告可能是一份最终对机器学习结果进行全面展示的报告。

通过生成最终报告，将得到以下两个结果。

（1）最终报告：整理一份关于机器学习项目的最终书面报告，报告包括所有可交付的成果和描述。

（2）最终陈述：根据实际的项目合同，决定是否需要召开一个项目总结会议，将结果口述给客户。

4. 回顾项目

项目完成之后，需要对整个项目进行回顾和总结，找到其中的亮点，加以延续；找到其中的不足，加以改正。

通过回顾项目，将得到经验文档。文档需要描述项目期间获得的重要经验，例如，缺陷和易误解的方法，在类似情况中选择最适合机器学习方法的提示等。经验文档也可以包括项目成员个人撰写的有关项目阶段和各自任务的报告。

9.2 人工智能模型测试

测试是一个找错的过程，测试只能找出程序中的错误，而不能证明程序无错。测试要求以较少的用例、时间和人力找出软件中潜在的各种错误和缺陷，以确保系统的质量。简而言之，测试是为了发现错误而执行程序的过程。人工智能模型的测试主要包含测试用例、测试方法、测试计划以及测试报告。

【微课视频】

9.2.1 测试用例

测试用例是设计和制订测试过程的基础，一个好的测试用例会使测试工作事半功倍，并且能尽早发现一些隐藏的软件缺陷。

1. 测试用例的概念

测试用例是测试时执行的最小实体，是为特定目的而设计的一组测试输入、执行条件和预期的结果的组合。简而言之，测试用例是一个文档，描述输入、动作或者时间和一个期望的结果，其目的是确定应用程序的某个特性是否正常工作，并且达到程序所设计的结果。如果执行测试用例，软件在这种情况下不能正常运行，而且问题会重复发生，则表示软件有缺陷，这时必须将软件缺陷标记出来，并且输入到问题跟踪系统内，通知软件开发人员。软件开发人员接到通知后，修正问题，再次返回给测试人员进行确认，以确保该问题已修改完成。

2. 测试用例的作用

测试用例的作用主要体现在以下几个方面。

（1）有效性。在测试时，不可能进行穷举测试，从数量极大的可用测试数据中精心挑选出具有代表性或特殊性的测试数据来进行测试，可有效地节省时间和资源，提高测试效率。

（2）避免测试的盲目性。在开始实施测试之前设计好测试用例，可以避免测试的盲目性，使得软件测试的实施重点突出、目的明确。

（3）可维护性。在软件版本更新后，只需修正少部分的测试用例即可开展测试工作，降低工作强度，缩短项目周期。

（4）可复用性。功能模块的通用化和复用化使软件易于开发，而良好的测试用例具有重复使用的性能，使得测试过程事半功倍，并随着测试用例的不断精化，测试效率也会不断提高。

（5）可评估性。测试用例的通过率是程序代码质量的衡量标准，即程序代码质量的量化标准应该用测试用例的通过率和测试出软件缺陷的数量来进行评估。

（6）可管理性。测试用例是测试人员测试的重要参考依据，也可以作为检验测试进度、测试工作量和测试人员工作效率的因素，可方便对测试工作进行有效的管理。

3. 测试用例的分类

为了便于在实际测试工作中提高效率，同时方便测试用例的编写和执行，在编写测试用例时，可以对测试用例进行分类，这样的操作不容易遗漏应选择的测试用例。通常可以把测试用例归为以下 5 大类。

（1）白盒测试用例。白盒测试用例设计方法主要有逻辑覆盖法和基本路径测试法，设计的基本思路是使用程序设计的控制结构导出测试用例。

（2）软件各项功能的测试用例。例如，文字编辑器中的新建文档功能、打开文档功能、保存文档功能、打印功能、编辑功能等。功能测试用例一般采用等价类划分法、边界值分析法、错误推测法、因果图法等进行设计，这些都属于黑盒测试用例的设计技术。

（3）用户界面测试用例。例如，用户界面窗口里的所有菜单、命令按钮、输入框、列表框、工具栏、状态栏的测试用例等。

（4）软件的各项非功能测试用例。此测试用例又可以分成许多类型，包括性能测试用例、强度测试用例、接口测试用例、兼容性测试用例、可靠性测试用例、安全测试用例、安装/反安装测试用例、容量测试用例、故障修复测试用例等。

（5）确认软件缺陷修正的测试用例。不同的测试阶段所采用的测试用例不同，在特定的阶段编写不同的测试用例并执行相应的测试才可以提高效率。测试类型和测试阶段的具体关系如表 9-1 所示。测试工作和开发通常一同进行，所以在完成开发计划编写后，即可开始进行用例的编写工作。测试和开发的对应关系如表 9-2 所示。

表 9-1 测试类型和测试阶段具体关系

测试阶段	测试类型	执行人员
单元测试	模块功能测试，包含部分接口测试、覆盖单元测试	开发人员、开发人员与测试人员结合
集成测试	接口测试、路径测试，包含部分功能测试	开发人员与测试人员结合、测试人员
系统测试	功能测试、兼容性测试、性能测试、用户界面测试、安全性测试、强度测试、可靠性测试、安装/反安装测试	测试人员
验收测试	对于实际项目，基本同系统测试，并包含文档测试。对于软件产品，主要测试相关技术文档	测试人员，可能包含用户

表 9-2 测试和开发的对应关系

开发阶段	依据文档	编写的用例
需求分析阶段结束后	需求文档	系统测试对应的用例
概要设计阶段结束后	概要设计、体系设计	集成测试对应的用例
详细设计阶段	详细设计文档	单元测试对应的用例

9.2.2 测试方法

针对不同类型的算法需要采取对应的测试方法才能准确地评价模型的性能，如分类算法需要评估分类结果的正确与否，回归算法需要评估预测值与真实值的接近程度，而聚类算法则较为复杂，需要评估聚类结果中同类成员的相似性等。

1. 分类算法测试

分类算法测试是对测试集进行预测，得出其准确率，但是光靠准确率并不能很好地反映模型的性能，为了有效判断一个预测模型的性能表现，需要结合真实值，通过 Precision（精确率）、Recall（召回率）、F1 值、Cohen's Kappa 系数等指标来衡量。

常用分类算法模型的评价指标如表 9-3 所示。

表 9-3 常用分类算法模型的评价指标

方法名称	最优值	对应 Python scikit-learn 库中的函数
Precision	1.0	metrics.precision_score
Recall	1.0	metrics.recall_score
F1 值	1.0	metrics.f1_score
Cohen's Kappa 系数	1.0	metrics.cohen_kappa_score
ROC 曲线	最靠近 y 轴	metrics.roc_curve

在表 9-3 中，前 4 种分类模型评价方法都是分值越高越好，其使用方法基本相同。而 ROC 曲线是通过绘制图形的方式来评估分类模型的，如图 9-8 所示。

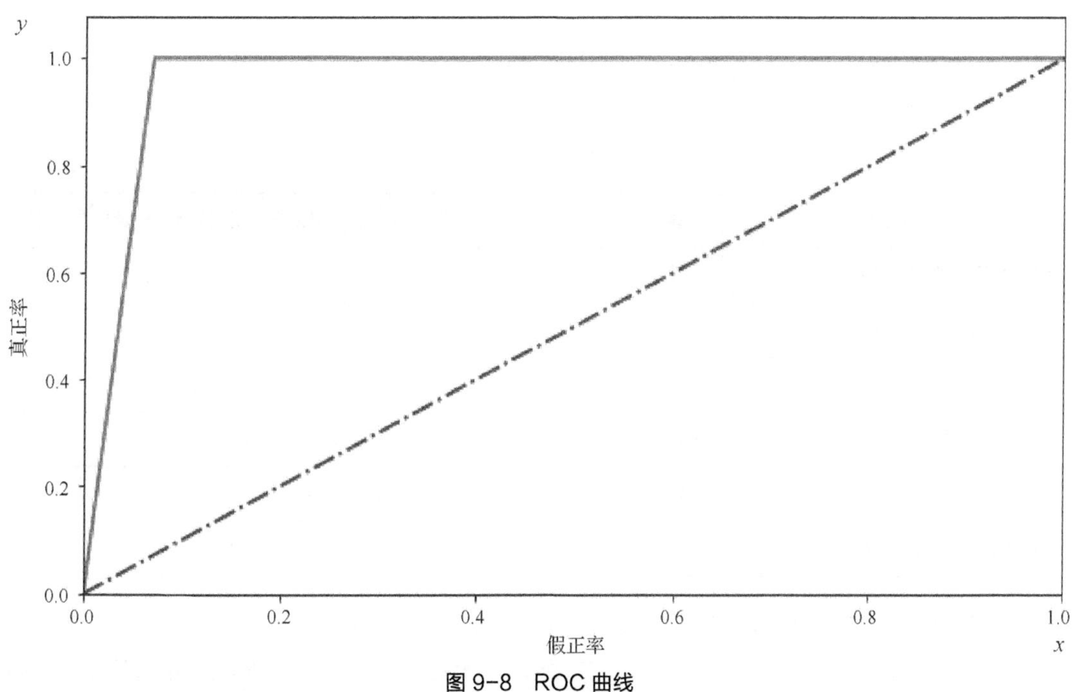

图 9-8　ROC 曲线

ROC 曲线横纵坐标范围在区间[0，1]内，通常情况下，ROC 曲线与 x 轴形成的面积越大，表示模型性能越好，如图 9-8 中的实线。但是当 ROC 曲线为图 9-8 中的虚线时，表明模型的计算结果大部分是随机得来的，在这种情况下模型起到的作用几乎为零。

2. 回归算法测试

回归算法模型的性能评估不同于分类模型，虽然都是对真实值进行评估，但由于回归算法模型的预测结果和真实值都是连续的，所以不能求取 Precision、Recall、F1 值等评价指标。

回归算法模型拥有一套独立的评价指标，常用的评价指标如表 9-4 所示。

表 9-4　回归算法模型评价指标

方法名称	最优值	对应 Python scikit-learn 库中的函数
平均绝对误差	0.0	metrics.mean_absolute_error
均方误差	0.0	metrics.mean_squared_error
中值绝对误差	0.0	metrics.median_absolute_error
可解释方差值	1.0	metrics.explained_variance_score
R 方值	1.0	metrics.r2_score

平均绝对误差、均方误差和中值绝对误差的值越接近零，模型性能越好；可解释方差值和 R

方值越接近 1，模型性能越好。

3. 聚类算法测试

聚类算法模型评价的标准是组内的对象相互之间是相似的（相关的），而不同组中的对象是不同的（不相关的），即组内的相似性越大，组间差别越大，聚类效果就越好。

常用聚类算法模型的评价指标如表 9-5 所示。

表 9-5　常用聚类算法模型的评价指标

方法名称	真实值	最优值	对应 Python scikit-learn 库中的函数
ARI 评价法（兰德系数）	需要	1.0	adjusted_rand_score
AMI 评价法（互信息）	需要	1.0	adjusted_mutual_info_score
V-measure 评分	需要	1.0	completeness_score
FMI 评价法	需要	1.0	fowlkes_mallows_score
轮廓系数评价法	不需要	畸变程度最大	silhouette_score
Calinski-Harabasz 指数评价法	不需要	相较最大	calinski_harabaz_score

在表 9-5 中，前 4 种方法均需要真实值的配合才能够评价聚类算法模型的优劣，后 2 种则不需要真实值的配合。但是前 4 种方法评价的效果更具有说服力，并且在实际运行的过程中，若有真实值做参考，聚类方法的评价可以等同于分类算法的评价。

前 4 种评价方法，在不考虑业务场景的情况下都是得分越高，其效果越好，最高分均为 1。而轮廓系数则需要判断不同类别数量的轮廓系数的走势，寻找最优的聚类数目。

9.2.3　测试计划

【微课视频】

测试计划是描述要进行的测试活动的范围、方法、资源和进度的文档，它确定了测试项、被测特性、测试任务、任务执行者以及各种可能风险等内容。制订测试计划的目的主要有以下 6 个方面。

（1）为测试的各项活动制订一个可行的、综合的计划，包括每项测试活动的对象、范围、方法、进度和预期结果。

（2）为项目实施建立一个组织模型，并定义测试项目中每个角色的责任和工作内容。

（3）开发有效的测试模型，以正确地验证正在开发的软件系统。

（4）确定测试所需的时间和资源，以保证其可获得性、有效性。

（5）确定每个测试阶段测试完成、测试成功的标准和需要实现的目标。

（6）识别出测试活动中各种风险，并消除可能存在的风险，降低由不可能消除的风险所带来的损失。

测试计划主要包含以下 6 部分内容。

（1）明确测试范围。测试范围主要来自于产品需求文档、开发技术文档，以及用户反馈的问题。产品需求文档包含产品本身的迭代、优化或是新功能的开发，通常根据产品提供的需求清单确定测试的范围。开发技术文档包含技术上的实现方式或结构上的优化调整，通常可以根据代码改动范围来确定需要测试的范围。用户反馈的问题，一般都是用户在产品使用过程中遇到的问题，可以根据问题的不同类型，确定需要测试的范围。

（2）制订测试方法。对于功能测试，需要根据测试用例，针对产品的各个功能，验证其逻辑的正确性。对于兼容性测试，需要根据不同平台（如 PC、Android、iPhone 等）、不同 OS（如 iOS 8、iOS 9、Android 7、Android 8、Android 9 等）、不同浏览器（如 IE、Chrome、Firefox 等）、不同分辨率（如 800×400、1 280×760、1 920×1 080 等）分别进行测试。对于性能测试，根据各个模块所需要达到的性能指标，实施专项性能测试。

（3）分配测试资源。测试资源包括测试人力资源和测试环境资源。测试人力资源包括参与测试的测试负责人和团队成员。测试环境资源包括测试中用到的服务器、终端设备、网络环境，通常还包括缺陷管理工具的使用、缺陷等级的定义等。

（4）安排测试进度。根据产品业务的复杂度、需要用到的测试类型、测试人员的数量及能力，评估不同阶段不同类型的测试工作量，如冒烟测试的工作量、新功能测试的工作量、计划几轮回归测试、是否引入自动化测试、是否需要性能测试等，最终预估出测试开始和结束的时间点。在整个测试过程中，需要明确说明输出测试文档的时间，如测试计划、测试用例及测试报告的完成时间等。

（5）评估测试风险。测试风险主要包括产品需求变更、研发提测延迟、测试环境不稳定和缺陷修复进度落后。测试过程中产品需求变更不仅给研发带来额外的工作量，而且也要重新进行测试需求分析，测试用例的调整、评审会给整个产品质量带来一定的风险。研发提测延迟会缩短整个测试时间，使需要测试的模块没有得到充分的测试，打乱整体测试计划。测试环境不稳定可能会造成测试人员对系统缺陷的误判，影响研发在此类问题上的定位时间，同时也极有可能阻碍测试执行的进度，降低测试效率。缺陷修复进度落后会直接导致该模块的测试进度落后，若涉及上游的重要功能，则还会影响下游依赖模块的测试进度，造成整个产品的延期风险。

（6）制订发布标准。通常可以通过这几个问题来确定是否可以发布：是否完成了所有类型的测试，是否有未解决的遗留缺陷，是否对遗留缺陷完成风险评估，性能上是否已符合设计标准，产品验收是否已完成。

9.2.4 测试报告

测试报告是将测试的过程和结果进行整理后形成的文档，会对发现的问题和缺陷进行分析，为纠正软件存在的质量问题提供依据，同时为软件验收和交付打下基础。测试报告主要分为版本测试报告和总结测试报告。

版本测试报告主要反映开发人员提交的测试版本的质量状况，内容结构如图 9-9 所示。

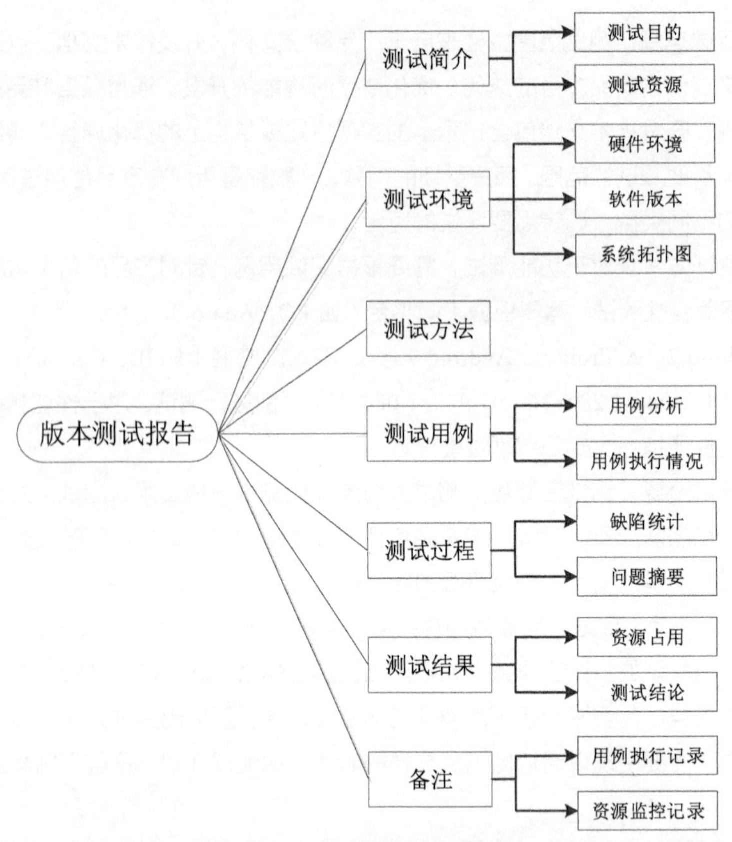

图 9-9　版本测试报告内容结构

测试用例设计与执行、缺陷概况及问题概要是版本测试报告中的主要内容，测试人员需要在每个轮次测试结束时编写、提交报告。版本测试报告各部分内容的说明如表 9-6 所示。

表 9-6　版本测试报告各部分内容的说明

大纲	子章节	详细内容
测试简介	测试目的	本次测试的背景及主要内容
	测试资源	测试人员、本次测试开始日期和截止日期、所需的时间
测试环境	硬件环境	实际情况的详细列举，过低的硬件配置、软件版本的不匹配、网络拓扑的错误等问题都会使提交的缺陷缺乏说服力，也会使开发人员对于某些缺陷是否由于环境因素导致而产生疑惑
	软件版本	
	系统拓扑图	
测试方法	无	本次测试的功能点、各功能点对应的测试用例设计、测试用到的测试工具
测试用例	用例分析	测试用例维护记录
	用例执行情况	用例执行总数、通过用例数、未通过用例数、阻塞用例数； 测试执行率 = 已执行的用例数÷用例总数； 测试用例效率 = 发现的缺陷总数÷测试用例的数量
测试过程	缺陷统计	新建 bug 数、修复 bug 数、未修复 bug 数、bug 总数
	问题摘要	遗留问题、拒绝问题、挂起问题、长期验证问题、待评估问题

续表

大纲	子章节	详细内容
测试结果	资源占用	测试项目的启动和退出的时间； 测试项目的 CPU 占用率初始值和峰值（如果项目启动会有多个进程，则分多个进程进行统计）； 测试项目的内存占用初始值和峰值
	测试结论	测试结论不仅仅是测试通过或不通过，应该使用详细的数据来支持测试结论，如测试用例通过率、遗留 bug 情况等
备注	用例执行记录	插入测试用例的详细执行结果文档
	资源监控记录	说明资源占用监控的场景，详细列举各场景的监控时长、监控内容，场景操作

总结测试报告主要偏重于各已测试版本的缺陷变化分析及风险预估，内容结构如图 9-10 所示。

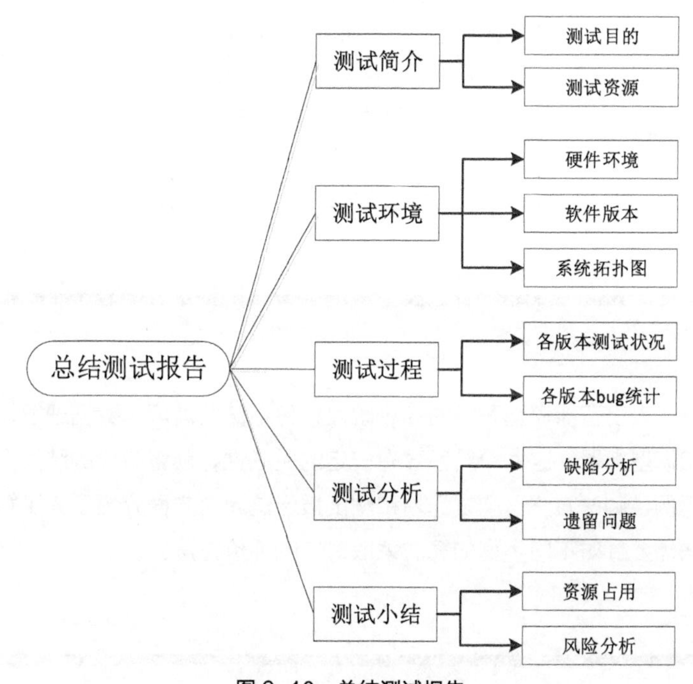

图 9-10　总结测试报告

各测试版本质量情况概况统计、缺陷分布统计、风险分析是总结测试报告中的主要内容，测试人员需要在项目发布上线前编写、提交该报告。总结测试报告各部分内容的说明如表 9-7 所示。

表 9-7　总结测试报告各部分内容的说明

大纲	子章节	详细内容
测试简介	测试目的	本次测试的背景及主要内容
	测试资源	测试人员、第一轮测试的开始日期和最后一轮测试的截止日期、总共花费工作日统计

续表

大纲	子章节	详细内容
测试环境	硬件环境	实际情况的详细列举，过低的硬件配置、软件版本的不匹配、网络拓扑的错误等问题都会使提交的缺陷缺乏说服力，也会使开发人员对于某些缺陷是否由于环境因素导致而产生疑惑
	软件版本	
	系统拓扑图	
测试过程	各版本测试状况	各测试版本的计划提交日期、实际提交日期、测试类型（回归或全量）、测试耗时、备注（被打回或提交补丁次数）
	各版本 bug 统计	各测试版本的新建 bug 数、修复 bug 数、遗留 bug 数，通过表格统计、线形图或饼状图辅助表示
测试分析	缺陷分析	缺陷的总体分布情况，以线形图或饼状图辅助表示，可以根据功能模块进行划分，也可以根据严重、较严重、普通、轻微等级别进行划分
	遗留问题	打开状态 bug、长期验证 bug、用户体验问题
测试小结	资源占用	测试项目的启动、退出时间； 测试项目的 CPU 占用率初始值和峰值（如果项目启动会有多个进程，则分多个进程进行统计）； 测试项目的内存占用初始值和峰值
	风险分析	测试进度、人员安排导致的风险； 测试内容考虑范围之外因素导致的风险； 测试环境不全面导致的风险； 其他因素导致的风险

小结

本章主要介绍了人工智能模型开发的 6 个阶段，包括商业理解、数据理解、数据准备、数据建模、模型评价和模型部署。这 6 个阶段具有一定的关联性，前置阶段的结果会影响后续阶段。同时，还从测试用例、测试方法、测试计划和测试报告这 4 个方面介绍了人工智能模型的测试过程，其中测试方法需要针对不同类型的算法采取对应的评价方法。

习题

（1）以下不属于人工智能模型开发所包含的阶段的是（　　）。

A．商业理解　　B．数据准备　　C．模型测试　　D．模型部署

（2）以下关于数据理解阶段的描述，不正确的是（　　）。

A．数据理解用于找出可能的影响主题的因素

B．原始数据收集报告可以只列出项目所需的数据集

C．可以采用查询、可视化、报告等方式对数据进行探索分析

D. 通过检查数据的质量可以确定数据是否能用于项目目标分析

（3）以下不属于测试用例作用的是（　　）。

A. 有效性　　B. 可复用性　　C. 可评估性　　D. 可参考性

（4）对于分类模型，可以通过计算（　　）等指标来衡量模型的好坏。

A. 精确率、召回率、F1 值

B. 精确率、召回率、平均绝对误差

C. 精确率、轮廓系数、Cohen's Kappa 系数

D. 召回率、均方误差、ROC 曲线

（5）以下关于测试计划的描述，不正确的是（　　）。

A. 制订测试计划，可以消除所有存在的风险

B. 测试范围主要来自于产品需求文档、开发技术文档，以及用户反馈的问题

C. 测试资源不仅包括人力资源，还包括环境资源

D. 测试计划需要对每项测试活动的对象、范围、方法、进度和预期结果进行描述